# Vectorworks 2021

**EBOOK INSIDE**

Die Zugangsinformationen zum eBook Inside finden Sie am Ende
des Buchs.

Asja Milinović

# Vectorworks 2021

## Praktische Übungen zur 2D- und 3D-Konstruktion

Asja Milinović
Hürth, Deutschland

ISBN 978-3-658-31901-4      ISBN 978-3-658-31902-1   (eBook)
https://doi.org/10.1007/978-3-658-31902-1

Die Deutsche Nationalbibliothek verzeichnet diese Publikation in der Deutschen Nationalbiblio-
grafie; detaillierte bibliografische Daten sind im Internet über http://dnb.d-nb.de abrufbar.

Springer Vieweg ist ein Imprint der eingetragenen Gesellschaft Springer Fachmedien Wiesbaden
GmbH und ist ein Teil von Springer Nature.
Die Anschrift der Gesellschaft ist: Abraham-Lincoln-Str. 46, 65189 Wiesbaden, Germany

# Vorwort

Meine Arbeit als Dozentin für CAD-Programme und die direkte Interaktion mit Vectorworks-Einsteigern haben mich motiviert, dieses Werk zu verfassen.

Durch wiederkehrende Anregungen und Nachfragen meiner Kursteilnehmer begann ich kleine Aufgaben und Anleitungen für meinen Unterricht zu erstellen, um das Erlernen von Vectorworks mit praktischem Bezug erheblich zu erleichtern. Diese ersten Arbeiten wurden zu umfangreichen Übungen und schlussendlich zu diesem Buch.

Ich hoffe sehr, dass diese Ausführungen dem Leser die Grundprinzipien des Programms Vectorworks nahebringen, damit jede zukünftige Aufgabe in Vectorworks selbstständig bewältigt werden kann.

Das Buch wendet sich, mit vielen begleitenden Arbeitsschritten, an Einsteiger in Vectorworks, sowie an bereits erfahrenere Vectorworks Benutzer, die ihr Wissen mit diesem Buch vertiefen und ihren Einblick in den Umfang an Möglichkeiten innerhalb Vectorworks erweitern wollen.

Hierfür gilt mein herzlicher Dank allen meinen Seminarteilnehmer, die mir mit ihren Anmerkungen geholfen haben, den Buchinhalt benutzerfreundlicher und anwendungsbezogener zu machen.

Darüber hinaus möchte ich mich besonders bei meiner geliebten Tochter Elin Lucia Dobrostal für die Korrekturen und ihre Unterstützung bei meinem Buchprojekt bedanken.

Ich wünsche allen Lesern eine erfolgreiche Erarbeitung der Aufgaben und viel Spaß beim Entdecken von Vectorworks.

Köln, Januar 2021                                Asja Dobrostal Milinović, Dipl.-Ing.

Zum besseren Verständnis der Befehle und Werkzeuge wurden Abschnitte aus der Vectorworks-Onlinehilfe in kleineren Schrifttypen zitiert (siehe Literaturverzeichnis).

Die Bildschirmabbildungen stammen aus den Vectorworks Versionen 2020 und 2021.

Vectorworks ist eine eingetragene Marke der Vectorworks Inc.

# Inhaltsverzeichnis

# 1. Einführung in Vectorworks

## Die Vectorworks-Benutzeroberfläche

Nach dem Start von Vectorworks wird ein neues Dokument geöffnet. Die Grundeinstellungen der Arbeitsumgebung und die Benutzeroberfläche (die Arbeitsfläche) (**A**) werden aufgebaut.

Beim ersten Start von Vectorworks erscheint auf der Zeichenfläche ein Link-Fenster. Mit einem Doppelklick auf dieses Fenster gelangen Sie auf die Vectorworks-Internetseite, wo sich Lehrvideos befinden. Dieses Fenster können Sie entfernen, indem Sie es mit einem Mausklick aktivieren und mit der Entf-Taste $\boxed{\text{Entf}}$ auf der Tastatur löschen.

Um die Arbeit mit Vectorworks zu erleichtern, ist die Benutzeroberfläche durch verschiedene Funktionsbereiche, mit Werkzeugpaletten und Menüs, unterteilt.

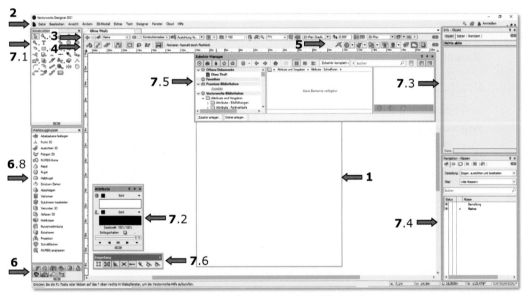

Vectorworks-Benutzeroberfläche **A**

## 1. Die Zeichenfläche (1)

- das Zeichenblatt wird mittig auf dem Bildschirm, als grauer Rahmen, angezeigt. Mit dem Befehl *Plangröße* können Sie die Größe dieses Zeichenblattes bestimmen (siehe Seite 6).
- alles was innerhalb dieses Rahmens gezeichnet wird, kann ausgedruckt werden

© Der/die Autor(en), exklusiv lizenziert durch
Springer Fachmedien Wiesbaden GmbH, ein Teil von Springer Nature 2021
A. Milinović, *Vectorworks 2021*, https://doi.org/10.1007/978-3-658-31902-1_1

## 2. Die Menüzeile (2)
- sie enthält Aufklappmenüs, in denen die Befehlsaufrufe für das 2D- und 3D-Zeichnen, nach Kategorien, eingeteilt sind

## 3. Die Darstellungszeile (3)
- in dieser Zeile werden Klassen, Ebenen, Ansichten aufgerufen, Maßstäbe gewählt, Zugriff auf verschiedene Zoom-Optionen gewährt

## 4. Die Methodenzeile (4)
- diese zeigt mehrere Methodensymbole/Optionen für das Ausführen eines Werkzeuges an

## 5. Schnelleinstellungen (5)
- hier befinden sich die Schaltflächen/Buttons für wichtige Grundeinstellungen: „Schwarzer Hintergrund", „Raster anzeigen", „Plangröße anzeigen", „Lineal", „Schnittbox" etc.

## 6. Werkzeuggruppen (6) – Vectorworks Werkzeuge sind in Gruppen thematisch angeordnet:

1. Bemaßung/Beschriftung
   - in dieser Palette befinden sich die Werkzeuge zur Erstellung der *Bemaßungen*, und auch für *Strecke messen*, *Winkel messen*, *Plankopf*, *Verweislinie*, *Schnittverlauf* etc.
2. Architektur
   - in dieser Gruppe befinden sich Werkzeuge, welche dem Zeichnen von *Wänden*, *Fenster*, *Türen*, *Boden/Decken*, *Treppen* etc. dienen
3. Innenarchitektur
   - *Schrank*, *Regal*, *Tisch und Stühle* etc.
4. Landschaft
   - dieses Modul hat speziell entwickelte Werkzeuge für Landschaftsarchitekten, Stadtplaner sowie Garten- und Landschaftsbauer: *Pflanze*, *Baum*, *Parkplatz*, *Böschung* etc.
5. GIS
   - Import und Export von GIS-Daten, Georeferenzierung von Vectorworks-Zeichnungen
6. Bewässerung
   - speziell entwickelte Werkzeuge und Befehle, um Bewässerungsanlagen zu entwerfen
7. Spotlight
   - speziell entwickelte Werkzeuge für Veranstaltungs- und Bühnentechniker: *Scheinwerfer*, *Kettenzug*, *Videokamera*, *LED-Wand*, *Bildschirm*, *Bestuhlung* etc.
8. Modellieren
   - in dieser Palette befinden sich wichtige Werkzeuge für das 3D-Modellieren: *Kugel*, *Kegel*, *Punkt 3D*, *NURBS-Kurve*, *Drücken/Ziehen*, *Extrahieren*...

9. Visualisieren 🔍
   - in dieser Palette befinden sich Werkzeuge, welche zum Einsetzen von Lichtquellen und rendern von 3D-Objekte dienen: *Lichtquelle*, *Sonnenstand*, *Kamerapfad*, *Fotomaske* etc.
10. Objekte/Normteile 🔧
   - Intelligente Symbole aus dem Maschinenbaubereich

## 7. **Werkzeugpaletten** (**7**) **-** öffnen und schließen

Sie können alle Paletten über die folgenden Befehle, in der Menüzeile (**1**), einzeln öffnen und schließen:
unter Aufklappmenü **Fenster** (**2**) **-** Untermenü **Paletten** (**3**) – z.B. **Zeigerfang**, **Attribute**, **Informationen** usw. (**4**)

**Werkzeugpaletten** (**7**) – in Vectorworks werden unterschiedliche Werkzeuge in Paletten zusammengelegt. Sie können beliebig verschoben, oder rechts und links an die Benutzeroberfläche angekoppelt/angedockt werden:

1. Die Konstruktionspalette (**7**.1)  `Konstruktion   ⊞ ×`
   - basische Werkzeuge, hauptsächlich für das 2D-Zeichnen programmiert
2. Die Attributpalette (**7**.2)  `Attribute  ? ⊞ ×`
   - zuständig für das Aussehen der 2D-Objekte:
     Art der Füllung (Solid, Schraffur, Mosaik, Muster...), Farbe, Liniendicke, Deckkraft, Linienendzeichen etc.
   - in der Attributpalette lassen sich die Eigenschaften der Objekte festlegen. Sie können dort bestimmen, ob ein Objekt transparent, einfarbig, mit einem Füllmuster, einer Schraffur, einem Verlauf oder mit einem Bild gefüllt sein soll. Außerdem wählen Sie hier die Füllmusterfarben, das Stiftmuster, die Stiftfarben, die Deckkraft, die Liniendicke, die Linienart, die Linienendzeichenart sowie die Linienendzeichengröße der Objekte aus und bestimmen, ob und wie ein Schlagschatten gezeichnet wird.
   - möchten Sie bestimmten Objekten Attribute oder einen Klassenstil zuweisen, aktivieren Sie zuerst die Objekte, die Sie ändern wollen und wählen Sie dann, in der Attributpalette, die gewünschten Eigenschaften aus

3. Die Infopalette (**7**.3)  `Info - Objekt          ? ♯ ×`
   - sie ist auf drei Registerkarten aufgeteilt: Objekt, Daten und Rendern
   - in der ersten Registerkarte „Objekt" werden die Informationen, von dem gerade aktiven Objekt (seine Maße und Position in dem Koordinatensystem u.v.m.), angezeigt. In diesem Bereich lassen sich auch aktive Objekte umformen, versetzen oder in eine andere Klasse/Ebene ablegen. Eine neue Auswahlmöglichkeit in der Info-Objekt-Palette in Vectorworks 2021 ist die Option „Material verwenden".
   - in der zweiten Registerkarte „Daten" können aktive Objekte mit einer Datenbank verknüpft werden
   - in der dritten Registerkarte „Rendern" können Sie einem 3D-Objekt die Textur zuweisen
4. Die Navigationspalette (**7**.4)  `Navigation - Konst... ? ♯ ×`
   - in dieser Palette können Strukturelemente, Klassen/Ebenen/ Layoutebenen angesehen werden, die aktiviert, grau oder unsichtbar dargestellt werden etc.
5. Der Zubehör Manager (**7**.5)  `Zubehör-Manager  ? ♯ ×`
   - dieser ist eine Art der „Symbolverwaltungsstelle", wo Zubehör/Symbole angelegt, bearbeitet und verwaltet werden können
6. Der Zeigerfang (**7**.6)  `Zeigerfang      ? ×`
   - ermöglicht verschiedene Einstellungen für den Intelligenten Zeiger und die Fangmodi
   - wenn sich der Mauszeiger einem der charakteristischen Fangpunkte von Objekten nähert, wird die Fangfunktion aktiv und rastet an diesem Fangpunkt ein (vergleichbar einem Magneten). An dieser Stelle kann das Objekt verschoben oder umgeformt werden.
   - mit Hilfe der Fangfunktionen können neu gezeichnete Objekte an den gewünschten Fangpunkten, Objektkanten, Winkeln von schon existierenden Objekten ausgerichtet werden
   - es ist sinnvoll, der Fangmodus *An Objekt ausrichten*  `[⊡]`  immer eingeschaltet zu lassen
   - mit einem Doppelklick auf einen der Fangmodi, in der Zeigerfang-Palette, erscheint das Dialogfenster „Einstellungen Zeigerfang"
   - mit der gedrückten Taste-**<** kann der Zeigerfang temporär ausgeschaltet werden
7. - u.w.

## Die Vectorworks Dokument-/Zeichnungsstruktur

Das Vectorworks Dokument ist durch **Konstruktionsebenen**, **Klassen** und **Layoutebenen** aufgebaut.

Jedes Objekt, das gezeichnet wird, befindet sich automatisch auf einer Ebene und in einer Klasse.

Mit einem Doppelklick auf das Vectorworks-Programmsymbol wird Vectorworks mit der Kopie der Vorgabedatei „Vectorworks Vorgabe.sta" gestartet. In deren Grundeinstellungen werden schon eine Konstruktionsebene namens „Konstruktionsebene-1" und zwei Klassen „Keine" und „Bemaßung", zum Zeichnen, angelegt. In diesem Fall werden alle gezeichneten Objekte auf die „Konstruktionebene-1" und in die Klasse „Keine" abgelegt.

Alle Bemaßungen werden der Klasse „Bemaßungen" zugefügt. Diese beide Grund-Klassen lassen sie sich nicht löschen.
Es ist empfehlenswert eigene Ebenen/Klassen anzulegen und besonders die Klasse „Keine" leer zu halten.

Besondere Eigenschaften der Konstruktionsebenen bestehen darin, dass sie in bestimmten Höhen (in z-Richtung) angelegt werden können. Dadurch werden die Objekte, entsprechend ihrer Ebenen-Zugehörigkeit, in eine bestimmte Höhe (in z-Richtung) positioniert.

Die Klassen haben die Eigenschaft das Aussehen von Objekten (graphische Attribute, Texturen, Textstile etc.) bestimmen zu können (diese Eigenschaft wird durch die Option „Automatisch zuweisen" aktiviert).

Die Layoutebenen dienen der Darstellung und dem Drucken von Plänen.

## Das Dokument einrichten

In Vectorworks wird Ihr Projekt in einem Vectorworks-Dokument gezeichnet.

Um vernünftig mit dem Zeichnen beginnen zu können, sollten Sie zuerst drei wichtige Einstellungen beim Zeichnen (Einheiten, Maßstab und Plangröße), in dem neuen Dokument, vornehmen.

Andere sehr wichtige Einstellungen sind Ebenen- und Klassenstruktur, Darstellungen, Bemaßungsstandards und andere Vorgaben, die Sie alle in einem Vorgabedokument zusammenfassen und dann speichern können.

Bevor man mit dem Zeichnen beginnt, sollte man alle diese Eigenschaften in dem neuen Dokument/Projekt bestimmen.

## Das Vorgabedokument

Die Vorgaben, die Vectorworks schon für seine Nutzer entwickelt und vorbereitet hat, stehen Ihnen zur Verfügung.

Es ist aber sinnvoll, für Ihre Projekte in Vectorworks, eigene Vorgabedokumente zu erstellen. Das wird Ihr Arbeiten mit Vectorworks enorm erleichtern.

In dem Vorgabedokument können Sie die gewünschten Einstellungen (wie Maßstab,

Einheit, Ebenen, Klassen, Symbole, Textstil, Linienarten, Planköpfe, Firmenzeichen usw.) abspeichern und immer wieder, bei neuen Dokumenten, verwenden.

Speichern Sie das Dokument mit den gewünschten Einstellungen, als Vorlage, mit dem Befehl in der Menüzeile:

*Datei* (**1**) - *Als Vorgabe sichern* (**2**)

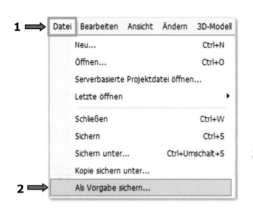
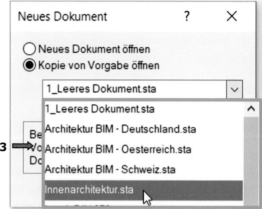

Alle Vorgabedokumente (**3**), auch welche die speziell für Architekten, Landschaftsarchitekten, Designer, Spotlight etc., von Vectorworks entwickelt und abgelegt wurden, befinden sich im Vectorworks-Programmordner:
Attribute und Vorgaben (**4**) - Vorgabedokumente (**5**)
(Vectorworks-Programmordner/Bibliotheken/ Attribute und Vorgaben)

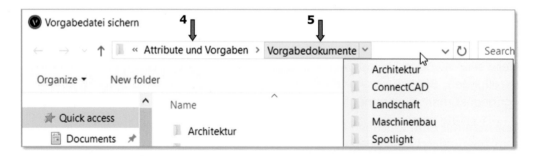

## Die Plangröße

Die Größe eines Zeichenblattes, das als grauer Rahmen im Zeichenbereich angezeigt wird, können Sie mit dem Befehl *Plangröße* einstellen und bearbeiten.

Alles, was Sie innerhalb dieses Rahmens gezeichnet haben, kann ausgedruckt werden (alles andere, was außerhalb des Rahmens liegt, nicht).

**Wichtig**: Mit dem Befehl *Plangröße* können Sie nicht das Papierformat ihres Druckers bestimmen. Dies können Sie im Dialogfenster „Seite einrichten" festlegen:

- gehen Sie in der Menüzeile zu dem Befehl: *Datei* (**1**) – *Plangröße...* (**3**) oder klicken Sie mit der rechten Maustaste (**RMT**) auf eine leere Stelle auf der Zeichenfläche
  - in dem nun erscheinenden Kontextmenü (**2**) wählen Sie den Befehl *Plangröße...* (**3**) aus

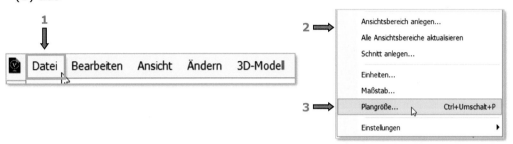

Das Dialogfenster „Plangröße" (**4**).

- klicken Sie auf die Schaltfläche/Button „Drucker und Seite einrichten..." (**5**)

- in dem erschienenen Dialogfenster „Seite einrichten" (**6**) können Sie das „Papierformat" (**7**) auswählen, „Ausrichtung" (**8**) bestimmen usw.

Die Einstellung „Plangröße anzeigen" lässt sich auch über die Schnelleinstellungen (**9**), auf der rechten Seite der Methodenzeile, ein- und ausschalten:

- mit einem Klick auf den Pfeil-Listenknopf (**10**), öffnet sich das Aufklappmenü (**11**)

- in der nun erscheinenden Liste, markieren Sie die Option „Plangröße anzeigen" (**12**)

- in der Methodenzeile erscheint, bei den Schnelleinstellungen (**9**), das Symbol für „Plangröße anzeigen" (**13**). Mit einem Klick auf dieses Symbol schalten Sie das Zeichenblatt (das als grauer Rahmen angezeigt ist) ein und aus.

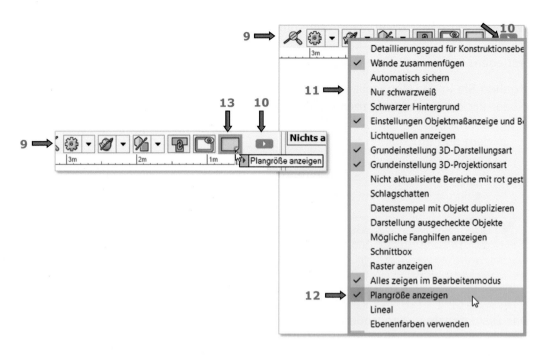

## Ein neues Dokument öffnen

Mit dem Befehl *Neu*, in dem Aufklappmenü „Datei",
wird ein neues Vectorworks-Dokument angelegt:
*Datei* (**1**) – *Neu...* (**2**).

Darauffolgend öffnet sich das Dialogfenster
„Neues Dokument" (**3**).

Falls Sie, in diesem Dialogfenster,
die Option „Neues Dokument öffnen" (**4**)
auswählen, wird ein Dokument mit
den Grundeinstellungen
von Vectorworks angelegt.

Diese können Sie jederzeit ändern und Ihren
Wünschen und Bedürfnissen anpassen,
damit Sie effizienter arbeiten können.

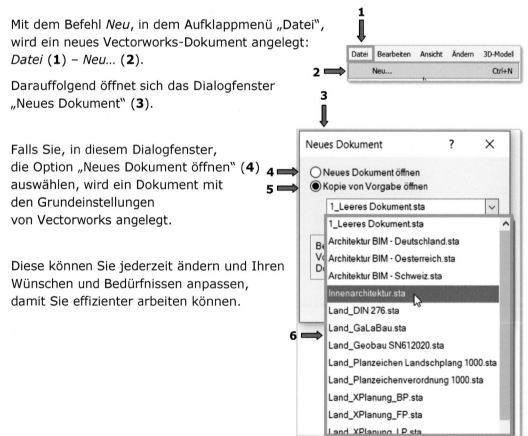

**Wichtig:** Es ist wichtig alle Zeichnungseigenschaften ganz am Anfang des Zeichnens festzulegen. Falls Sie mitten im Zeichenprozess die Grundeinstellungen ändern, kann es passieren, dass z.B. bei einem später geänderten Maßstab die Textgröße nicht richtig angepasst wird.

Mit der Option „Kopie von Vorgabe öffnen" (**5**), können Sie die Kopie eines vorhandenen Vorgabedokuments (**6**) auswählen.

In dem Aufklappmenü werden alle Vorgabedokumente, die im Ordner „Vorgabedokumente" (Vectorworks-Programmordner/Bibliotheken/Attribute und Vorgaben bzw. im Benutzerdatenordner) gespeichert wurden, aufgelistet. Die Vorgabedokumente, die von Vectorworks mitgeliefert wurden, entsprechen (je nach dem gekauften Vectorworks-Modul) den branchenspezifischen Anforderungen (z.B. für Architektur, Landschaft, Spotlight).

## Das automatische Speichern/Sichern

Eine der wichtigsten Einstellungen in Vectorworks ist das automatische Speichern der Datei/des Dokuments.

Sie sollten, vor Beginn Ihrer Arbeit an einem Vectorworks-Dokument, das automatische Sichern aktivieren. Dies schützt Ihre Daten vor plötzlichen Abstürzen des Programms.

Dafür gehen Sie in der Menüzeile (**1**) zu dem Menü „Extras" (**2**). Aus dem Aufklappmenü (**3**) wählen Sie das Untermenü „Programm Einstellungen" (**4**) und dann den Befehl *Programm...* (**5**) aus.

Im späteren Verlauf dieses Buches wird die Navigation zu einem Befehl mit Bindestrichen (-) dargestellt:

*Extras* (**2**) - *Programm Einstellungen* (**4**) – *Programm...* (**5**)

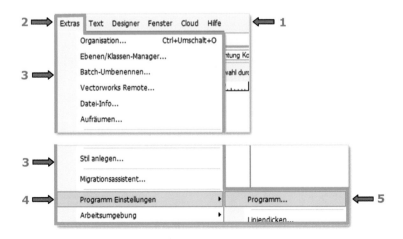

- in dem nun erscheinenden Dialogfenster „Einstellungen Programm" (**6**), öffnen Sie die Registerkarte „Sichern" (**7**). Hier befinden sich die Einstellungen, die das automatische Sichern und das Erstellen von Backup-Dateien steuern.

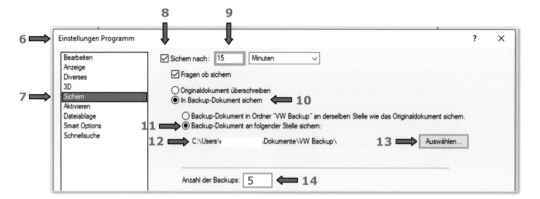

• aktivieren Sie die Option „Sichern nach" (**8**)

• in das rechts liegende Eingabefeld tragen Sie die gewünschte Zeitspanne (**9**) ein. Nach dieser wird das automatische Speichern erfolgen z.B. 15 Minuten.

• aktivieren Sie die Option „In Backup-Dokument sichern" (**10**). Es wird eine Kopie Ihres Dokumentes erstellt. Sie wird bei jedem nächsten Speichern/Sichern überschrieben.

• sichern Sie das Backup-Dokument nicht an der gleichen Stelle wie das Originaldokument, sondern wählen Sie die Option „Backup-Dokument an folgender Stelle sichern:" (**11**) aus

• dafür müssen Sie den Ziel-Ordner auf Ihrer lokalen Festplatte (**12**) bestimmen:
  ◦ um den gewünschten Ordner auf der Festplatte zu finden, drücken Sie auf die Schaltfläche/Button „Auswählen…" (**13**)

• in dem letzten Bereich des Dialogfensters, legen Sie fest, wie viele Backup-Dateien erstellt werden sollen (bevor die älteste überschrieben wird) (**14**). Falls Sie sich für 5 Backup-Dokumente entscheiden, finden Sie, in dem Backup-Ordner (**12**) auf der Festplatte, immer die 5 zuletzt gespeicherten Backup-Dokumente, die sie länger als 15 Minuten bearbeitet haben.

Das automatische Sichern können Sie auch über die Schnelleinstellungen (**15**), auf der rechten Seite der Methodenzeile, ein- oder ausschalten.

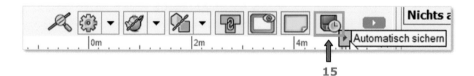

15

# Die Darstellungszeile

Die Darstellungszeile (**1**) befindet sich direkt unter dem Titelbalken (**2**).

Über die Darstellungszeile können Sie die Ebenen und Klassen aufrufen und bearbeiten, den Maßstab auswählen, den Plan rotieren, die aktuelle Ansicht bestimmen, die Projektions- und Darstellungsart auswählen usw.

Die Schaltflächen und Aufklappmenüs in der Darstellungszeile lassen sich über die „Einstellungen Darstellungszeile", auf der rechten Seite, ein- und ausschalten:

- mit einem Klick auf den Pfeil-Listenknopf (**3**), öffnet sich das Aufklappmenü „Einstellungen Darstellungszeile" (**4**)

- in der aufgeklappten Liste (**4**), schalten Sie die gewünschte Option ein oder aus

In der Darstellungszeile (**1**) wird diese dann ein- oder ausgeblendet.

# Die aktuelle Objektausrichtung

Das Aufklappmenü „Aktuelle Objektausrichtung" (**2**) befindet sich in der Darstellungszeile (**1**).
In dem Textfeld wird angezeigt, an welche Ebene die Objekte, die gerade gezeichnet oder verschoben werden, ausgerichtet werden.

**2D-Objekte** können an der aktiven Konstruktionsebene, an der automatischen Arbeitsebene, an einer gesicherten Arbeitsebene oder an der Bildschirmebene ausgerichtet werden. **3D-Objekte** können an der Konstruktionsebene, an der automatischen Arbeitsebene und an gesicherten Arbeitsebenen ausgerichtet werden.

## Konstruktionsebene

Die Konstruktionsebene ist eine Grundoberfläche (ähnlich einer xy-Ebene im Koordinatensystem), wo alle Objekte platziert werden.

„Sie kann nicht gedreht oder verschoben werden" (siehe Vectorworks-Hilfe [1])

Die Achsen der Konstruktionsebene werden mit x, y und z bezeichnet.

Falls die Objekte in den Standardansichten „2D-Plan Draufsicht", „Oben" oder „Unten" gezeichnet werden, werden sie auf die „Konstruktionsebene" ausgerichtet.

Eine Ansicht in Vectorworks ist die Darstellung eines 3D-Objektes betrachtet aus einem bestimmten Blickwinkel.
Vectorworks hat 15 Standardansichten (**1**).

Sie können auch weitere Ansichten erzeugen:

1. durch das Rotieren mit dem Werkzeug *Ansicht rotieren* (**2**), aus der Konstruktion-Palette

2. Sie können das Werkzeug *Ansicht rotieren* temporär, während des Zeichnens, aktivieren: zuerst drücken Sie auf die Kontrolltaste (Strg). Halten Sie die Kontrolltaste (Strg-/Ctrl-) gedrückt und bewegen Sie das gedrückte Mausrad.

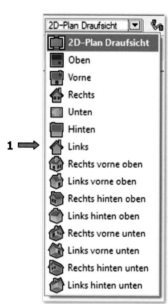

## Die aktuelle Objektausrichtung (**3**)

### 1. Ausrichtung Konstruktionsebene

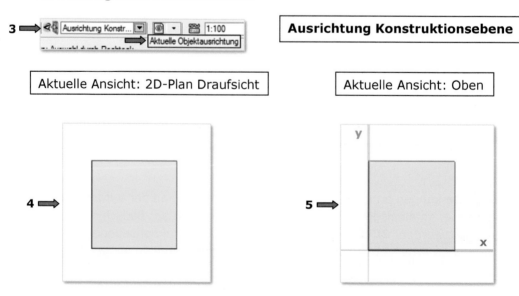

**Ausrichtung Konstruktionsebene**

Aktuelle Ansicht: 2D-Plan Draufsicht

Aktuelle Ansicht: Oben

Die „2D-Plan Draufsicht" wird standardmäßig ohne Koordinatenachsen angezeigt (**4**).

„Oben" ist eine 3D-Ansicht und wird mit den **x-y** Koordinatenachsen angezeigt (**5**). Diese Achsen sind auch Anzeichen dafür, dass das Zeichnen im dreidimensionalen Raum von Vectorworks stattfindet.

Das 3D-Modell mit dem Werkzeug *Ansicht rotieren* festlegen (**6**):

| Ausrichtung Konstruktionsebene |
|---|

| Aktuelle Ansicht: Rechts vorne oben | Aktuelle Ansicht: 3D Ansicht festlegen... |
|---|---|

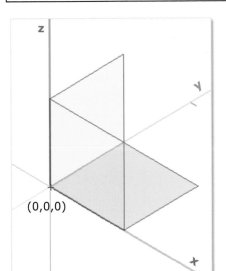

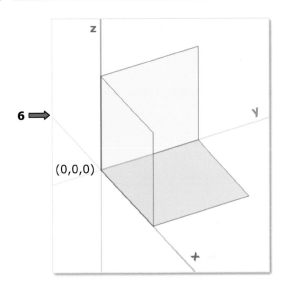

In dem Einblendmenü „Gesicherte Darstellungen" (**7**) (in der Darstellungszeile), können verschiede Darstellungen einer Zeichnung abgespeichert, bearbeitet und aufgerufen werden

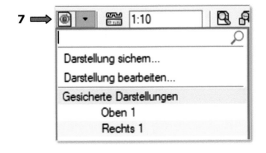

## 2. Ausrichtung Automatisch

Mit Hilfe dieser Objektausrichtung können Sie zweidimensionale Objekte auf der Fläche eines gezeichneten 3D-Objekts zeichnen.

Die Voraussetzungen diese Objektausrichtung nutzen zu können ist:

1. dass Sie schon im Voraus ein Konstruktions-Werkzeug (z.B. *Linie*; *Rechteck* usw.), gewählt haben
2. dass die Objekte in einer von den 3D-Ansichten angezeigt werden („Oben", „Unten", „Rechts" usw.).

Wählen Sie, in der Darstellungszeile die „Aktuelle Objektausrichtung" (**3**) – „Ausrichtung Automatisch" (**8**) aus.

Wenn sich der Mauszeiger über der Fläche eines 2D- oder 3D-Objektes befindet, wird diese leicht gefärbt (**9**). Der Intelligente Zeiger hat die Fläche markiert und Sie können jetzt auf dieser Fläche zeichnen (das Werkzeug zum Zeichnen haben Sie bereits aktiviert).

Falls sich der Mauszeiger gerade über keinem gezeichneten Objekt befindet, wird die automatische Arbeitsebene auf die Konstruktionsebene gelegt.

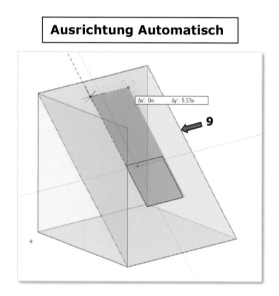

### 3. Ausrichtung Bildschirmebene

Falls Sie die „Ausrichtung Bildschirmebene" ausgewählt haben, werden 2D-Objekte senkrecht zur Blickrichtung des Zeichners (der Bildschirmfläche) angezeigt (**10**). Dabei ist egal, ob gerade eine 2D- oder eine 3D-Ansicht aktiv ist.

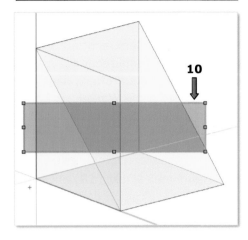

2D-Objekte, die in einer der Ansichten „Vorne", „Hinten" (ähnlich der xz-Ebene) oder „Links", „Rechts" (ähnlich der yz-Ebene) gezeichnet werden, werden automatisch parallel zur Bildschirmebene gezeichnet.

## 4. Ausrichtung Arbeitsebene

Die Arbeitsebene ermöglicht das Zeichnen im dreidimensionalen Raum.
Sie kann überall im Raum positioniert werden.
Sie ist unendlich groß und wird mit einem pinkfarbenen Rechteck (**11**) dargestellt.
Die Achsen der Arbeitsebene werden mit **x′**, **y′** und **z′** bezeichnet.

**Senkrecht auf Arbeitsebene blicken**

**Ausrichtung Arbeitsebene**

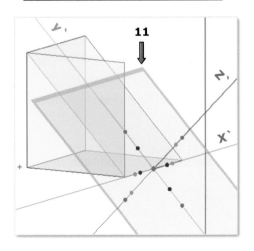

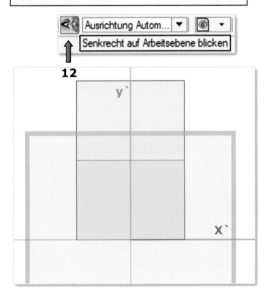

Wenn „Ausrichtung Arbeitsebene" aktiv ist, kann sich der Mauszeiger nur auf der Fläche der Arbeitsebene bewegen. Jedes neue Objekt kann jetzt nur auf ihr gezeichnet oder parallel zu ihr verschoben werden.

Eine große Zeichenhilfe ist die Option „Senkrecht auf Arbeitsebene blicken" (**12**). Mit dem Drücken auf die Schaltfläche „Senkrecht auf Arbeitsebene blicken" (**12**) wird die Arbeitsebene (nur visuell) so rotiert, dass sie parallel zu der Bildschirmebene angezeigt wird. Der reale Winkel zur Konstruktionsebene bleibt erhalten.
Das Zeichnen, Duplizieren, Ausrichten usw. wird dadurch auf der Arbeitsebene sehr erleichtert.

Der Intelligente Zeiger findet auch den Punkt (**13**) außerhalb der Arbeitsebene und richtet sich auf die senkrechte Projektion dieses Punktes (**14**) (auf der Arbeitsebene - **15**) aus.

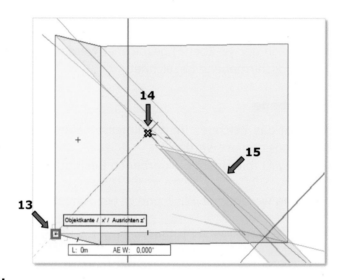

## ZOOMEN

Das Zoomen ist eine unverzichtbare Funktion bei jedem CAD-Programm. Mit ihr können Sie optische Darstellung eines Bildschirmausschnittes verändern, entweder vergrößern oder verkleinern. Dabei wird die tatsächliche Größe der gezeichneten Objekte nicht beeinflusst.

In Vectorworks können Sie die Größe der Darstellung (einer Zeichnung), auf dem Bildschirm, auf verschiedene Arten verändern:

**1.** Zoomen mit dem Mausrad
Die Voraussetzung für diese Zoom-Methode ist, dass die Maus über ein Mausrad/Scrollrad verfügt:
- drehen Sie das Mausrad nach oben → Vectorworks vergrößert den Bildschirmausschnitt, beginnend von der Stelle (auf dem Bildschirm), an welcher sich der Mauszeiger gerade befindet

16

- drehen Sie das Mausrad nach unten → Vectorworks verkleinert den Bildschirmausschnitt, beginnend von der Stelle (auf dem Bildschirm), an welcher sich der Mauszeiger momentan befindet

Mit dieser ZOOM-Methode können Sie auch während des Zeichnens zoomen.

2. Zoomen Sie mit den Werkzeugen *Ausschnitt vergrößern* (**2**) und *Ausschnitt verkleinern* (**3**) aus der Konstruktion-Palette (**1**).
   Um beide Werkzeuge sehen zu können, drücken Sie auf den Pfeil unten rechts (oder RMT).

Um diese Werkzeuge ausführen zu können, ziehen Sie einen Rahmen (diagonal, mit 2 Klicks → **1** und **2**) um den, zu skalierenden, Bildschirmausschnitt auf.

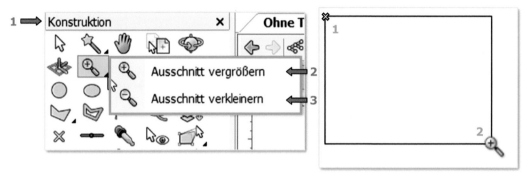

3. Zoomen mit den **Lupensymbolen** in der Darstellungszeile (**4**)

3.1 in dem Textfeld (**5**) (in der Darstellungszeile) wird prozentual angezeigt, welcher momentane Vergrößerungs- bzw. Verkleinerungsfaktor benutzt wird, um die Zeichnung darzustellen
   - an dieser Stelle können Sie einen Skalierungsfaktor, entweder durch eine Eingabe in das Textfeld (**5**) festlegen oder aus dem Einblendmenü (**6**) auswählen

3.2 das erste Lupensymbol „Zoom auf Seite" (**7**)
   - durch einen Klick auf dieses Symbol, wird die Darstellung der Zeichnung so skaliert, dass sich das ganze Zeichenblatt (je nach der gewählten Plangröße) dem Zeichenfenster anpasst

3.3 das zweite Lupensymbol „Zoom auf Objekte" (**8**)
   - durch einen Klick auf dieses Symbol wird die Bildschirmdarstellung der Zeichnung so skaliert, dass alle gezeichneten Objekte in der Zeichnung auf dem Bildschirm angezeigt werden

- falls ein Objekt oder mehrere Objekte aktiv sind, wird die Bildschirmdarstellung der Zeichnung so skaliert (vergrößert oder verkleinert), dass das aktivierte Objekt/die aktivierten Objekte das ganze Zeichenfenster einnehmen

3.4 das dritte Lupensymbol „Doppelt so groß anzeigen..." (**9**)
- dieses Symbol steht für den Vergrößerungsfaktor 2

Der gerade dargestellte Ausschnitt der Zeichnung im Zeichenfenster, wird doppelt so groß bzw. (bei gedrückter Alt-Taste) doppelt so klein dargestellt.

Sie können auch, während des Zeichnens, die Bildschirmdarstellung der Zeichnung vergrößern oder verkleinern:

- um den Ausschnitt zu vergrößern, drücken Sie gleichzeitig, zuerst die Leertaste und dann die Befehlstaste ⌨Strg. Dieses Tastenkürzel aktiviert, temporär, das Werkzeug *Ausschnitt vergrößern.*

- um den Ausschnitt zu verkleinern, drücken Sie zuerst die Leertaste und dann die Befehls [Strg] ⌨Strg - und die Wahltaste [Alt] ⌨Alt. Schneller → zuerst die Leertaste und dann die [Alt Gr]-Taste ⌨Alt Gr. Dieses Tastenkürzel aktiviert, temporär, das Werkzeug *Ausschnitt verkleinern.*

## Den Plan rotieren

Mit dem Befehl *Plan rotieren* können Sie die Zeichnungen, temporär, um die **x**-Achse rotieren. Zeichnungen, die unter einem schrägen Winkel gezeichnet wurden, können Sie in eine horizontale Position (W: 0,00°) drehen. So lassen sich solche Zeichnungen einfacher und schneller bearbeiten.
Die Voraussetzung dafür ist, dass die Zeichnung entweder in der 2D-Plan Draufsicht- oder der Oben–Ansicht angezeigt wird.
Es wird ein benutzerdefiniertes Koordinatensystem erzeugt. Unten links wird das benutzerdefinierte Koordinatensymbol mit Pfeilen (**1**) angezeigt. Das Lineal an den Seiten der Zeichenfläche wird blau dargestellt (**2**).

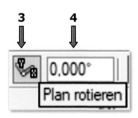

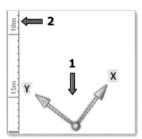

Der Befehl *Plan rotieren* befindet sich:
- in der Menüzeile: *Ansicht – Plan rotieren* und
- in der Darstellungszeile: als Schaltfläche „Plan rotieren" (**3**) oder als
Textfeld (**4**)

In der Darstellungszeile unter „Aktuelle Ansicht" (**5**) wird auch die Ansicht
„2D-Plan rotiert" (**6**) angezeigt.

Der Plan soll so rotiert werden, dass die Linie L-**2** horizontal ausgerichtet ist:

• drücken Sie die Schaltfläche „Plan rotieren" (**7**) in der Darstellungszeile

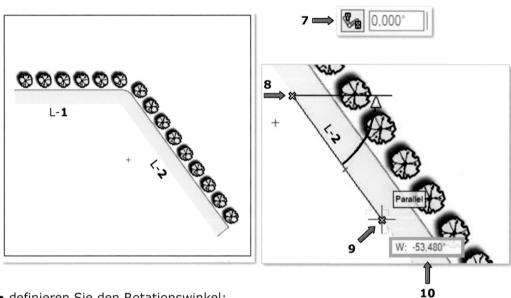

• definieren Sie den Rotationswinkel:
  ◦ zuerst bestimmen Sie, mit einem Klick, das Rotationszentrum (**8**)
  ◦ mit dem zweiten Klick definieren Sie den Rotationswinkel (**9**)

Falls Sie den Wert des Rotationswinkels wissen, können Sie ihn direkt in die
Objektmaßanzeige (**10**) oder in das Textfeld (**4**) eintragen.

Der Plan wurde um 53,480° (**11**) gedreht und die Linie L-**2** liegt horizontal (**12**)
(in dem gerade erstellten benutzerdefinierten Koordinatensystem).
Sie können jetzt einfacher, an der Seite der schrägen Linie L-**2**, zeichnen (**13**).
Wenn Sie fertig sind, klicken Sie in das Textfeld (**4**) und tragen Sie 0 ein.
Bestätigen sie mit der Eingabetaste.
Die Zeichnung wird wieder in das ursprüngliche Weltkoordinatensystem gedreht.

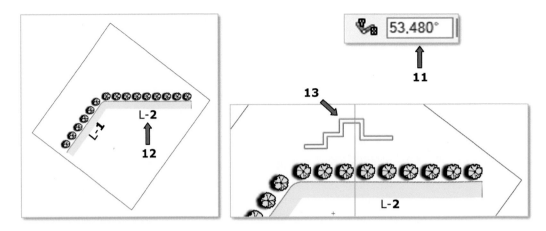

## Die Projektionsart – Orthogonal

Bei dieser Projektionsart ist das Konstruieren am einfachsten. Es werden keine perspektivisch gekürzten Seiten des 3D-Objektes, sondern dessen orthogonale Parallelprojektion auf dem Bildschirm angezeigt.

Beispiele an einem Würfel:

Ansicht: Rechts vorne oben

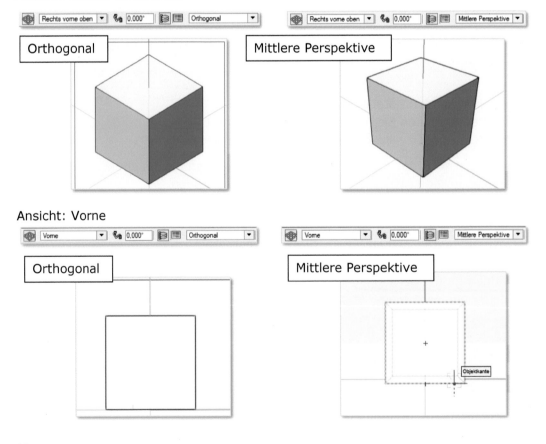

Bestimmen Sie, dass beim Wechseln von der 2D- zu einer 3D-Ansicht, immer die Projektionsart - Orthogonal verwendet werden soll:

- gehen Sie in der Menüzeile zu:
  *Extras* (**1**) – *Programm Einstellungen* (**2**) – *Programm...* (**3**)

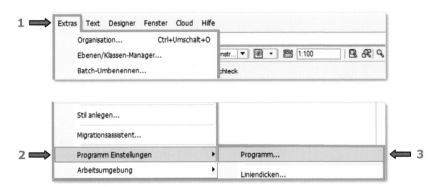

- in dem erscheinenden Dialogfenster „Einstellungen Programm" (**4**), öffnen Sie die Registerkarte „**3D**" (**5**):
  - bei dem Aufklappmenü „Standard-Projektionsart 3D-Ansicht:" (**6**) wählen Sie die Projektionsart „Orthogonal" (**7**) aus

## Die Modellansicht

Mit dem Befehl *Modellansicht*, in der Darstellungszeile, lassen sich alle Konstruktionsebenen in einer Ansicht übereinander anzeigen.

# Die aktuelle Darstellungsart

Mit diesem Befehl bestimmen Sie die Darstellungsart, mit welcher die Objekte der aktiven Konstruktionsebene dargestellt werden.

Vectorworks hat zwölf unterschiedliche Darstellungsarten:
„Drahtmodell", „Skizzenstil", „Nur sichtbare Kanten", „Alle Kanten" usw.

Der Befehl *Darstellungsart* befindet sich in der Menüzeile:
*Ansicht* (**1**) – *Darstellungsart* (**2**)

In der Darstellungszeile, aus dem Aufklappmenü „Aktuelle Darstellungsart"
(**3**), können Sie die gewünschte Darstellungsart auswählen.

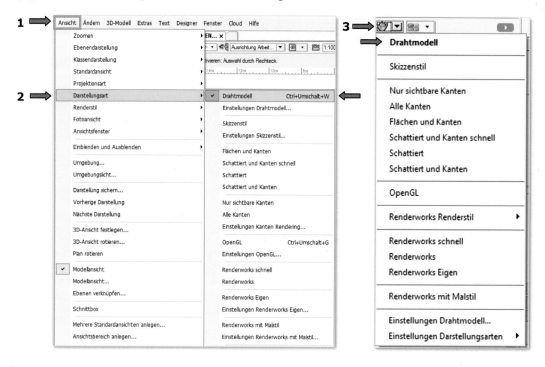

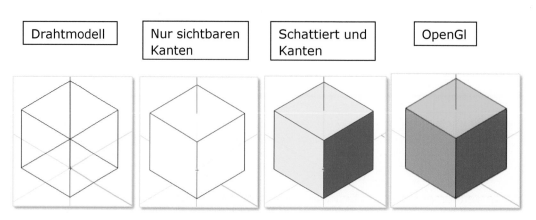

| Drahtmodell | Nur sichtbaren Kanten | Schattiert und Kanten | OpenGl |

# Mausfunktionen

Mit einem Klick der **linken** Maustaste (**LMT**) aktivieren Sie ein Objekt, einen Befehl oder ein Werkzeug.

Wenn Sie gleichzeitig die Umschalttaste gedrückt halten, können Sie mehrere Objekte nacheinander selektieren.

Mit einem Doppelklick der LMT auf das Objekt aktivieren Sie das Werkzeug *Umformen*. Danach können Sie das aktive Objekt durch seine Modifikationspunkte umformen.

Wenn Sie die Maus mit der gedrückten LMT ziehen, können Sie das aktive Objekt verschieben (die Drag-and-drop-Funktion/ Drücken-Ziehen-Loslassen-Methode).

Wenn Sie gleichzeitig die Befehlstaste [Strg] und die LMT gedrückt halten und dann die Maus ziehen, können Sie das aktive Objekt kopieren.

Durch das Drehen des Mausrads können Sie einen Ausschnitt auf der Bildschirmoberfläche optisch skalieren.

Durch das Drücken des Mausrads wird, temporär, die Pan–Funktion/das Werkzeug *Ausschnitt verschieben* 🖐 aktiviert.
Mit dem gedrückten Mausrad können Sie, auch während des Zeichnens, den Bildschirmausschnitt verschieben.

Wenn Sie das Mausrad drehen und gleichzeitig die Steuerungstaste (Windows) oder die Wahltaste (Mac) gedrückt halten, können Sie nach oben bzw. unten scrollen.

Wenn Sie das Mausrad drehen und gleichzeitig die Umschalttaste gedrückt halten, können Sie nach links bzw. rechts scrollen.

Wenn Sie zuerst die Strg-Taste und danach das Mausrad drücken und erst dann die Maus bewegen, können Sie die 3D-Ansicht rotieren.

Wird ein Objekt oder eine Zeichenfläche mit der **rechten** Maustaste (**RMT**) angeklickt, so erscheint ein Kontextmenü mit objektbezogenen Befehlen und Funktionen.

# Tastenkürzel

Zahlreiche Werkzeuge und Befehle lassen sich auch durch das Tippen eines Buchstabens oder einer Zahl auf der Tastatur aufrufen.

Vectorworks hat schon eine Großzahl wichtiger Werkzeuge, Befehle und Funktionen mit einem Tastenkürzel belegt.

Das Tastenkürzel (**1**) eines Werkzeugs können Sie erfahren, indem Sie den Mauszeiger über dem Werkzeugsymbol (**2**) etwa eine Sekunde lang ruhen lassen.

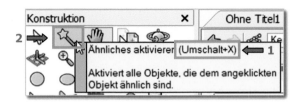

Wenn Sie einem Werkzeug ein eigenes Tastaturkürzel zuordnen wollen, gehen Sie in der Menüzeile zu:

*Extras - Arbeitsumgebungen - Arbeitsumgebung anpassen*

## Einige **Tastenkürzel**

**[Strg]**-Taste auf der Windows-Tastatur → ^/**[CTRL]** -Taste auf der Mac-Tastatur

**[Alt]**-Taste auf der Windows-Tastatur → ⌐ -Taste auf der Mac-Tastatur

| Standard-Tastenkürzel | |
|---|---|
| [Strg] + Z | Rückgängig |
| [Strg] + Y | Wiederherstellen |
| [Strg] + C | Kopieren |
| [Strg] + X | Ausschneiden |
| [Strg] + V | Einfügen |

| Zeichenhilfen-Tastenkürzel | |
|---|---|
| ⬆ Schift-Taste/Umschalttaste: | |
| | - mehrere Objekte hintereinander aktivieren |
| | - proportional zeichnen und skalieren |
| | - zeichnen oder verschieben unter bestimmten Winkeln, die in der Zeigerfang-Option – *An Winkeln ausrichten*, angegeben wurden |
| [Strg] | beim Verschieben (mit dem Werkzeug *Aktivieren*) ein Duplikat erzeugen (Windows) |
| [ALT] Wahltaste oder [Alt]-Taste: | |
| | - alle, von dem Selektionsrahmen nur berührten Objekte, können mit der [Alt]-Taste aktiviert werden |
| | - beim Verschieben, mit dem Werkzeug *Aktivieren*, ein Duplikat erzeugen (Macintosh) |
| | - die, zu bearbeitenden, Objekte müssen in Vectorworks meistens schon vor der Befehl-Auswahl aktiv sein. Falls Sie das Aktivieren vergessen haben, drücken Sie nach der Wahl eines Werkzeuges/Befehls die Alt-Taste und klicken Sie auf das zu bearbeitende Objekt... |
| ⬅→ Tabulatortaste: | |
| | - in die Objektmaßanzeige springen |
| | - in der Objektmaßanzeige von einem Eingabefeld zu einem weiteren springen |

| | - im Dialogfenstern, in der Infopalette, in der Objektanzeige in das nächste Feld springen<br>- gleichzeitig mit gedrückter Umschalttaste [↑], in das vorige Feld springen |
|---|---|
| [Esc] Escape-Taste: | |
| | - Zeichnen - bzw. Rendervorgang abbrechen<br>- mit einem Doppelklick: Dialogfenster, Gruppen und Symbole verlassen<br>- Infopalette bzw. Objektmaßanzeige verlassen |
| ⬅— Rückschritttaste: | |
| | - den letzten Punkt beim Zeichnen von Linien, Polygonen, Wänden, Kettenbemaßungen löschen |
| ↑ + ➞ Umschalttaste + kleine Pfeiltaste: | |
| | - Objekt in kleinen Schritten verschieben |
| F | Zeigerfang temporär deaktivieren |
| Y | Lupe, die Stelle wo der Mauszeiger steht wird stark vergrößert |
| G | Temporären Nullpunkt setzen |
| T | Ausrichtkante/Ausrichtpunkt setzen |
| R | Röntgenblick, alle Objekte werden durchsichtig dargestellt |
| C | Polygone, Polylinie, Wände und Pfadobjekte schließen |
| X | Das Werkzeug *Aktivieren* |
| [Alt] + M | Strecke messen |
| Befehle | |
| [Strg] + D | Duplizieren |
| [Strg] + M | Verschieben |
| usw. | |

Für weiter Tastenkürzel siehe Vectorworks-Hilfe:

http://vectorworks-hilfe.computerworks.eu/2017/Vectorworks_2017_Tastenkuerzel.pdf

## Eine weitere Zeichenhilfe in der Methodenzeile

In der Methodenzeile (**3**) werden passende Methoden für das gerade aktive Werkzeug, z.B. Werkzeug *Umformen* (**4**), angezeigt. Diese sind, je nach Funktionalität, in den Methodengruppen zusammengefasst.
Sie können, auch während des Zeichnens, innerhalb einer Gruppe mit den Tasten **U, I, O, P** (auf der Tastatur), von einer Methode zu den anderen wechseln.

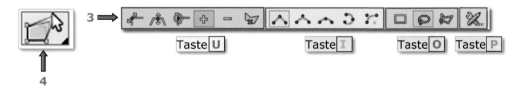

# Mehrere Ansichtsfenster

Das Zeichenfenster kann in Vectorworks in mehrere Ansichtsfenster geteilt werden. Die Arbeitsfläche wird in Form von mehreren Rechtecken dargestellt. Jedes dieser Ansichtsfenster kann unterschiedliche Standardansichten (2D-Plan Draufsicht, Oben, Vorne, Unten usw.), Darstellungsarten (Drahtmodell, OpenGL, Renderworks usw.) und Projektionsarten enthalten.

Während Sie in dem aktiven Ansichtsfenster (die Begrenzung und der Titel werden blau angezeigt - **1**) zeichnen, werden alle anderen Fenster parallel aktualisiert und ihr Modell wird aus verschiedenen Blickwinkeln angezeigt.

Diese Technik kann beim Zeichnen von 3D-Modellen sehr hilfreich sein.

Nur das aktive Ansichtsfenster kann ausgedruckt werden.

Um die Mehrfenstertechnik ein- und auszuschalten, gehen Sie in der Menüzeile, zu dem Befehl:

• *Ansicht* (**2**) – *Ansichtsfenster* (**3**) – *Mehrere Ansichtsfenster verwenden* (**4**)

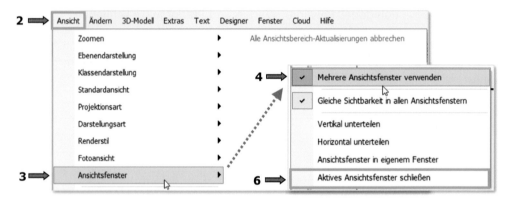

das aktive Ansichtsfenster

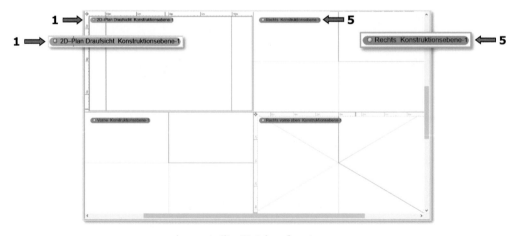

das geteilte Zeichenfenster

Einzelne Ansichtsfenster ausschalten:

- klicken Sie, mit der RMT (rechte Maustaste), auf den Titel (**5**) des zu schließenden Ansichtsfensters

- in dem erscheinenden Kontextmenü wählen Sie die Option „Aktives Ansichtsfenster schließen" (**6**) aus

Einige Varianten von mehreren Ansichtsfenstern:

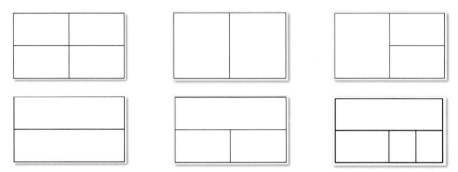

## Die Vectorworks-Hilfe

In der Vectorworks Onlinehilfe finden Sie sämtliche Detailinformationen und Hilfestellungen zu allen Vectorworks Funktionen und Programmelementen.

Die Onlinehilfe ist jederzeit, während des Zeichnens, für Sie zugänglich.

Sie erreichen diese über den Befehl in der Menüzeile (**1**):
*Hilfe* (**2**) – *Vectorworks-Hilfe* (**3**)

Falls Sie über eine Internetverbindung verfügen, wird die Onlinehilfe in Ihrem Standardbrowser geöffnet, sonst werden die heruntergeladenen Hilfedateien auf Ihrer lokalen Festplatte geöffnet.

Themenansicht (**5**)
Suchfeld (**6**)
Schaltfläche, um „Index" aufzurufen (**7**)
Inhaltsverzeichnis (**8**)
Aufklappmenü „Index" (**9**)

Die Suche kann durch mehrere Wege erfolgen:

1. Nach dem Öffnen der Onlinehilfe, wählen Sie in dem erscheinenden Inhaltverzeichnis auf der linken Seite, in der **Themenansicht** (**5**), das gewünschte Kapitel (z.B. „Zeichnen", „Präsentation" etc.) aus.
   Wenn Sie den gesuchten Begriff (z.B. „Zubehör-Bibliotheken") in diesem Kapitel finden, klicken Sie auf den Link. Sie werden direkt mit der gesuchten Hilfedatei verbunden.

2. Tragen Sie den gewünschten Suchbegriff in das **Suchfeld** (**6**) ein. Bestätigen Sie die Suche, entweder mit der Eingabetaste oder klicken Sie auf das Lupe-Symbol. Darauffolgend öffnet sich das Index-Aufklappmenü (**9**). Dort werden alle entsprechenden Hilfsthemen, mit dem gesuchten Begriff, aufgelistet. Scrollen Sie durch die Liste und klicken Sie auf das gewünschte Suchergebnis.

   Falls Sie nach einem Text mit einer bestimmten Reihenfolge suchen, setzen Sie den gesamten Text in Anführungszeichen.

   Auf der linken Seite, in dem Info-Fenster „Themenansicht" (**5**), erscheint eine ausführliche Beschreibung des gesuchten Begriffes.

3. Suche mit dem **Index** (**7**)
   Klicken Sie auf die Schaltfläche „Index" (**7**). In dem darauf geöffneten Aufklappmenü (**9**) werden alle Themen alphabetisch aufgelistet. Scrollen Sie durch die Liste oder geben Sie den ersten Buchstaben des gesuchten Begriffes ein (der Index sucht passende Hilfsthemen aus). Klicken Sie auf den gewünschten Link.

   Auf der linken Seite, in dem Info-Fenster „Themenansicht" (**5**), erscheint eine ausführliche Beschreibung des gesuchten Begriffes.

Sie können auch über eine Internet-Suchmaschine nach Hilfsthemen, in der Vectorworks-Hilfe, suchen. Tragen Sie den Text in das Suchfeld ein:
„Vectorworks Hilfe *Versionsnummer* *Suchbegriff*"

**Die Vectorworks-Direkthilfe**

Mit dem Befehl *Direkthilfe*: *Hilfe* (**2**) – *Direkthilfe* (**4**),
kommen Sie in der Online-Hilfe direkt zu der bestimmten Hilfsdatei. Dort befindet sich die Erklärung zu einem gerade angeklickten Werkzeug bzw. Befehl.

Wenn Sie den Befehl *Direkthilfe* aktivieren, erscheint, neben dem Mauszeiger, ein kleines „Fragezeichen" (**10**). Klicken Sie mit dem Mauszeiger auf ein Werkzeug oder wählen Sie einen Befehl oder eine Palette aus.

Im Menü „Hilfe", mit dem Befehl *Direkthilfe*, können Sie jede Vectorworks-Funktion, nicht nur Befehle und Werkzeuge, sondern auch Zeichenhilfen, Attribute, Paletten, die Menü- oder Darstellungszeile anklicken und so die entsprechende Stelle im elektronischen Handbuch aufrufen.

Mithilfe der **F1**-Taste können Sie auch die Vectorworks-Hilfe aktivieren und zu der passenden Beschreibung eines gerade aktiven Werkzeugs oder eines gerade geöffneten Dialogfensters gelangen.

Anmerkung: mit „(siehe Vectorworks-Hilfe [1])" werden im Verlauf dieses Buches, zitierte Ausschnitte aus der Vectorworks Onlinehilfe markiert.
Weitere detaillierte Beschreibungen zu den Befehlen/Werkzeugen finden sich in der Onlinehilfe, in der Menüzeile:  *Hilfe – Vectorworks-Hilfe*

## 1.1   Neu in Vectorworks 2021

### Smart Options

Mit der Anzeigemethode **Smart Options** können, nach Aufforderung, die meistverwendeten Werkzeugen, Werkzeuggruppen, Standardansichten usw. direkt neben dem Mauszeiger eingeblendet werden. Dadurch wird an Mausbewegung und an Zeit gespart. Dank dieser neuen Anzeige können mehrere Werkzeugpaletten ausgeschaltet werden, um mehr Platz zum Zeichnen auf der Benutzeroberfläche zu schaffen (besonders interessant bei kleinerem Bildschirm).
Die Elemente der Anzeige Smart Options lassen sich je nach Wunsch und Bedarf konfigurieren.

Smart Options können, in dem Dialogfenster „Einstellungen Programm", ein- oder ausgeschaltet werden.

- gehen Sie, in der Menüzeile, zu dem folgenden Befehl:
  *Extras (**1**) – Programm Einstellungen (**2**) – Programm… (**3**)*

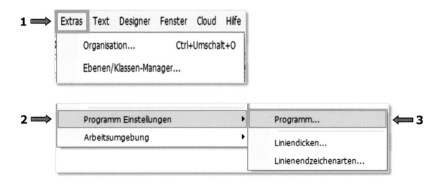

Das Dialogfenster „Einstellungen Programm" (**4**) wird geöffnet.

● öffnen Sie die **Registerkarte** „Smart Options" (**5**) mit einem Klick

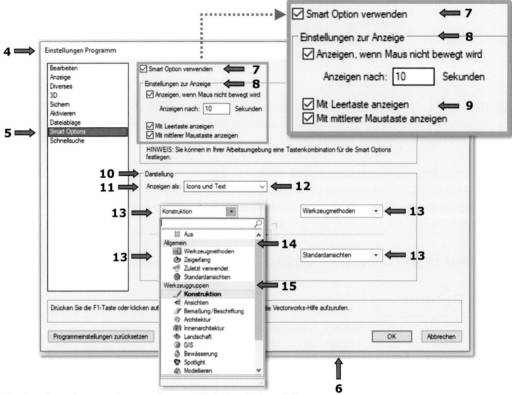

Die **Registerkarte** „Smart Options" (**6**) wird geöffnet.

● aktivieren Sie, auf dem rechten Teil des Dialogfensters, die Option
„Smart Option verwenden" (**7**) → Smart Options werden, nach Aufforderung, auf
der Zeichenfläche angezeigt.

● aktivieren Sie, in dem Gruppenfeld „Einstellungen zur Anzeige" (**8**) eine
gewünschte Option (z.B. „Mit Leertaste anzeigen" - **9**)
→ wenn Sie die Leertaste drücken, werden, neben dem Mauszeiger (**16**), die
ausgewählten Icons/Symbole (**17**) der Smart Options angezeigt
(der Mauszeiger muss sich währenddessen auf der Zeichenfläche befinden)

● legen Sie in dem Gruppenfeld „Darstellung" (**10**) fest, wie die Smart Options
angezeigt werden sollen (als Icons, als Text usw.) → wählen Sie die gewünschte
Anzeigeart (**12**), aus der Aufklappliste „Anzeigen als:" (**11**), aus.

In dem gleichen Gruppenfeld (**10**), befinden sich vier Aufklapplisten „Auswahl
Quadranten" (**13**). Für jeden Quadranten (**17**) können Sie die Optionen, die
angezeigt werden sollen, auswählen,
Diese Optionen sind in zwei Gruppen sortiert:
-  „Allgemein" (**14**)
-  „Werkzeuggruppen" (**15**)

Diese Quadranten (**17**) werden um den Mauszeiger (**16**), auf der Zeichenfläche, angezeigt.

[...] Unter „Werkzeuggruppen" werden nur Werkzeuggruppen aufgelistet, die in der aktuellen Arbeitsumgebung verfügbar sind, wenn die Einstellung vorgenommen wird. Auch auf der Zeichenfläche werden bei den Smart Options nur diejenigen Werkzeuggruppen angezeigt, die in der aktuellen Arbeitsumgebung verfügbar sind. Ist ein Werkzeug in der aktuellen Arbeitsumgebung nicht verfügbar, wird es als „Aus" angezeigt. [...]
(siehe Vectorworks-Hilfe [1])

- bestätigen Sie die Eingaben in dem Dialogfenster mit OK

**Smart Options verwenden**

In dem Dialogfenster „Einstellungen Programm" (**4**), haben Sie festgelegt, wie Sie die Smart Options aufrufen wollen, wie z.B. hier - durch Drücken der Leertaste (**9**).

- drücken Sie die Leertaste

Vier hellgraue Symbole/Quadranten werden um den Mauszeiger auf dem Bildschirm angezeigt (**17**).

- bewegen Sie den Mauszeiger zu dem benötigten Quadranten (**18**)

- aktivieren Sie ihn mit einem Klick

- wählen Sie das benötigte Werkzeug (**19**) bzw. die Methode (**20**) bzw. die Standardansichten (**21**) aus

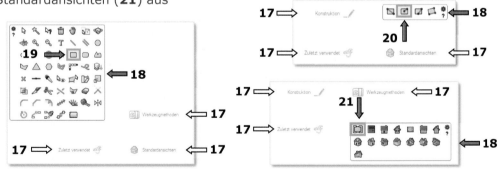

## Schnellsuche

Die Schnellsuche ist ein neuer, sehr praktischer Befehl in Vectorworks 2021. Anstatt die Paletten oder Menüs nach Werkzeugen oder Befehlen durchsuchen zu müssen, können Sie diese schnell, mit dem Befehl *Schnellsuche*, in der aktuellen Arbeitsumgebung finden.
Sie haben mehrere Möglichkeiten die Schnellsuche zu aktivieren:

1. den Befehl, in der Menüzeile (**1**): *Extras* (**2**) – *Schnellsuche* (**3**) auswählen
2. auf das kleine Lupensymbol (**4**), ganz rechts in der Menüzeile klicken
3. die Taste-**F** auf der Tastatur betätigen

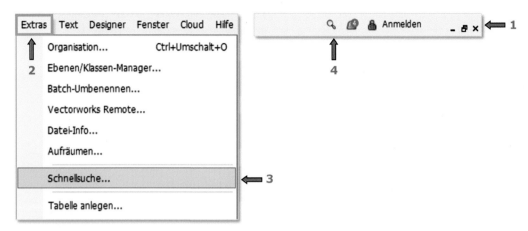

Die Einstellungen für diesen Befehl finden Sie in dem Dialogfenster „Einstellungen Programm" (**5**).

- *Extras - Programm Eistellungen – Programm…*

- öffnen Sie, in dem nun erscheinenden Dialogfenster „Einstellungen Programm"
  (**5**), die **Registerkarte** „Schnellsuche" (**6**)
  ◦ dort können Sie zwei Optionen ein- oder ausschalten
    1. „Suchfilter anzeigen" (**7**),
       mit Hilfe dieser Option können Sie bestimmen, ob nach Werkzeugen (**12**),
       Befehlen (**13**) oder beidem (**14**) gesucht wird
    2. „Beschreibung anzeigen" (**8**),
       mit Hilfe dieser Option wird der
       Menüpfad für Befehle bzw. die
       Werkzeuggruppe für Werkzeuge
       angezeigt (**15**)
    ◦ bestätigen Sie mit OK

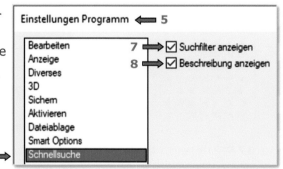

- aktivieren Sie den Befehl *Schnellsuche*, indem Sie auf das kleine Lupensymbol
  (**4**), ganz rechts in der Menüzeile (**1**), klicken

Es erscheint ein Fenster in der Anfangsansicht (**9**).

**9** ➡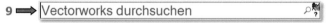

- geben Sie, in das Suchfeld ein Wort ein, z.B. „Linie" (**10**)

Vectorworks schlägt die geeigneten Linienfunktionen (**11**) vor.

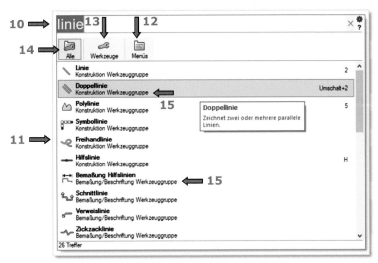

## Die ablösbare Registerkarten/Reiter der Info- und Navigation-Palette

Die einzelnen Registerkarten/Reiter (**1**) lassen sich aus der Info- bzw. Navigation-Palette herausziehen.

Wenn Sie wieder alle Registerkarten gruppieren möchten, drücken Sie die Titelseite einer Registerkarte und ziehen Sie diese über eine andere Registerkarte.

In dieser erscheint ein Andockhilfe-Symbol (**2**). Ziehen Sie die gedrückte Registerkarte zu dem mittleren, quadratischen Andockhilfe-Symbol (**3**) und lassen Sie die Registerkarte dann los.

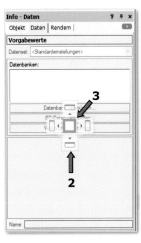

## Materialien

Vectorworks 2021 hat einen neuen Zubehörtyp → Materialien.

Dieses neue Zubehör beinhaltet, wie eine Sammelstelle, viele Informationen, unter anderem Füllungen, Texturen und dazugehörige Oberflächenschraffuren, physikalische Informationen und Konstruktionsdaten wie Materialklassifikation, Hersteller, Kosten usw.

Die Materialien können bestimmten geometrischen 2D- sowie auch 3D-Objekten zugewiesen werden.

Die grafischen Attribute und Daten von Bauteilen können jetzt, statt über Klassen, mit Materialien definiert werden. Sobald Sie das Material eines Bauteils ändern, werden alle 2D- und 3D-Darstellungen in Grundrissen, Ansichten und Visualisierungen aktualisiert (dieses Zubehör ist nicht in dem Modul Vectorworks Basic verfügbar).

[...] Materialien werden 2D- und 3D-Geometrie logisch zugewiesen. Planare Objekte erhalten z. B. die Füllattribute, 3D-Geometrie erhält die Textur und die Oberflächenschraffur und Extrusionskörper, deren Teile unterschiedliche Texturen aufweisen, verwenden die Textur des Materials als Standard-Textur für das ganze Objekt. [...] (siehe Vectorworks-Hilfe [1])

In dem Zubehör-Manager (**1**) finden Sie Materialien unter dem folgenden Navigationspfad:

**Vectorworks-Bibliotheken** (**2**) – Attribute und Vorgaben – Materialien (**3**) – *Materialien.vwx* (**4**)

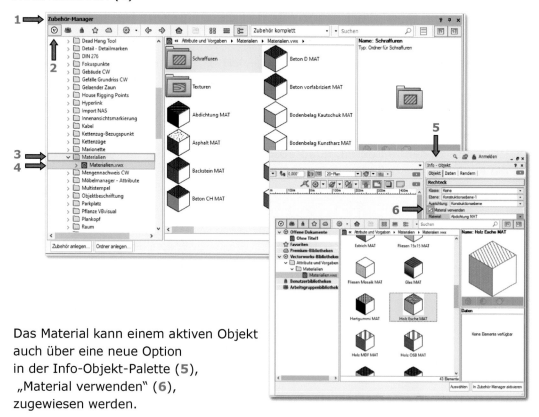

Das Material kann einem aktiven Objekt auch über eine neue Option in der Info-Objekt-Palette (**5**), „Material verwenden" (**6**), zugewiesen werden.

In Vectorworks 2021 werden für einige Werkzeuge neue Methoden entwickelt. Diese werden in den Übungen im Buch gezeigt und angewendet.

Weitere Neuerungen in Vectorworks 2021 finden Sie unter dem folgenden Link:
https://www.computerworks.de/produkte/vectorworks/2021/index.php

# 2. Erste Schritte in der 2D-Konstruktion

INHALT:

## Die Werkzeuge
- *Punkt*
- *Linie*
- *Objekt spiegeln*
- *Rechteck*
- *Polygon*
- *Polylinie*
- *Parallele*
- *Verschieben*
- *Verrunden*
- *Duplizieren an Pfad*
- *Umformen*

## Die Zeichenhilfen
- Zeigerfang-Funktionen
- Fangmodus *An Punkt ausrichten*
- Temporärer Nullpunkt

## Die Befehle
- *Fläche zusammenfügen*
- *Schnittfläche löschen*
- *Gruppieren*
- *Duplizieren und Anordnen*

- Attribute zuweisen
- Info-Objekt-Palette
- Konstruktion-Palette

## Vectorworks starten

Es wird automatisch ein neues Dokument „Ohne Titel 1" (**1**) geöffnet. Dieses
Dokument verfügt über Grundeinstellungen von Vectorworks.
Um sich auf das erste Zeichnen konzentrieren zu können, arbeiten Sie weiter in
diesem Dokument. In den späteren Übungen werden Sie das Dokument,
entsprechend der Anforderungen, einrichten.

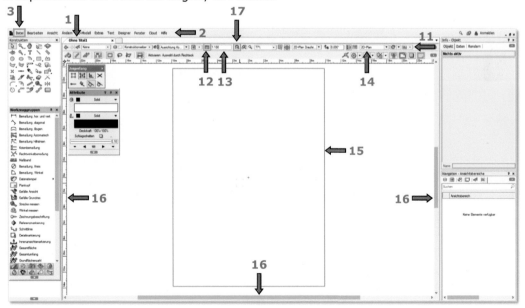

**Grundeinstellungen**

[...] Starten Sie Vectorworks nicht über ein bereits bestehendes Dokument, sondern über das Programmsymbol, mit dem Befehl „Neu" (Menü „Datei") oder mit dem Eintrag „Vectorworks" im Windows-Startmenü, wird automatisch ein neues Dokumentfenster mit dem Namen „Ohne Titel" geöffnet. Wenn Sie noch kein eigenes Vorgabedokument angelegt haben, weist dieses neue Dokument voreingestellte Grundeinstellungen auf. [...] (siehe Vectorworks-Hilfe [1])

Die detaillierte oder ausführliche Beschreibung des Befehls/des Werkzeuges finden Sie in Vectorworks Onlinehilfe: Menü *Hilfe – Vectorworks-Hilfe* (siehe Seite 27 ff.)

Kontrollieren Sie nur:

1. ob die Einheit der Länge Meter ist

- falls nicht, gehen Sie in der Menüzeile (**2**) zu dem Befehl:
  *Datei* (**3**) – *Dokument Einstellungen* (**4**) – *Einheiten...* (**5**):

Es wird das Dialogfenster „Einheiten" (**6**) geöffnet.

- öffnen Sie die Registerkarte „Bemaßungen" (**7**):
  ◦ in dem Gruppenfeld „Längen-Einheit" (**8**) wählen sie, aus dem Aufklappmenü
    „Einheiten:" (**9**), die Einheit „Meter" (**10**) aus

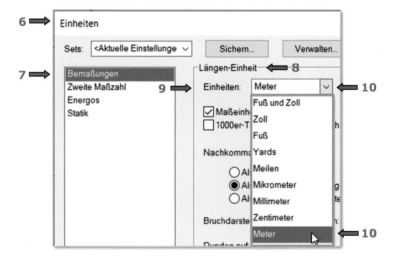

2. ob der Maßstab 1:100 ist

- falls nicht, klicken Sie, in der Darstellungszeile (**11**), auf das Symbol für den Maßstab (**12**). Wählen Sie aus dem nun erscheinenden Dialogfenster „Maßstab" den Maßstab 1:100 (**13**) aus

3. ob die „Aktuelle Ansicht" in der Darstellungszeile „2D-Plan Draufsicht" (**14**) ist

Falls diese Ansicht bei Ihnen momentan aktiv ist (= aktuell), befinden Sie sich im zweidimensionalen Raum von Vectorworks. Die aktive Konstruktionsebene wird, in allen anderen Ansichten (Oben, Unten, Rechts usw.), in einer dreidimensionalen Projektionsart angezeigt.

4. ob das Zeichenblatt/Papierformat A4 die Ausrichtung-Hochformat hat

● gehen Sie in der Menüzeile (**2**) zu dem Befehl:
   *Datei* (**3**) – *Plangröße...*

Es wird das Dialogfenster „Plangröße" geöffnet.

● klicken Sie auf die Schaltfläche „Drucker und Seite einrichten...":

Das Dialogfenster „Seite einrichten" wird geöffnet:
   ◦ dort können Sie das „Papierformat:" A4 und die „Ausrichtung" → „Hochformat" auswählen (siehe Seite 6 f.)

5. ob die automatische Sicherung eingeschaltet ist

● falls nicht, gehen Sie, in der Menüzeile, zu dem Befehl:
   *Extras - Programm Einstellungen – Programm...*
   ◦ öffnen Sie, auf der linken Seite, in dem nun erscheinenden Dialogfenster „Einstellungen Programm", die Registerkarte „Sichern":
   - aktivieren Sie die Option „Sichern nach" (siehe Seite 9 ff.)

Die weiteren Einstellungen:

6. skalieren Sie das Zeichenblatt (**15**), so dass es dem Zeichenfenster (**16**) angepasst wird:

● in der Darstellungszeile (**11**) drücken Sie auf das Symbol „Zoom auf Seite" (**17**)

Das Zeichenblatt (**15**) hat sich dem Zeichenfenster (**16**) angepasst.

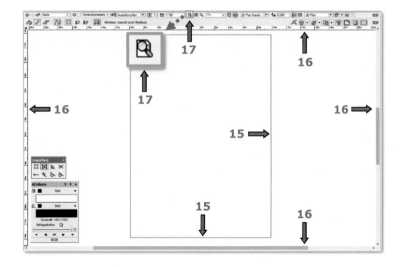

7. wenn Sie nach 15 Min gefragt werden, ob das Programm Ihr Dokument, unter einem Namen, sichern und ein Backup erstellen soll, antworten Sie mit „Ja"

Der Datei-Explorer (**18**) wird geöffnet (→ Windows).

- geben Sie dem Dokument einen Namen →
  ◦ tragen Sie in das Textfeld „Dateiname"/ „File name" (**19**) den gewünschten Namen z.B. „Erste Schritte" (**20**) ein
  ◦ finden Sie in der Adressleiste (**21**) oder in dem Navigationsbereich (**22**) den gewünschten Ordner und speichern Sie das Dokument
  ◦ drücken Sie auf die Schaltfläche Sichern/Save (**23**)

Das Dokument wurde unter dem Namen „Erste Schritte", in dem ausgewählten Ordner, auf Ihrem Rechner gespeichert.

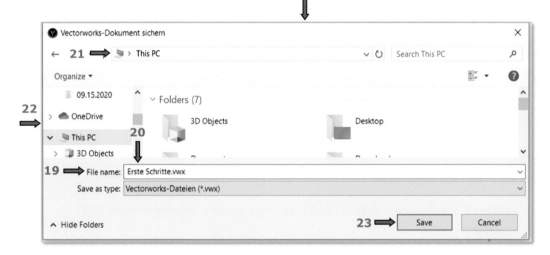

## 2.1  Die Linie

**Punkt**
Mit dem Werkzeug **Punkt** ⌗ (Werkzeugpalette „Konstruktion") setzen Sie 2D-Punkte in die Zeichnung ein. Klicken Sie dazu einfach an die Stelle, an welcher das Punktobjekt erscheinen soll.
Ein 2D-Punktobjekt wird durch ein kleines Kreuz angezeigt. Punktobjekte haben keine Ausdehnung; sie repräsentieren lediglich einen Punkt. Aus diesem Grund werden Punktobjekte auch nicht gedruckt. Mit dem Befehl „Löschen" oder der Löschtaste lassen sich Punktobjekte wie jedes andere Objekt entfernen. Sie können über die Zwischenablage innerhalb von Vectorworks kopiert werden.
Punktobjekte werden in erster Linie als Referenzpunkte verwendet. So kann an ihnen wie an jedem anderen Objekt auch ausgerichtet werden. [...] (siehe Vectorworks-Hilfe [1])

**Linie**
Mit dem Werkzeug **Linie** ╲ (Werkzeugpalette „Konstruktion") können Sie gerade Linien mit bestimmten oder beliebigen Winkeln zeichnen. [...]
[...] **In bestimmten Winkeln** ✛
Mit der Methode „In bestimmten Winkeln" können Linien mit beliebiger Länge, aber nur mit bestimmten Winkeln gezeichnet werden. Sie können nur Linien mit Winkeln von 0°, 30°, 45°, 60°, 90° und den entsprechenden Winkeln in den anderen Quadranten zeichnen. Sie haben außerdem die Möglichkeit, zusätzlich zu den oben aufgeführten Winkeln einen eigenen Winkel zu definieren. [...]
[...] **In beliebigen Winkeln** ╲
Mit der Methode „In beliebigen Winkeln" können Linien mit beliebiger Länge und beliebigen Winkeln gezeichnet werden. [...]

**[...] Linie über Dialogfenster anlegen**
Eine Linie kann auch durch Eingabe aller Daten in ein Dialogfenster angelegt werden. Ein Doppelklick auf das Werkzeug öffnet sich das Dialogfenster „Objekt anlegen". Dieses verfügt über die gleichen Einstellungen wie die Infopalette für Linien. [...] (siehe Vectorworks-Hilfe)

**Infopalette: Reiter „Objekt"**
Im Reiter „Objekt" der Infopalette können Sie die Einstellungen und die Form eines Objekts überprüfen und verändern. Außerdem werden für alle Objekte Klassen- und Ebeneninformationen angezeigt. Bei den meisten Objekten wird auch der Winkel angezeigt, um den das Objekt rotiert ist. [...]
[...] Im oberen Teil der Infopalette erhalten Sie Informationen über die gerade gewählten Objekte [...]

**WICHTIG:**
**Verschieben, Öffnen und Schließen von Werkzeugpaletten**
Nach dem Aufstarten von Vectorworks werden zwei Werkzeugpaletten links neben dem Zeichenfenster angezeigt: „Konstruktion" und „Werkzeuggruppen". Sie können beliebig auf dem Bildschirm bewegt und bei Nichtgebrauch durch Anklicken des Schließfelds geschlossen werden. Haben Sie weitere Paletten angelegt, können Sie diese über den entsprechenden Befehl unter **Fenster** > **Paletten** öffnen. Geöffnete Werkzeugpaletten können mit den gleichen Befehlen auch geschlossen werden [...]
(siehe Vectorworks-Hilfe [1])

Die detaillierte oder ausführliche Beschreibung des Befehls/des Werkzeuges finden Sie in Vectorworks Onlinehilfe: Menü *Hilfe – Vectorworks-Hilfe* (siehe Seite 27 ff.)

# Punkte

Bevor Sie mit dem Zeichnen der Linien beginnen, sollen vier Referenzpunkte auf die obere Hälfte des Zeichenblattes gesetzt werden. An diesen Punkten werden Linien ausgerichtet.

- wählen Sie, in der Konstruktion-Palette (**1**), das Werkzeug *Punkt* ⊠ (**2**) aus

Die Konstruktion-Palette wird automatisch beim Vectorworks-Start geöffnet.

Sie können zum Zeichnen, in dieser und weiteren Übungen, anstatt die Werkzeugpaletten zu nutzen, die Anzeigemethode **Smart Options** verwenden. (siehe Seite 29 ff.)

- klicken Sie ungefähr an die Stellen 1, 2, 3 und 4, wie auf der Abbildung (**3**) gezeigt

Es wurden vier Punkte gezeichnet.

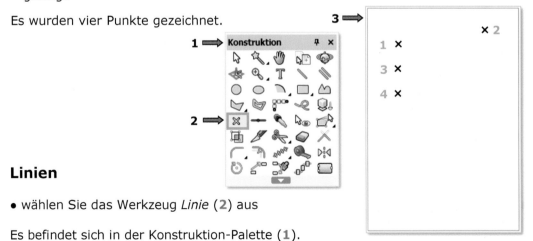

# Linien

- wählen Sie das Werkzeug *Linie* (**2**) aus

Es befindet sich in der Konstruktion-Palette (**1**).

In der Methodenzeile (**3**) befinden sich die Methoden, mit denen eine Linie in Vectorworks gezeichnet werden kann:

○ aktivieren Sie die zweite - *In beliebigen Winkeln* (**4**) und die dritte Methode
  - *Aus Anfangspunkt* (**5**)

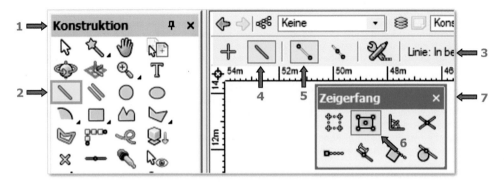

- vergessen Sie nicht den Fangmodus *An Objekt ausrichten* (**6**), in der Zeigerfang-
  Palette (**7**), zu aktivieren

Dadurch kann sich der Intelligenter Zeiger an die eben gezeichneten
Punkte (**1**, **2**, **3**, **4**) ausrichten.

In Vectorworks gibt es drei Arten eine Linie zu zeichnen:

### 1.  Eine Linie zwischen zwei Punkten zeichnen (L-**1**)

- klicken Sie, mit der LMT (linke Maustaste), auf den Punkt **1** (→ der Anfangspunkt
  der Linie) und dann auf Punkt **2** (→ der Endpunkt der Linie)

Bevor Sie den zweiten Punkt anklicken, zeigt die Objektmaßanzeige (**8**) die Länge
der Linie und deren Winkel zur x-Achse an.

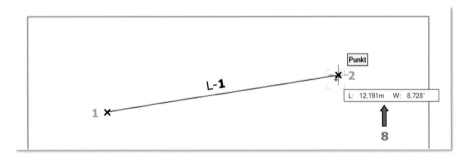

### 2.  Eine Linie mit Hilfe der Objektmaßanzeige zeichnen (L-**2**)

Punkt **3** soll der Anfangspunkt der zweiten Linie L-**2** sein. Sie soll 10 m lang sein und
parallel zur x-Achse (W:0,00°) verlaufen → Polare Koordinateneingabe.

Polare Koordinateneingabe –
die Linie wird durch Eingabe ihrer Länge (L:) und ihrem Winkel zur x-Achse definiert
(W:) (von einem vorgegebenen festen Punkt → wie z.B. hier - Punkt **3**)

• wählen Sie das Werkzeug *Linie* (**2**) aus

Der Anfangspunkt der Linie L-**2** soll der Punkt **3** sein

  ◦ klicken Sie mit der LMT auf den Punkt **3** (**1**)

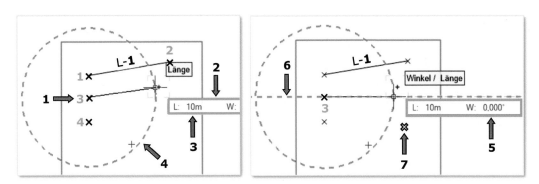

  ◦ bewegen Sie den Mauszeiger leicht nach rechts

Es erscheint die Objektmaßanzeige (**2**) mit den Eingabefeldern (L:, W: usw.). Dort können Sie die Maße der Linie über die Tastatur eintragen:

  ◦ betätigen Sie die Tabulatortaste ⟷ auf der Tastatur

Der Mauszeiger springt in das erste Eingabefeld der Objektmaßanzeige → zuständig für die Längeneingabe (**3**):
  ◦ setzen Sie den Wert für die Länge L: 10 m (**3**) über die Tastatur ein

Vectorworks zeigt unmittelbar danach einen rot gestrichelten Hilfskreis (**4**) mit dem Radius 10 m an. (Kreismittelpunkt = der Anfangspunkt **3**)

Ein weiterer notwendiger Parameter, um diese Linie zu zeichnen, ist ihr Winkel zu der X-Achse:
  ◦ drücken Sie die Tabulatortaste ⟷ ein zweites Mal

Mit diesem Schritt ist die eben eingetragene Länge der Linie definiert und der Mauszeiger springt in das zweite Eingabefeld → zuständig für die Winkeleingabe (**5**):
  ◦ tragen Sie für den Winkel den Wert W: 0° ein (**5**)
  ◦ bestätigen Sie die Winkeleingabe mit der Eingabetaste ↵ auf der Tastatur

Unmittelbar danach zeigt Vectorworks eine rot gestrichelte Hilfslinie (**6**), mit dem eingegebenen Winkel 0°.

Vectorworks hat noch immer zwei Optionen die Linie zu zeichnen.
Er weiß nicht in welche Richtung die Linie gezeichnet werden soll, entweder rechts oder links von dem Mittelpunkt:
  ◦ definieren Sie die Richtung der Linie, indem Sie mit der LMT auf die gewünschte Seite von dem Mittelpunkt (in diesem Fall rechts - **7**) klicken

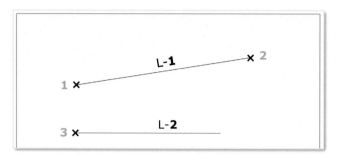

Vectorworks hat Linie L-**2** gezeichnet.

In der Info-Objekt-Palette (**8**) werden die Informationen über die **aktive** Linie (**9**) angezeigt.

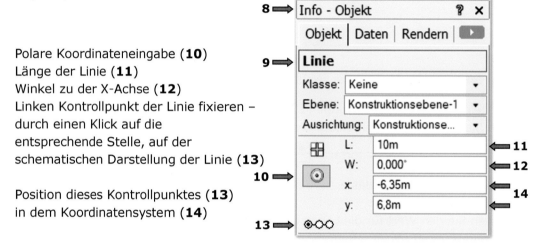

Polare Koordinateneingabe (**10**)
Länge der Linie (**11**)
Winkel zu der X-Achse (**12**)
Linken Kontrollpunkt der Linie fixieren –
durch einen Klick auf die
entsprechende Stelle, auf der
schematischen Darstellung der Linie (**13**)

Position dieses Kontrollpunktes (**13**)
in dem Koordinatensystem (**14**)

## 3. Linie über das Dialogfenster anlegen zeichnen (L-**3**)

Anfangspunkt der dritten Linie L-**3** ist Punkt **4**. Sie soll 12 m lang sein und in einem Winkel von (-20°) zur x-Achse verlaufen.

Das Dialogfenster „Objekt anlegen – Linie" (**1**) soll geöffnet werden:

● doppelklicken Sie auf das Werkzeug *Linie* , in der Konstruktion-Palette
  ○ es öffnet sich das Dialogfenster „Objekt anlegen - Linie" (**1**):

- aktivieren Sie die Polare Koordinateneingabe (**2**)
- tragen Sie für die Länge L: 12 m (**3**) ein
- tragen Sie für den Winkeln W: -20° (**4**)
  ein
- fixieren Sie den linken Kontrollpunkt in der
  schematischen Darstellung der Linie (**5**)
  (mit diesem Kontrollpunkt wird die
  Linie, auf die gewählte Stelle, auf
  der Zeichenfläche platziert)
- aktivieren Sie die Option „Nächster Klick" (**6**)

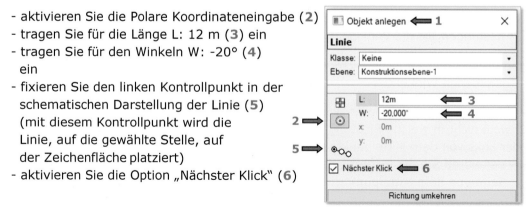

Die Option „Nächster Klick" bedeutet, dass die Position der Linie,
(sobald das Dialogfenster geschlossen wird) mit einem Klick auf die Zeichenfläche,
festgelegt werden muss.

- bestätigen Sie den Eintrag in dem Dialogfenster mit OK

  ◦ klicken Sie auf den Punkt 4 um die Linie L-3 zu platzieren (7)

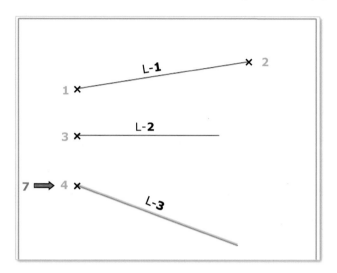

# Linien spiegeln

### Objekte spiegeln
„Mit dem Werkzeug **Spiegeln** 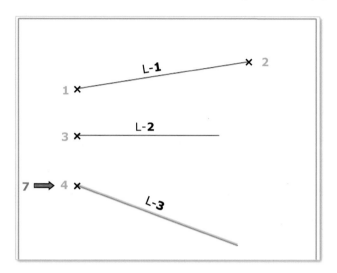 (Werkzeugpalette „Konstruktion") lassen sich einzelne oder mehrere Objekte
an einer beliebigen Achse spiegeln. 3D-Objekte lassen sich an einer beliebigen Ebene spiegeln.
Aktivieren Sie das gewünschte Objekt sowie das Werkzeug Spiegeln.
1. Aktivieren Sie das gewünschte Objekt sowie das Werkzeug Spiegeln.
2. Wählen Sie die Methode, um entweder das Objekt oder ein Duplikat des Objekts zu spiegeln.
3. Ziehen Sie mit der Maus eine Leitlinie, die als Spiegelachse dient. Eine Vorschau zeigt die Lage und das
   Aussehen des gespiegelten Objekts an.
4. Das gespiegelte Objekt wird erzeugt.
Die Maße der Spiegelachse können Sie auch während des Zeichnens in die Objektmaßanzeige eingeben.
[...] (siehe Vectorworks-Hilfe [1])

Das Werkzeug *Spiegeln* in Vectorworks ist sehr einfach zu bedienen.

### Die Spiegelachse

Sie soll durch die Mitte der linken und rechten Seite des Zeichenblattes verlaufen.

• mit dem Werkzeug *Linie*, verbinden Sie die Mitte der linken (5) und rechten (6)
  Seite des Zeichenblattes (welches als grauer Rahmen dargestellt ist)

Die Spiegelachse braucht man nicht in Voraus zu zeichnen. Sie kann auch,
nachdem das Werkzeug *Spiegeln* aktiviert wurde, mit zwei Klicks festgelegt werden.

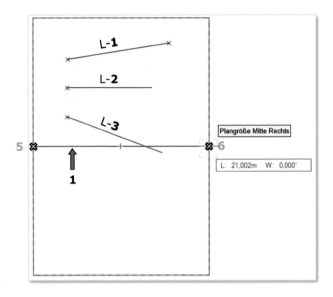

Die drei, zuerst gezeichneten, Linien sollen über diese Linie/Spiegelachse (**1**) gespiegelt werden.

Bevor Sie das Werkzeug *Spiegeln* in der Konstruktion-Palette aktivieren, müssen alle drei Linien aktiv sein:

- aktivieren Sie das Werkzeug *Aktivieren* ⬚ und klicken Sie diese drei Linien nacheinander bei gedrückter Umschalttaste ⬚ an (**2**)

Um die Werkzeuge und Befehle in Vectorworks ausführen zu können, müssen Sie die zu bearbeitenden Objekte im Voraus aktivieren (bis auf ein paar Ausnahmen). Falls Sie es vergessen haben, können Sie die Objekte nachträglich, bei gedrückter Alt-Taste (Windows) bzw. Befehl-Taste (Mac) und evtl. Umschalttaste, aktivieren.

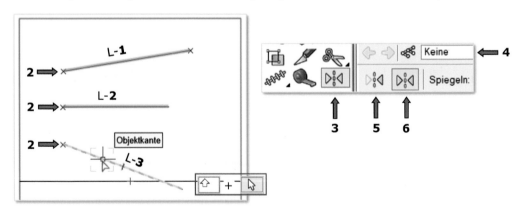

Sie können entweder das Originalobjekt oder die Kopie des Originalobjektes spiegeln. Dazu stehen Ihnen in der Methodenzeile (**4**) zwei Methoden zur Verfügung: *Original* (**5**) und *Duplikat* (**6**).

- aktivieren Sie das Werkzeug *Spiegeln* (**3**) in der Konstruktion-Palette und die zweite Methode - *Duplikat* (**6**) in der Methodenzeile (**4**)

  ○ klicken Sie zweimal (**7**) entlang der Spiegelachse (**1**), dort wo der Text „Objektkante" (**8**) angezeigt wird

Die gespiegelten Kopien (L-**1**`, L-**2**`, L-**3**`) wurden erzeugt (**9**).

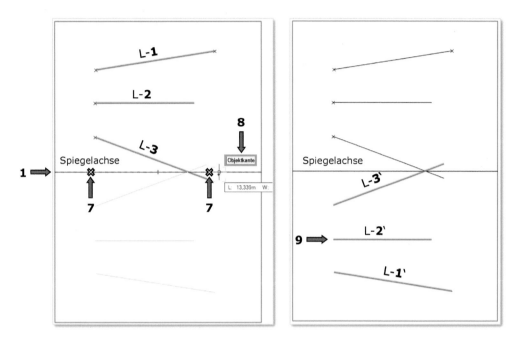

# Die Attribute zuweisen

[...] **Attribute zuweisen**
Möchten Sie bestimmten Objekten Attribute oder einen Klassenstil zuweisen, aktivieren Sie zuerst die zu verändernden Objekte und wählen dann in der Attributpalette die gewünschten Eigenschaften. [...]
(siehe Vectorworks-Hilfe [1])

In dieser Übung werden Sie der Spiegelachse und den zuletzt gespiegelten Linien neue Attribute zuweisen.
(siehe Seite 3, Abschnitt 7.2)

In der Attribute-Palette befinden sich die Einträge/Attribute, die für das Aussehen der 2D-Objekte zuständig sind (Füllung, Stiftart, Linienendzeichenart, Deckkraft usw.).

Die Attribute-Palette kann, mit dem Befehl in der Menüzeile (**1**):
*Fenster* (**2**) – *Paletten* (**3**) – *Attribute* (**4**), geöffnet oder geschlossen werden.

Um die Attribute einem Objekt zuweisen zu können, muss das Objekt aktiv sein.
In der Attribute-Palette (**6**) werden dessen aktuelle Attribute angezeigt.
An dieser Stelle können Sie diese auch, nach Ihren Wünschen, ändern.

## 1.  Die Linienart - gestrichelt und gepunktet

Die Option-Solid soll, bei der Stiftattribute der Spiegelachse, in die Linienart
gestrichelt und gepunktet umgeändert werden.

Die Linienarten werden in Vectorworks aus einfachen oder komplexen 2D-Objekten
erzeugt. Dabei entsteht ein „Linien-Muster" das sich entlang der Begrenzungslinie
eines gezeichneten 2D-Objektes wiederholt.

Die Linienart gestrichelt-gepunktet besteht aus einfachen Strichlinien und gehört in
Vectorworks zu den „Standard Linienarten".
Sie ist, wie alle anderen Linienarten als Zubehör, in dem Zubehör-Manager angelegt
und kann dort bearbeitet werden.

Der Zubehör-Manager wird mit dem folgenden Befehl in der Menüzeile geöffnet und
geschlossen: *Fenster – Paletten – Zubehör-Manager*

Um die Attribute einer Linie zu ändern, muss diese zuerst aktiviert werden.

• aktivieren Sie die Spiegelachse (**5**)

In der Attribute-Palette (**6**) werden ihre aktuellen Attribute angezeigt →
in dem Bereich *Stift* (**7**) ist der Eintrag „Solid" (**8**) aktiv.

• mit einem Klick auf den Pfeil (**9**) öffnen Sie das Aufklappmenü:
  ◦ aus der Liste wählen sie den Eintrag „Linienart" (**10**) aus

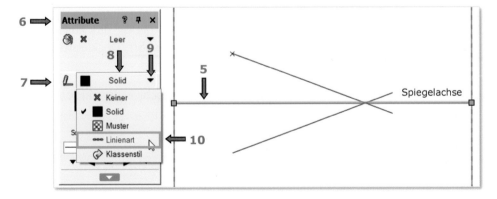

Links von dem Pfeil, in der Attribute-Palette (**6**), erscheint ein Vorschau-Fenster (**11**) von dem Zubehör-Auswahlmenü (**13**). In ihm sind alle verfügbaren Linienarten angelegt.

• mit einem Klick auf den Pfeil (**12**) öffnen Sie das Zubehör-Auswahlmenü (**13**)

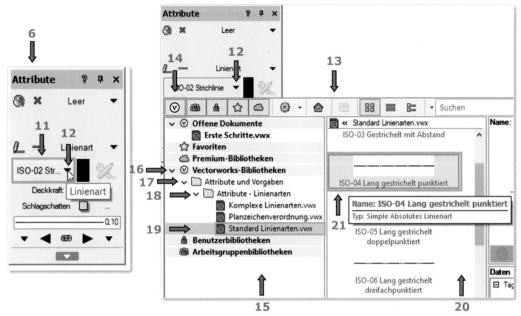

◦ die Methode **Vectorworks-Bibliotheken** (**14**) muss eingeblendet sein
◦ in dem Navigationsbereich (**15**), in der Dateigruppe **Vectorworks-Bibliotheken** (**16**), öffnen Sie den Ordner „Attribute und Vorgaben" (**17**)
◦ dann öffnen Sie den Unterordner „Attribute-Linienarten" (**18**)
◦ dort öffnen Sie die Datei „Standard Linienarten.vwx" (**19**)

Auf der rechten Seite erscheint der Inhalt der Datei/ Zubehörliste (**20**), mit allen gespeicherten Standard-Linienarten.

  - aus dieser Zubehörliste wählen Sie die Linienart:
    **ISO-04 Lang gestrichelt punktiert** (**21**) aus
◦ bestätigen Sie die Auswahl, mit einem Klick, auf die Schaltfläche „Auswählen" (**22**) (unten rechts in dem Dialogfenster)

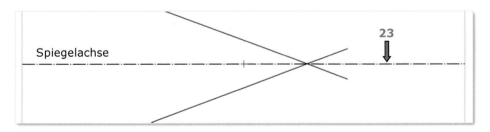

Die Spiegelachse wird gestrichelt-punktiert angezeigt (**23**).

## 2. Die Solid-Farbe und die Dicke der Linie L-3' ändern

• aktivieren Sie die Linie L-**3'** (**1**)

• in der Attribute-Palette (**2**) ändern Sie deren Stiftfarbe:
  ◦ klicken Sie auf das Vorschau-Fenster **Stiftfarbe** (**3**)

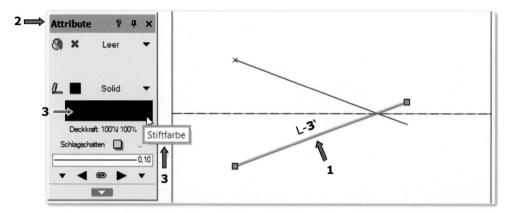

Es öffnet sich ein Dialogfenster für die Auswahl der Stiftfarbe, mit mehreren Farbpaletten. Wenn Sie eine Farbpalette aktivieren, wird ihr Inhalt/ihre Farben in dem Dialogfenster angezeigt.

• klicken Sie oben, auf die Schaltfläche „Farbpaletten-Manager" (**4**)
  ◦ wählen Sie, in dem nun erscheinenden Dialogfenster „Farbpaletten-Manager" (**5**), die Farbpalette **Vectorworks Classic** (**6**) aus
  ◦ bestätigen Sie mit OK

• klicken Sie wieder auf das Vorschau-Fenster **Stiftfarbe** (**3**)

Die Farbpalette **Vectorworks Classic** (**7**) kann jetzt, in dem Dialogfenster für die Bestimmung der Stiftfarbe, angezeigt werden.

• aktivieren Sie, mit einem Klick, die Farbpalette **Vectorworks Classic** (**7**)

Oben, in dem Dialogfenster, werden die Farben aus dieser Farbpalette angezeigt (**8**).

  ◦ wählen Sie eine Farbe, z.B. Classic 187 (**9**), aus

Diese Farbe wird automatisch in die Attribute-Palette aufgenommen und dort angezeigt (**10**).

• ändern Sie die Liniendicke der Linie L-**3'**:
  ◦ klicken Sie, in der Attribute-Palette, auf das Vorschau-Fenster **Liniendicke** (**11**)
  ◦ wählen Sie die Liniendicke 1,40 aus (**12**)

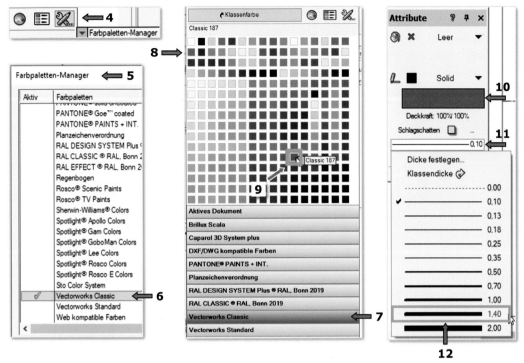

Die Linie L-**3'** wird in der Farbe Classic 187 und der Liniendicke 1,40 angezeigt
(**13**).

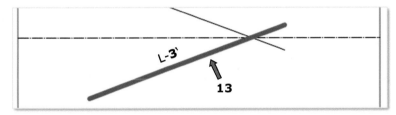

## 3. Die komplexe Linienart - Linie Gras abstrakt

Die Option-Solid, bei den Stiftattributen der Linie L-**2'** soll in die komplexe Linienart
**Linie Gras abstrakt** umgeändert werden.

Das Zubehör/Symbol „Komplexe Linienarten" ermöglicht Ihnen eine kreative Linie zu
erstellen.
Diese können mit, einem oder mehreren, diversen 2D-Objekten gezeichnet werden,
inklusive Füllungen und Text.
Sie wird auch, als Zubehör, in dem Zubehör-Manager angelegt.

• aktivieren Sie die Linie L-**2'** (**1**)

Deren Attribute werden, in der Attribute-Palette, angezeigt.

In dem Aufklappmenü **Stift** (**2**) ist der Eintrag „Solid" (**3**) aktiv.

- öffnen Sie das Aufklappmenü mit einem Klick auf den Pfeil (**4**)
  - wählen Sie, aus der Liste, den Eintrag „Linienart" (**5**) aus

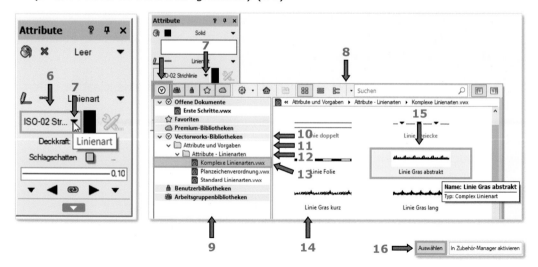

- in der Attribute-Palette links, erscheint ein Vorschau-Fenster (**6**) von dem Zubehör-Auswahlmenü:
  - klicken Sie auf den Pfeil (**7**)

Es öffnet sich das Zubehör-Auswahlmenü (**8**).
  - öffnen Sie zuerst den Ordner „Attribute und Vorgaben" (**11**) aus der Dateigruppe „Vectorworks-Bibliotheken" (**10**) → in dem Navigationsbereich (**9**)
  - öffnen Sie danach, in dem Unterordner „Attribute-Linienarten" (**12**), die Datei „Komplexe Linienarten.vwx" (**13**)

Auf der rechten Seite erscheint die Zubehörliste (**14**) mit allen angelegten komplexen Linienarten.

- wählen Sie, aus dieser Zubehörliste, die Linienart: **Linie Gras abstrakt** (**15**) aus
  - bestätigen Sie die Auswahl mit einem Klick auf die Schaltfläche „Auswählen", (unten rechts in dem Dialogfenster) (**16**)

Die Linie L-**2**' wird mit dem neuen Attribut angezeigt (**17**).

## 4. Die Linienendzeichen (Pfeile)

Die Linie L-**1**' soll die **Pfeil**-Linienendzeichen erhalten.

Die Linienendzeichen (Pfeil, Querstrich, Quadrat, Kreuz und viele mehr) können den Linien, aber auch den Polygonen, Polylinien, Kreisbögen usw. zugewiesen werden.

Sie können zwischen mehreren Arten der Linienendzeichen wählen, die Bestehenden bearbeiteten oder Eigene erzeugen.
Die Schaltflächen für die Linienendzeichen (**2**) befinden sich ganz unten in der Attribute-Palette (**1**).

Mit einem Klick auf das Symbol „Linienendzeichen" (**2**) können Sie entweder auf einem oder beiden Enden eines Objektes Linienendzeichen einblenden.
Mit einem Klick auf die Schaltfläche „Linienendzeichen verketten" (**3**) können Sie an beiden Enden eines Objekts die gleiche Linienendzeichenart erzeugen.

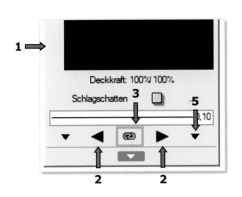

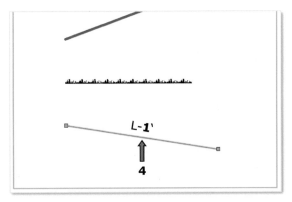

- aktivieren Sie die Linie L-**1**' (**4**)

- klicken Sie, in der Attribute-Palette, auf den Pfeil (**5**), welcher das Auswahlmenü *Linienendzeichenart* (**6**) öffnet

Aus der Liste können Sie diverse Linienendzeichen auswählen oder die Einträge aus der „Liste bearbeiten..." (**7**).

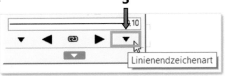

◦ aktivieren Sie den Eintrag „Liste bearbeiten" (**7**)

Der bestehende Eintrag für das **Pfeil**-Linienendzeichen (**8**) in der Liste soll geändert werden. Das vorgeschlagene **Pfeil**-Linienendzeichen (**9**) ist zu klein für die Zeichnung.

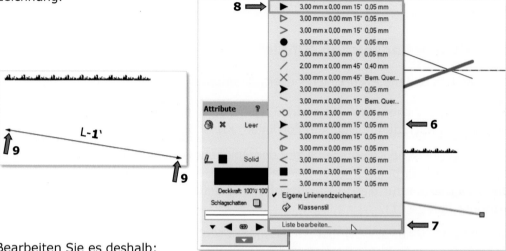

Bearbeiten Sie es deshalb:

● markieren Sie, in dem nun erscheinenden Dialogfenster „Linienendzeichenarten" (**10**), die erste Linienendzeichenart (**11**)
  ◦ klicken Sie auf die Schaltfläche „Bearbeiten…" (**12**)

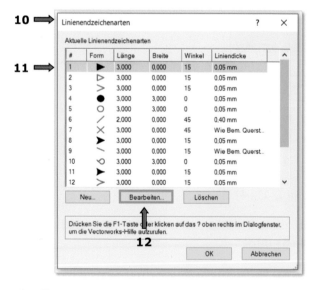

◦ gleich danach öffnet sich das Dialogfenster „Linienendzeichenart bearbeiten" (**13**):
  - in diesem können Sie unterschiedliche Parameter für die Linienendzeichen auswählen oder bestimmen:

Grundform: Pfeil (**14**)

Füllung: Stiftfarbe (**15**)

Abschluss: Gerade (**16**)

Winkel: 20 (**17**)

Länge: 10 (**18**)

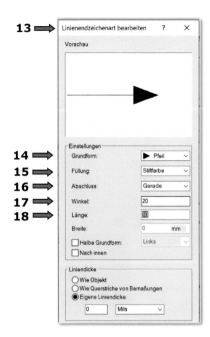

- bestätigen Sie mit OK

Sie sind wieder zu dem Auswahlmenü „Linienendzeichenarten" (**19**) zurückgekehrt.
Die Parameter der zuvor markierten Linienendzeichenart (**11**) wurden geändert →
(**20**).

◦ bestätigen Sie mit OK

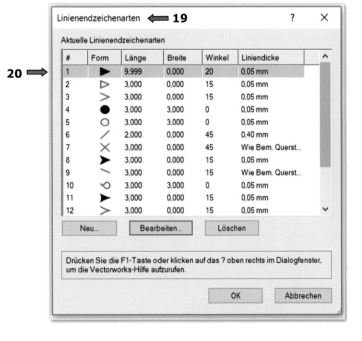

• klicken Sie auf die Schaltfläche „Linienendzeichen verketten" (**3**)

[...] Mit **Verknüpfen** bestimmen Sie, dass an beiden Enden eines Objekts die gleiche Linienendzeichenart
angezeigt wird. [...] (siehe Vectorworks-Hilfe [1])

- öffnen sie wieder das Auswahlmenü „Linienendzeichenart" (**22**), indem Sie:
  - auf den Pfeil (**5**), in der Attribute-Palette (**21**), klicken
  - den ersten (gerade geänderten) Eintrag (**23**) markieren

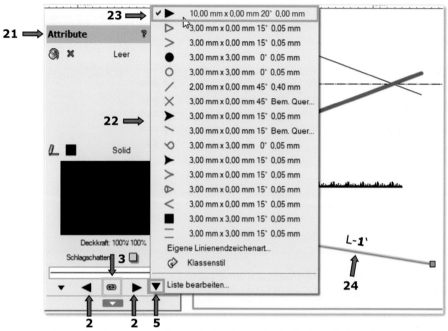

Die ausgewählte Linienendzeichenart (**23**) wird für beide Schaltflächen „Linienendzeichen" (**2**) festgelegt.

- die Linie L-**1**' muss aktiv sein (**24**)

- schalten Sie die linke und die rechte Schaltfläche für die Linienendzeichen (**2**) ein

Damit werden auf beiden Enden der Linie die gleichen Pfeile angezeigt (**25**).

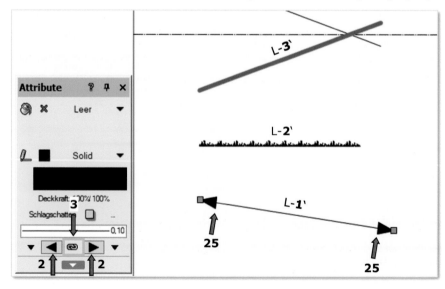

Für die nächste Übung können Sie entweder ein neues Dokument öffnen oder weiterhin in diesem Dokument zeichnen.

Dafür schieben Sie die gezeichneten Linien und Punkte von dem Zeichenblatt (welches als ein grauer Rahmen dargestellt wird) weg:

- aktivieren Sie, mit dem Werkzeug *Aktivieren* 🔼 und mit der Methode - *Auswahl durch Rechteck* 🔲 , alle Objekte innerhalb des Zeichenblattes (**1**) und verschieben (**2**) Sie diese, mit der gedrückten LMT, zur Seite
  → die Drücken-Ziehen-Loslassen-Methode
    (drücken-gedrückt ziehen-loslassen)

Sie können auch alle markierten Objekte mit der Entf-Taste löschen.

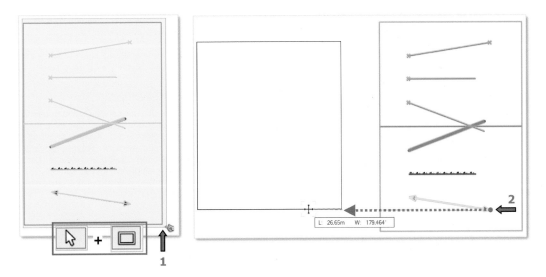

## 2.2  Rechteck, Kreis und Polylinie

**Rechteck** 🔲
**Werkzeugpalette „Konstruktion" (4)**
Mit diesem Werkzeug werden Rechtecke und gedrehte Rechtecke gezeichnet.
 ⊗ Halten Sie während des Zeichnens die Umschalttaste gedrückt, können nur noch Quadrate gezeichnet werden.
 ⊗ Wollen Sie ein Rechteck mit einem Seitenverhältnis im Goldenen Schnitt zeichnen, müssen Sie während des Zeichnens die Kontrolltaste und die Umschalttaste (Windows) bzw. die Befehlstaste und die Umschalttaste (Mac) gedrückt halten. Der Goldene Schnitt bezeichnet ein Seitenverhältnis von ungefähr 1:1.618. [...]
[...] Methoden [...]
[...] Definiert durch Diagonale  ▭
Aktivieren Sie diese Methode, wird das Rechteck durch Ziehen einer Leitlinie von der linken oberen zur rechten unteren Ecke definiert. Sie können natürlich auch die Maße des Rechtecks während des Zeichnens direkt in die Objektmaßanzeige eingeben oder das Rechteck durch Eingabe von Daten in ein Dialogfenster anlegen (Öffnen durch Doppelklick in das Werkzeug). [...] (siehe Menü *Hilfe – Vectorworks-Hilfe* [1])

**Kreis**  ○
**Werkzeugpalette „Konstruktion" (0)**
Mit diesem Befehl können Sie Kreise auf verschiedene Arten zeichnen. So kann ein Kreis u.a. durch Zeichnen seines Radius oder durch Anklicken von drei Punkten bzw. Tangenten, durch die der Kreis laufen soll, definiert werden. Wie bei den meisten Werkzeugen steht Ihnen auch mit dem Kreiswerkzeug die Möglichkeit offen, einen Kreis über ein Dialogfenster oder mit der Maus und durch Dateneingabe in der Objektmaßzeile zu konstruieren. [...] (siehe Vectorworks-Hilfe [1])

**Polygon**
**Werkzeugpalette „Konstruktion" (8)**
Mit diesem Werkzeug können Sie offene und geschlossene Polygone mit bis zu 4000 Eckpunkten zeichnen. Unter einem offenen Polygon, auch Polygonzug genannt, versteht man ein Polygon, das keine geschlossene Außenkante aufweist, bei dem also der letzte Punkt nicht auf dem Anfangspunkt liegt. Außerdem können Sie mit dem Polygon-Werkzeug aus geschlossenen Flächen, die von einem oder mehreren Objekten (Linien, Rechtecke, Polylinien, Polygone) begrenzt werden, Polygone erzeugen. Ist eines der Objekte rund (Kreis, Kreisbogen), wird eine Polylinie erzeugt. [...] (siehe Vectorworks-Hilfe [1])

**Polylinie**
Mit dem Werkzeug **Polylinie** (Werkzeugpalette „Konstruktion") können Sie offene und geschlossene Polylinien mit bis zu 4000 Scheitelpunkten zeichnen. Unter einer offenen Polylinie versteht man eine Polylinie, die keine geschlossene Außenkante aufweist; der letzte Punkt der Polylinie liegt also nicht auf deren Anfangspunkt. Bei Polylinien handelt es sich um Polygone, die nicht nur Ecken, sondern auch Kurven und Kreisbogen aufweisen können.
Beim Zeichnen mit dem Polylinienwerkzeug wird wie bei Polygonen an jeder angeklickten Stelle ein Scheitelpunkt eingefügt. Da Polylinien aber nicht nur Ecken, sondern auch Kurven oder Kreisbogen aufweisen können, müssen Sie jeweils vorher durch Anklicken der entsprechenden Methode bestimmen, was beim nächsten Klick gezeichnet werden soll. Sie haben dabei die Wahl zwischen Eckpunkten, Bézierkurven, kubischen Kurven, tangentialen Kreisbögen, Kreisbögen durch Punkte und Verrundungen. Geschlossene Polylinien werden mit einem Klick auf den Anfangspunkt fertiggestellt, offene Polylinien mit einem Doppelklick an die gewünschte Stelle. [...]
**[...] Bézierkurve einfügen**
Ist diese Methode aktiviert, wird an den Stellen, an die Sie mit dem Polylinienwerkzeug klicken, eine neue Bézierkurve eingefügt. Die Kurve wird tangential an die Seitenmitten der imaginären Verbindungslinien der Scheitelpunkte gelegt. [...] (siehe Vectorworks-Hilfe [1])

**Flächen zusammenfügen**
Mit dem Befehl **Flächen zusammenfügen** (Menü **Ändern**) können mehrere sich überlappende Objekte zu einem Polygon oder einer Polylinie verschmolzen werden. Es werden alle Objekte zusammengefügt, die eine Fläche darstellen, also mit einem Füllmuster versehen werden können. Dazu gehören Rechtecke, Kreise, Kreisbogen, Polygone, Polylinien und Freihandlinien. Enthalten die Objekte keine runden Anteile, wird ein Polygon angelegt, ansonsten eine Polylinie. Beim Zusammenfügen zweier Objekte mit unterschiedlichen Attributen (Muster, Farbe, Klassenzugehörigkeit, Datenbankverknüpfung usw.) werden die Attribute des zuerst gezeichneten Objekts (bzw. des weiter hinten liegenden) beibehalten. Die Reihenfolge der Objekte kann mit den Befehlen unter **Ändern > Anordnen** verändert werden. [...] (siehe Vectorworks-Hilfe [1])

**Schnittfläche löschen**
Mit dem Befehl **Schnittfläche löschen** (Menü **Ändern**) können Sie die Schnittfläche zweier oder mehrerer sich überlappender Objekte aus dem weiter hinten liegenden Objekt herausstanzen. Salopp formuliert wird das Objekt vorne zu einer Plätzchenform, mit der man aus dem hinteren Objekt aussticht wie aus einem Teig. (Die Reihenfolge von Objekten kann mit den Befehlen unter **Ändern > Anordnen** verändert werden. Das Objekt, aus dem die Schnittfläche herausgestanzt wird, wird, wenn möglich, in ein Polygon, sonst in eine Polylinie umgewandelt. Sie können den Befehl auch auf mehr als zwei Objekte anwenden, das vorderste Objekt stanzt seine Form dann in alle unter ihm liegenden. In den Abbildungen wurde das stanzende Objekt ausgeblendet, damit das Resultat sichtbar wird. [...] (siehe Vectorworks-Hilfe [1])


# 2.2.1 Rechtecke

Die einfachen geometrischen Formen (wie z.B. Rechtecke und Kreise) können auch, wie schon bei dem Werkzeug *Linie* gezeigt, auf drei Arten erzeugt werden:

1. durch zwei Mausklicks auf die Zeichenfläche
2. durch die Eingabe in die Objektmaßanzeige oder
3. über das Dialogfenster „Objekt anlegen"

Vectorworks hat zu jedem dieser Werkzeuge (z.B. *Rechteck*, *Kreis*, *Polygon* usw.), entsprechend derer geometrischen Eigenschaften, mehrere Methoden entwickelt.

In dieser Übung werden außerdem unterschiedliche Zeigerfang-Funktionen (eine sehr wichtige Zeichenhilfe in Vectorworks) angewendet. Dadurch steigt der Schwierigkeitsgrad der Arbeitsschritte.

# Die Linie

Zuerst sollen drei Linien, als Basis für die nächste Übung, gezeichnet werden.

Die Linien sollen 2 m lang sein. Sie sollen mit der Stiftfarbe Dunkelrot (**2**) und mit der Dicke 0,7 (**3**) gezeichnet werden.

Um das Objekt in einer bestimmten Farbe oder einer bestimmten Liniendicke zu zeichnen, müssen diese schon (bevor Sie das Werkzeug zum Zeichnen aktivieren) in der Attribute-Palette ausgewählt werden.

- bestimmen Sie diese Eingaben (**2** und **3**) in der Attribute-Palette (**1**), bevor Sie das Werkzeug *Linie* aktivieren

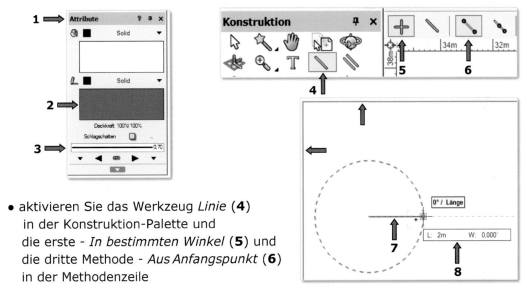

- aktivieren Sie das Werkzeug *Linie* (**4**)
  in der Konstruktion-Palette und
  die erste - *In bestimmten Winkel* (**5**) und
  die dritte Methode - *Aus Anfangspunkt* (**6**)
  in der Methodenzeile

- zeichnen Sie die Linie (**7**), indem Sie irgendwo oben links auf das Zeichenblatt klicken (→ Anfangspunkt) und dann, in der Objektmaßanzeige (**8**), den Wert für die Länge 2 m und für den Winkel 0,00° eingeben (mit Hilfe der Tabulatortaste)

- kopieren Sie diese Linie (L-**1**) zweimal nach rechts (**9**)
  mit dem Werkzeug *Aktivieren* (die Drücken-Ziehen-Loslassen-Methode bei gedrückter Strg- bzw. Ctrl- Taste)

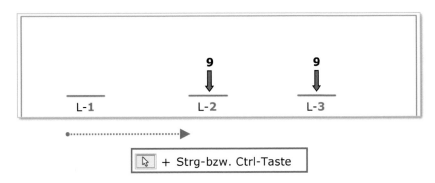

# Rechtecke

Die Rechtecke werden an den drei zuletzt gezeichneten Linien ausgerichtet (zum besseren Verständnis der Zeigerfang-Funktionen).

Die Rechtecke sollten mit der schwarzen Stiftfarbe (**1**) und mit der Dicke 0,13 (**2**) gezeichnet werden. Vor dem Zeichnen tragen Sie diese Attribute in die Attribute-Palette ein.

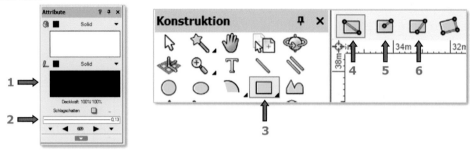

## 1. Das erste Rechteck –
## die Methode - Definiert durch Diagonale

Das erste Rechteck soll so gezeichnet werden, dass die Länge seiner Diagonale mit zwei Klicks der LMT bestimmt wird.

Aufgabe:

Zeichnen Sie das Rechteck mit zwei Klicks, ausgehend von dem rechten Ende der Linie L-**1**, auf die Zeichenfläche.

WICHTIG: In der Zeigerfang-Palette muss der Fangmodus *An Objekt ausrichten* (**7**) eingeschaltet sein.

Anleitung:

- aktivieren Sie das Werkzeug *Rechteck* (**3**) in der Konstruktion-Palette, und die erste Methode - *Definiert durch Diagonale* (**4**) in der Methodenzeile

- zeichnen Sie die Diagonale des Rechtecks zuerst mit einem Klick (**1**) auf das rechte Ende der Linie (L-**1**)
  - ziehen Sie dann die LMT nach oben rechts und definieren Sie, mit dem zweiten Klick (**2**) auf der Zeichenfläche, die Länge der Diagonale des Rechtecks

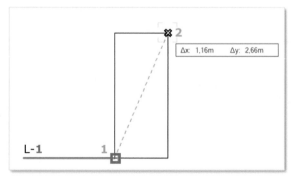

## 2. Das zweite Rechteck –
   die Methode - Definiert durch Mittelpunkt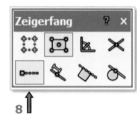

Bei dieser Methode soll die Hälfte der Diagonale bekannt sein. Sie wird ausgehend von dem Mittelpunkt des Rechteckes gezeichnet.

Aufgabe:

Die Länge dieses Rechtecks soll genau so lang wie die Linie L-**2** sein. Seine Breite soll 0,5 m (Einheiten) betragen und sein Mittelpunkt soll auf dem rechten Ende der Linie L-**2**, Punkt (**3**), liegen.

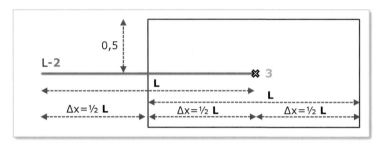

In dieser Übung wird die Länge des Rechtecks über eine Hilfslinie konstruiert und seine Breite wird über einen Eintrag in der Objektmaßanzeige definiert.

Um die benötigte Hilfslinie angezeigt zu bekommen, müssen Sie den Fangmodus *An Punkt ausrichten* (**8**) in der Zeigerfang-Palette einschalten.

**An Punkt ausrichten**
Diese Funktion erlaubt das Ausrichten von Objekten an Hilfslinien, die durch Ausrichtpunkte laufen. Hilfslinien sind temporär angezeigte gepunktete Linien, z. B. die Strecke zwischen dem Mauszeiger und einem Ausrichtpunkt in einem bestimmten Winkel gegenüber dem Ausrichtraster oder solche mit einem bestimmten Abstand zum Temporären Nullpunkt. [...]
[...] Der Ausrichtpunkt, auf den sich die Hilfslinie bezieht, wird mit einem kleinen roten Quadrat markiert. [...]
(siehe Vectorworks-Hilfe [1])

Anleitung:

• aktivieren Sie das Werkzeug *Rechteck* (**3**)
  in der Konstruktion-Palette, und die zweite
  Methode - *Definiert durch Mittelpunkt* (**5**)
  in der Methodenzeile

  ◦ mit dem ersten Klick (**3**) auf das rechte Ende der Linie L-**2** bestimmen Sie die
    Position des Mittelpunktes (**9**)
(mit Hilfe von dem Fangmodus *An Objekt ausrichten* wird der Kontrollpunkt **3**
markiert und der Text „Endpunkt" wird eingeblendet)

Das Rechteck soll die gleiche Länge wie Linie L-**2** haben,
d.h. die Hälfte seiner Länge ist gleich der Hälfte der Länge von Linie L-**2**:

◦ fahren Sie mit dem Mauszeiger nach links, entlang der Linie L-**2** (**10**) (ohne zu
drücken) bis der Text „Mittelpunkt" (**11**) erscheint

◦ verweilen Sie mit dem Mauszeiger an dieser Stelle

Nach einer Sekunde erscheint ein kleines rotes Quadrat (**12**).
Das gleiche erreichen Sie schneller mit dem Drücken der Taste-**T** auf der Tastatur.

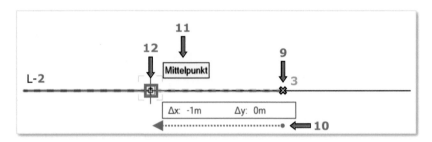

• mit einem Doppelklick auf ein Symbol in der Zeigerfang-Palette (z.B. auf das
Symbol *An Punkt ausrichten* - **8**) öffnet sich das Dialogfenster „Einstellungen
Zeigerfang" (**13**)

◦ öffnen Sie die Registerkarte für den Fangmodus „Ausrichtpunkt" (**14**)

- auf der rechten Seite können Sie bestimmen wie viele Sekunden (**15**)
Vectorworks warten soll, bevor er den Ausrichtpunkt setzt →
HINWEIS: manuell setzen mit Taste `T` (**16**)

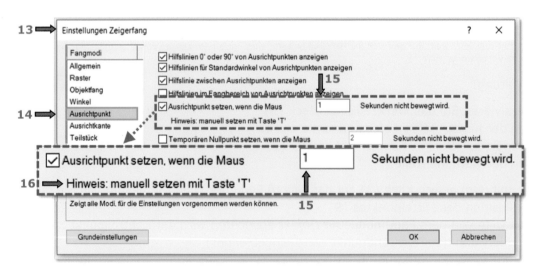

Vectorworks hat den Ausrichtpunkt **4** markiert.

• fahren Sie mit dem Mauszeiger nach oben, weiterhin ohne zu drücken (**17**)

Eine grün gestrichelte Hilfslinie (**18**) wird temporär, durch den Ausrichtpunkt **4**, angezeigt.

Ihr Mauszeiger gleitet entlang dieser Hilfslinie (**17**), mit ihr wird die Hälfte der Rechteckbreite = Δx (**19**) definiert (mit Hilfe der Zeigerfang-Funktion *An Punkt ausrichten* - **8**).

Gleichzeitig erscheint die Objektmaßanzeige (**20**).

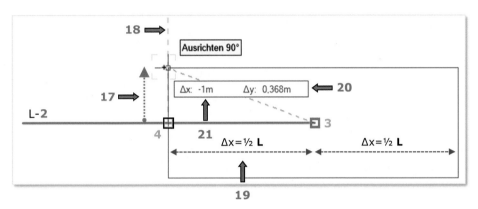

Vectorworks hat den Wert für Δx (**21**) schon in die Objektmaßanzeige eingetragen (= -1m).

- drücken Sie die Tabulatortaste so lange, bis der Mauszeiger in das Eingabefeld Δy springt:
  - tragen Sie für die Breite des Rechtecks Δy: 0,5 m (**22**) ein
  - bestätigen Sie diesen Wert mit der Eingabetaste

Eine rot gestrichelte Hilfslinie y=5 (**23**) wird angezeigt.

- klicken Sie, mit der LMT, auf den Schnittpunkt (**24**) der grünen (**18**) und der roten (**23**) Hilfslinie

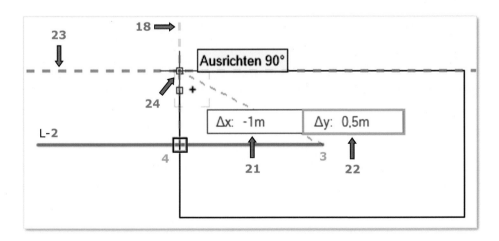

Das gezeichnete Rechteck verdeckt die Linie L-2, da es im Vordergrund gezeichnet wurde (25).

In Vectorworks werden Objekte der Reihe nach gezeichnet. Das zuerst gezeichnete Objekt liegt unten auf der Zeichenfläche, das zuletzt gezeichnete ganz oben.

Diese Reihenfolge kann man, mit vier Befehlen (28) in der Menüzeile, ändern:

*Ändern (26) – Anordnen – (27) - In den Vordergrund (28)*

- falls das gezeichnete Rechteck nicht aktiv ist, aktivieren Sie es (25)

- gehen Sie, in der Menüzeile, zu dem Befehl *In den Hintergrund*:
  *Ändern – Anordnen – In den Hintergrund*

Das Rechteck wird in den Hintergrund angeordnet (29).

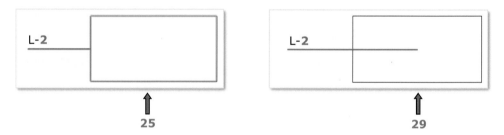

## 3. Das dritte Rechteck - die Methode - Definiert durch Seitenmitte 🖉

Aufgabe:

Die Länge dieses Rechtecks soll die gleiche Länge wie Linie L-3 (**L**) haben. Es soll die gleiche Breite wie das erste Rechteck (**B**) erhalten. Die Mitte der unteren Seite soll auf dem rechten Ende der Linie L-3, Ausrichtpunkt 5, liegen.

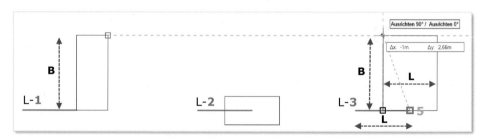

Für diese Aufgabe brauchen Sie die Hilfe
der Zeigerfang-Funktionen:

*An Objekt ausrichten* (**1**)
*An Punkt ausrichten* (**2**)

Anleitung:

In dieser Übung werden die Länge und die Breite des Rechtecks durch zwei
Hilfslinien konstruiert.

- aktivieren Sie das Werkzeug *Rechteck* (**3**) in der Konstruktion-Palette, und die
  dritte Methode - *Definiert durch Seitenmitte* (**6**)

- bestimmen Sie die Position der Mitte der unteren Seite des Rechteckes (**4**) mit
  einem Klick, auf das rechte Ende der Linie L-**3**, Kontrollpunkt **5** (der Text
  „Endpunkt" erscheint - **3**)

Der Vorgang ist der gleiche wie in der letzten Übung.

Das Rechteck soll die gleiche Länge wie Linie L-**3** haben:

- fahren Sie mit dem Mauszeiger nach links, entlang der Linie L-**3** (**5**) (ohne zu
  drücken), bis der Text „Mittelpunkt" (**6**) erscheint
  - verweilen Sie mit dem Mauszeiger an dieser Stelle, bis nach einer Sekunde ein
    kleines rotes Quadrat (**7**) erscheint

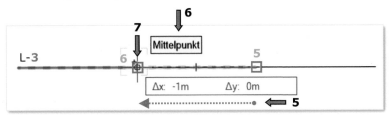

Vectorworks hat den Ausrichtpunkt **6** markiert.

- fahren Sie mit dem Mauszeiger, weiterhin ohne zu drücken, nach oben

Es wird eine grün gestrichelte Hilfslinie (**8**) durch den Ausrichtpunkt **6** eingeblendet.

Mit dieser Hilfslinie haben Sie die Länge des Rechtecks (**L**) definiert → Δx: (-1m)
(**9**)
(d.h. die Hälfte der Länge von Linie L-**3** wird zu der Hälfte der Länge des
Rechtecks).

Ihr Mauszeiger kann jetzt entlang der Hilfslinie (**8**) gleiten.

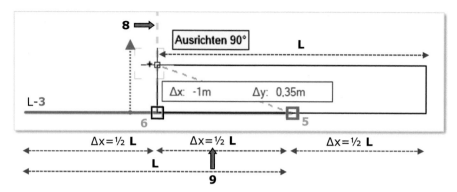

Das Rechteck soll die gleiche Breite (**B**) wie das erste Rechteck haben.

- ziehen Sie den Mauszeiger, weiterhin ohne zu drücken, bis zu der oberen rechten Ecke des ersten Rechtecks (**10**):
  - verweilen Sie eine Sekunde über diesem Punkt
    (oder drücken Sie die Taste-**T** auf der Tastatur) bis der Ausrichtpunkt **7** mit einem roten Quadrat markiert wird

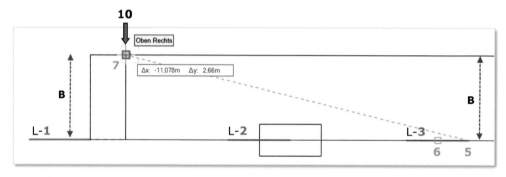

  - fahren Sie mit dem Mauszeiger nach rechts (**11**), weiterhin ohne zu drücken

Es erscheint eine rot gestrichelte Hilfslinie (**12**). Diese wird die Breite (**B**) des ersten Rechtecks auf das dritte Rechteck übertragen.

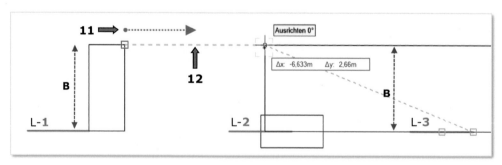

- fahren Sie mit dem Mauszeiger so lange nach rechts, bis die grün gestrichelte Hilfslinie erscheint (**13**)
- klicken Sie erst jetzt, mit der LMT, auf die Schnittstelle (**14**) der roten (**12**) und grünen (**13**) Hilfslinie

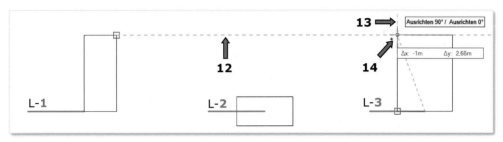

Das Rechteck mit der Länge **L** und der Breite **B** wurde, ohne direkte Maßeingabe, gezeichnet und bleibt aktiv (**15**).

Es steht im Vergleich zu Linie L-**3** im Vordergrund.

- ordnen Sie es, mit dem Befehl aus der Menüzeile, in den Hintergrund an:
  *Ändern – Anordnen – In den Hintergrund* (→ das Ergebnis **16**)

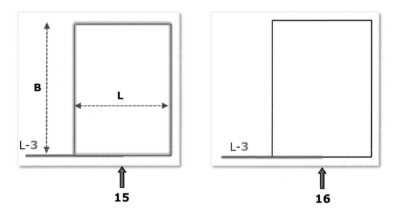

## 2.2.2 Kreise

## 1. Der erste Kreis –
## die Methode - Definiert durch Mittelpunkt und Radius

Aufgabe:

Der Mittelpunkt des Kreises soll auf dem rechten Ende von Linie L-**1** liegen (**8**).
Der Radius soll 3/8 der Länge von Linie L-**1** entsprechen.
Die Stiftfarbe des gezeichneten Kreises soll Dunkelgrün sein (**1**).
Die Dicke der Linie soll 0,50 (**2**) und
die Füllung: Leer (**3**) sein.

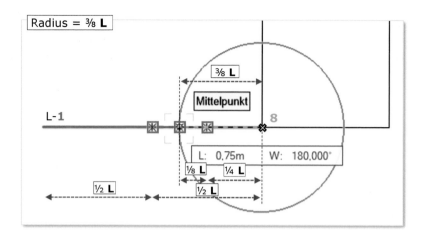

Radius = ³⁄₈ **L**

³⁄₈ **L**

**Mittelpunkt**

L-1

L: 0,75m  W: 180,000°

⅛ **L**  ¼ **L**

½ **L**  ½ **L**

8

Anleitung:

• tragen Sie die vorgegebenen Attribute in
  die Attribute-Palette ein

Die Stiftfarbe - Dunkelgrün (**1**)
Die Dicke der Linie - 0,50 (**2**)
Die Füllung - Leer (**3**)

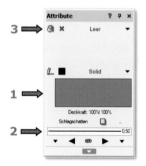

Um diese Übung einfacher auszuführen, ohne den Taschenrechner oder
zusätzlichen Hilfskonstruktionen, brauchen Sie wieder die Zeigerfang-Funktionen.
Der Fangmodus *An Teilstück ausrichten* (**4**) ist in diesem Fall eine sehr nützliche
Hilfe.

### An Teilstück ausrichten

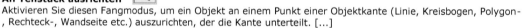

Aktivieren Sie diesen Fangmodus, um ein Objekt an einem Punkt einer Objektkante (Linie, Kreisbogen, Polygon-
, Rechteck-, Wandseite etc.) auszurichten, der die Kante unterteilt. [...]
[...] Befindet sich die Maus nicht über einem solchen Teilstück, sondern irgendwo auf einer Objektkante (der
Begrenzungslinie eines Objekts), blendet der Intelligente Zeiger den Text „Objektkante" ein.
Mit diesem Fangmodus können Sie Teile von geraden Strecken und Kreisbogen, aber nicht von Bézier- und kubi-
schen Kurven, durch den Intelligenten Zeiger anzeigen lassen, also beispielsweise ein Viertel oder drei Viertel der
Strecke. Befindet sich der Mauszeiger über dem Punkt der Kante, der vom Eckpunkt aus einem Viertel der
gesamten Kantenlänge bildet, erscheint ein Pünktchen beim Zeiger und der Text „Teilstück" wird eingeblendet.
Im Dialogfenster „Einstellungen Zeigerfang" können Sie die anzuzeigende Distanz als Bruch, in Prozent oder als
absoluten Wert definieren. [...] (siehe Vectorworks-Hilfe [1])

• wählen Sie in der Zeigerfang-Palette die drei unten angezeigten Fangmodi:

- zum Markieren von Ausrichtpunkten:
  *An Objekt ausrichten* (**5**)
  *An Punkt ausrichten* (**6**)

- zum Teilen von Liniensegmenten zwischen zwei markierten Ausrichtpunkten
  (nur optisch):
  *An Teilstück ausrichten* (**4**)

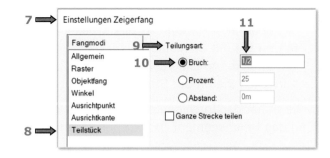

- doppelklicken Sie auf das Symbol *An Teilstück ausrichten* (**4**) in der Zeigerfang-Palette

Das Dialogfenster „Einstellungen Zeigerfang" (**7**) wird geöffnet.

- ◦ in der Registerkarte „Teilstück" (**8**), in dem Gruppenfeld „Teilungsart" (**9**) tragen Sie, bei der Option „Bruch:" (**10**) ½ (**11**) ein
  d.h. die Hälfte zwischen den zwei markierten Ausrichtpunkten wird mit einem Teilpunkt markiert

Die notwendigen Vorbereitungen für diese Aufgabe wurden erledigt. Sie können jetzt mit dem Zeichnen beginnen.

- aktivieren Sie das Werkzeug *Kreis* (**12**) in der Konstruktion-Palette und die erste Methode - *Definiert durch Mittelpunkt und Radius* (**13**)

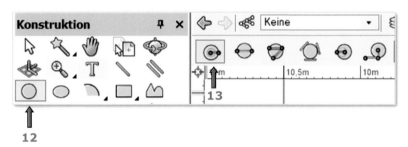

Bevor Sie die Position des Zentrums mit einem Mausklick auf dem rechten Ende der Linie L-**1** – (**8**) definieren, müssen Sie diesen Punkt markieren:

- ◦ bewegen Sie den Mauszeiger zu dem rechten Ende von Linie L-**1** (**14**), und warten Sie so lange, bis Vectorworks das rote Quadrat einblendet

Der Punkt wird zum Ausrichtpunkt (**8**).

- nachdem das rote Quadrat erschienen ist, klicken Sie auf diesen Ausrichtpunkt (**8**) → um den Mittelpunkt des Kreises festzulegen (**15**)
- fahren Sie mit dem Mauszeiger nach links (ohne zu drücken) bis zu dem Mittelpunkt von Linie L-**1** (**16**) (der Info-Text „Mittelpunkt" - **17** wird angezeigt)
- verweilen Sie an der Stelle, bis das rote Quadrat erscheint

Dadurch hat der Intelligente Zeiger einen weiteren Ausrichtpunkt **9** erkannt und kann das Liniensegment dazwischen teilen.

Vectorworks zeigt die Hälfte (**18**), zwischen den zwei markierten Ausrichtpunkten (**8** und **9**) an (→ Ausrichtpunkt **10**). Diese Liniensegmente haben ¼ der Länge von der Linie L-**1** → d.h. Sie müssen diese Segmente noch einmal halbieren, um ein ⅛ der Länge zu erhalten.

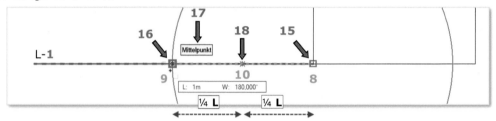

- bewegen Sie den Mauszeiger (weiterhin ohne zu drücken) bis zu dem Ausrichtpunkt **10**
- verweilen Sie an der Stelle (oder drücken sie die Taste-**T**)

Dadurch werden weitere Teilungen zwischen den Ausrichtpunkten (**8-10**, **10-9**) angezeigt (**19** und **20**).

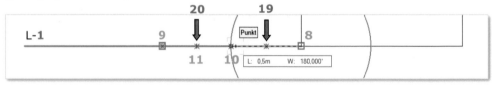

- klicken Sie erst jetzt auf den Ausrichtpunkt **11** (**20**)
  (→ die Mitte zwischen Punkt **9** und **10**)

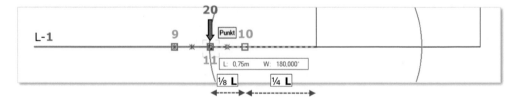

Der Kreis, mit dem vorgegebenen Radius (3/8 L) und den Attributen, wurde gezeichnet (**21**).

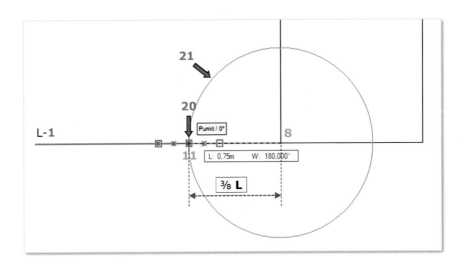

## 2. Der zweite Kreis –
## die Methode - Definiert durch Durchmesser

Aufgabe:

Zeichnen Sie den Umriss einer Stehlampe:
- sie steht auf dem linken Ende
  von Linie L-**2**, Ausrichtpunkt **12**
- sie ist 2 m hoch

- die Glaskugel (**A**) hat den
  Durchmesser 0,425 m
  > Attribute:
  > Füllung: Solid - Hellgelb
  > Stiftfarbe: Schwarz
  > Stiftdicke: 0,18

- die Leuchtenstange (**B**)
  > Attribute:
  > Stiftdicke: 0,35

- die Fußplatte (**C**) hat den Durchmesser 0,5 m
  > Attribute:
  > Stiftfarbe: Solid - Schwarz
  > Stiftdicke: 1,40

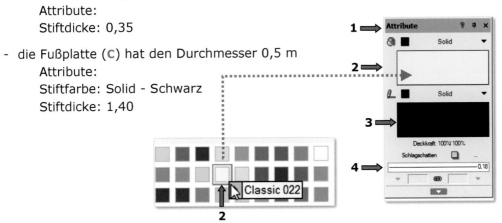

Anleitung:

- tragen Sie die vorgegebenen Attribute für die Glaskugel (**A**)
  in die Attribute-Palette (**1**) ein:
  - die Füllung: Solid - Hellgelb, z.B. Classic 022 (**2**)
  - die Stiftfarbe: Solid - Schwarz (**3**)
  - die Dicke der Linie:  0,18 (**4**)

Mit der Position der Glaskugel (**A**) wird die Höhe 2 m der Lampe definiert.

Zeichnen Sie diese (**A**) mit der Zeigerfang-Hilfe *An Kante ausrichten*,
Option „Parallele zu Ausrichtkante mit Abstand:"

- doppelklicken Sie auf das Symbol *An Kante ausrichten* (**5**) in der Zeigerfang-
  Palette:
  - es wird das Dialogfenster „Einstellungen Zeigerfang" (**6**) geöffnet
  - in der Registerkarte „Ausrichtkante" (**7**) aktivieren Sie die Option „Parallele zu
    Ausrichtkante mit Abstand:" (**8**) und tragen Sie in das Eingabefeld den
    Abstand 2 m (**9**) ein

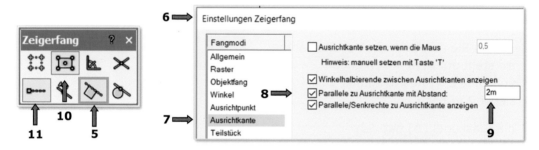

- aktivieren Sie, in der Zeigerfang-Palette noch zwei andere Fangmodi:
  *An Objekt ausrichten* (**10**) und *An Punkt ausrichten* (**11**)

**Die Glaskugel**

Zeichnen Sie die Glaskugel (**A**) mit dem Werkzeug *Kreis* (**12**) und mit der zweiten
Methode - *Definiert durch Durchmesser* (**13**)

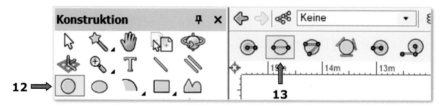

- nachdem Sie das Werkzeug *Kreis* aktiviert haben, fahren Sie mit dem
  Mauszeiger über die Linie L-**2**:
  - der Text „Objektkante" (**14**) wird angezeigt:
  - drücken Sie die Taste-**T** → entlang der Linie L-**2** erscheint eine rot
    gestrichelte Referenzlinie (**15**)

Im nächsten Schritt wird eine Hilfsparallele, mit der Entfernung 2 m, von dieser Referenzlinie angezeigt.

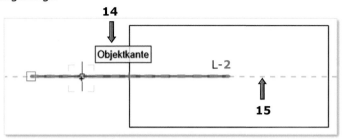

- fahren Sie mit dem Mauszeiger (ohne zu drücken) bis zu dem linken Ende von Linie-**2**. Verweilen Sie dort → es erscheint der Ausrichtpunkt **12**

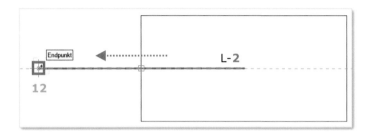

- von diesem Punkt aus, fahren Sie mit dem Mauszeiger senkrecht nach oben (**16**)

Es erscheint eine grün gestrichelte Hilfslinie (**17**), welche senkrecht zu Linie L-**2** steht und durch den Ausrichtpunkt **12** verläuft.

Der Info-Text „Ausrichten 90°" (**18**) wird angezeigt.

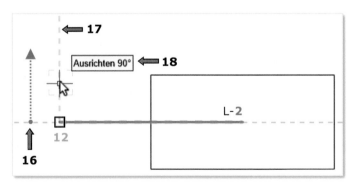

- bewegen Sie den Mauszeiger weiter nach oben (**19**), entlang der grün gestrichelten Hilfslinie (**17**) (ohne zu drücken) so lange, bis die 2 m entfernte rot gestrichelte Hilfsparallele (**20**) erscheint

Der Info-Text „Abstand zu ARK/ Ausrichten 90°" (**21**) wird angezeigt.

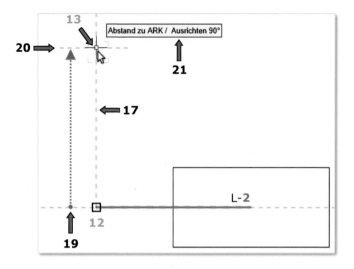

- klicken Sie auf den Schnittpunkt **13** der Hilfsparallelen (**20**) und der Senkrechten zur Linie L-**2** (**17**)

Damit haben Sie die Position eines Kreispunktes und die Höhe der Lampe (2 m) definiert.

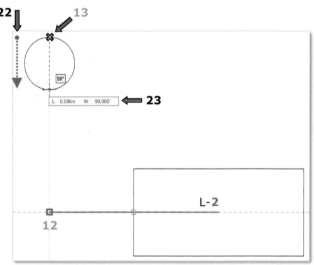

- fahren Sie mit dem Mauszeiger (ohne zu drücken) nach unten (**22**)

Es erscheint die Objektmaßanzeige (**23**).
- betätigen Sie die Tabulatortaste

Der Mauszeiger spring in das erste Eingabefeld der Objektmaßanzeige.
- tragen Sie den Wert für die Länge / den Durchmesser L: 0,425 m über die Tastatur ein (**24**)

Vectorworks zeigt unmittelbar danach einen rot gestrichelten Hilfskreis (**25**) mit dem Radius 0,425 m (um den Punkt - **13**) an.

- drücken Sie zweimal die Eingabetaste, um die Eingabe zu bestätigen

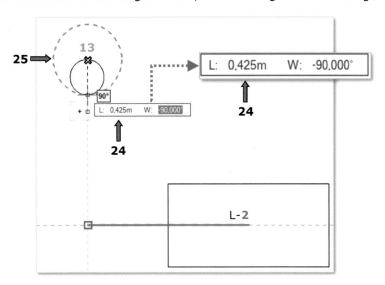

Der Kreis mit den vorgegebenen Anforderungen wurde gezeichnet (**26**).

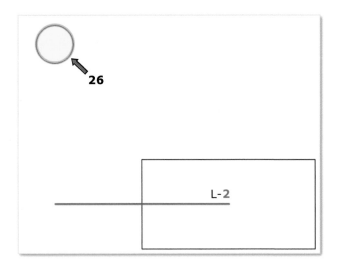

## Die Leuchtenstange (B)

- mit dem Werkzeug *Linie* zeichnen Sie eine Linie von der Glaskugel bis zu dem Ausrichtpunkt **12** (**27**)

- ändern Sie ihre Stiftdicke, in der Attribute-Palette, in 0,35 um

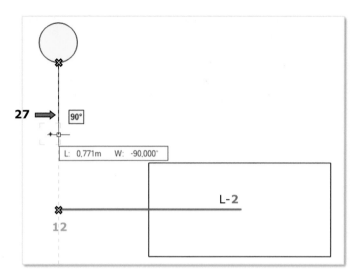

**Die Fußplatte**

- bevor Sie die Fußplatte (**C**) zeichnen, ändern Sie in der Attribute-Palette die Stiftdicke zu 1,40

- aktivieren Sie das Werkzeug *Linie*, die erste - *In bestimmten Winkel* (**28**) und die vierte Methode - *Aus Mitte* (**29**)

Die Linie wird von Ausrichtpunkt **12** aus nach links und rechts gezeichnet (**30**).

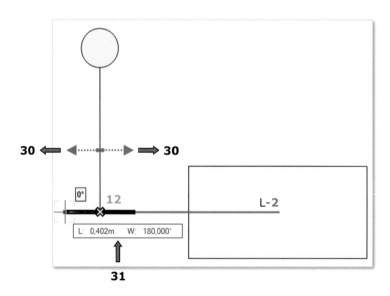

◦ in die erschienenen Objektmaßanzeige (**31**) tragen Sie die Hälfte der
  gewünschten Länge ein (weil die Linie von der Mitte aus, nach links und rechts,
  gezeichnet wird)

◦ betätigen Sie die Tabulatortaste
  - tragen Sie den Wert für die Länge L: 0,25 m über die Tastatur ein (**32**)
  - bestätigen Sie diesen Wert zweimal mit der Eingabetaste

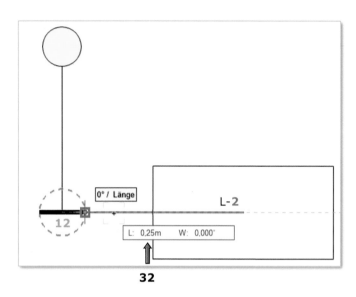

**32**

# 3. Der Kreisbogen –
# die Methode - Definiert durch Sehne und einen Punkt auf
# Kreisbogen

Aufgabe:

Zeichnen Sie zuerst einen Kreisabschnitt über das dritte Rechteck und fügen Sie
Beide zusammen. Dadurch entsteht der Umriss eines Bogenfensters.

Die Sehnenlänge des Kreisabschnittes soll gleich der Länge des Rechtecks sein
($l$ = **L**)
Seine Breite (**b**) soll 0,30 m betragen.

Attribute:
Die Füllung: Solid – Classic 038 (**1**)
Die Stiftfarbe: Solid - Schwarz
Die Dicke der Linie: 0,25

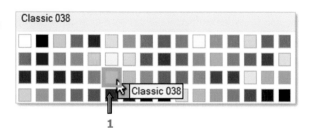

**1**

Kreisabschnitt

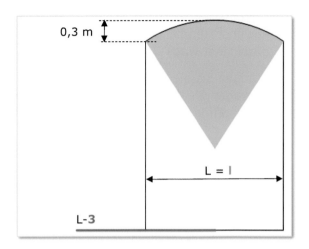

l=Sehnenlänge
b=Breite

L-3

**Anleitung:**

- tragen Sie die vorgegebenen Attribute in die Attribute-Palette ein:

Die Füllung: Solid – Classic 038 (**1**)
Die Stiftfarbe: Solid - Schwarz
Die Dicke der Linie: 0,25

- für diese Übung brauchen Sie die zwei Fangmodi:
  *An Objekt ausrichten* (**2**) und
  *An Punkt ausrichten* (**3**)

- aktivieren Sie das Werkzeug *Kreisbogen* (**4**) und die sechste Methode –
  *Definiert durch Sehne und einen Punkt auf Kreisbogen* (**5**)

Der Kreisbogen

- zuerst bestimmen Sie die Sehnenlänge, indem Sie auf den Punkt **1** und dann auf
  den Punkt **2** klicken

**Kreisbogen**
**Werkzeugpalette „Konstruktion" (3)**
Mit diesem Befehl lassen sich auf verschiedene Arten Kreisbogen zeichnen. So kann ein Kreisbogen u. a. durch Zeichnen seines Radius oder durch Anklicken von drei Punkten, durch die der Kreisbogen laufen soll, definiert werden. Es werden immer Kreissegmente („Kuchenstücke") gezeichnet. Wollen Sie nur einen Bogen zeichnen, müssen Sie in der Attributpalette das Füllmuster „Leer" wählen [...] (siehe Vectorworks-Hilfe [1])

**WICHTIG:** In der Methodenzeile (**6**) wird die Anweisung für den nächsten Arbeitsschritt angezeigt. Es ist eine sehr nützliche Arbeitshilfe, besonders bei komplexen Werkzeugen.

**6**

Kreisbogen: Definiert durch Sehne und einem Punkt auf Kreisbogen. Setzen Sie den Kreisbogenstartpunkt.

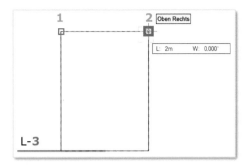

- nach dem zweiten Klick, bewegen Sie den Mauszeiger bis zu der Mitte des Rechtecks (**7**) und warten bis ein kleines rotes Quadrat erscheint
  → Ausrichtpunkt **3**:
  - der Intelligente Zeiger hat die Mitte des Rechtecks (→ den Ausrichtpunkt **3**) markiert
  - fahren Sie mit dem Mauszeiger nach oben, bis eine grün gestrichelte Hilfslinie (**8**) erscheint, auf diese wird der dritte Kreisbogenpunkt positioniert
  - tragen Sie den Wert für die Breite (**b**) des Kreisabschnittes L: 0,3 m (**9**), in die Objektmaßanzeige, ein

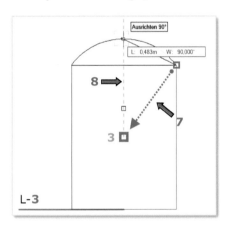
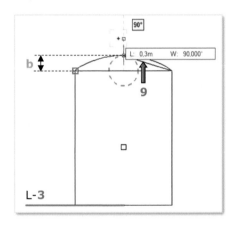

- drücken Sie zweimal die Eingabetaste

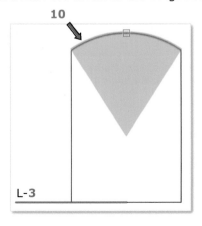
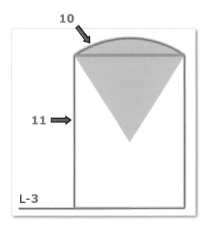

# Flächen zusammenfügen

Der Kreisbogen wurde gezeichnet und bleibt aktiv (**10**).

- bei gedrückter Umschalttaste, aktivieren Sie zusätzlich das Rechteck (**11**)

Verschmelzen Sie diese beiden Flächen zu einer:

- gehen Sie zu dem Befehl in der Menüzeile (**12**):
  *Ändern* (**13**) – *Flächen zusammenfügen* (**14**)

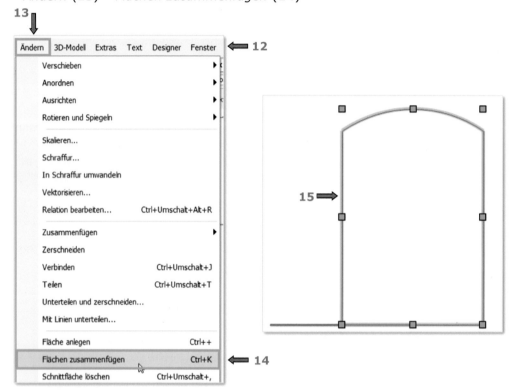

Es wurde der Umriss eines Bogenfensters gezeichnet (**15**).

## 2.3   2D-Objekte duplizieren und verteilen

### Objekte an Pfad duplizieren

Mit dem Werkzeug Duplizieren an Pfad ◻️ (Werkzeugpalette „Konstruktion") können Sie Duplikate eines aktiven Objekts erstellen, die entweder entlang eines bestehenden oder eines neuen Pfades angeordnet werden. Dabei können Sie mit einem Mausklick bestimmen, welcher Punkt der Duplikate auf dem Pfad zu liegen kommen soll [...] (siehe Vectorworks-Hilfe [1])

### Objekte verschieben

Objekte können auf verschiedene Arten verschoben werden
- Mit den Befehlen Verschieben (auf der Bildschirmebene) oder 3D-Verschieben können Sie Objekte um einen exakten Wert verschieben.
- Mit dem Werkzeug Verschieben können Sie Objekte mit Klicken verschieben, duplizieren und verteilen.
- Mit dem Aktivieren-Werkzeug können Sie Objekte an eine andere Position ziehen.
- Mit den Pfeiltasten können Sie Objekte um jeweils ein Pixel bzw. um das Raster verschieben.
- Das Werkzeug Versetzen fügt die aktiven Objekte oder deren Duplikate dort ein, wohin Sie mit der Maus klicken.

Mit dem Befehl Verschieben (**Ändern > Verschieben**) können Sie die aktivierten Objekte um einen im Dialogfenster eingegebenen Wert verschieben. Diese Werte beziehen sich immer auf die Ausgangsposition des Objekts. Entfernung und die Richtung können polar oder kartesisch definiert werden. Außerdem lassen sich in Wände eingesetzte Symbole und Objekte verschieben [...]
(siehe Vectorworks-Hilfe [1])

**Objekte verrunden**
Mit dem Werkzeug Verrunden ⌐ (Werkzeugpalette „Konstruktion") können Sie zwei Objektkanten (Linien, Rechteckseiten, Kreise usw.) mit einem tangentialen Kreisbogen mit beliebigem Radius miteinander verbinden. Sie müssen dazu lediglich eine Leitlinie von einer Kante zur anderen ziehen.
Das Werkzeug Verrunden kann auf Linien, Rechtecke, Polygone, Polylinien, Kreise, Kreisbogen und NURBS-Kurven angewandt werden. Es lassen sich nicht nur zwei gleichartige Objekte mit einem tangentialen Kreisbogen verbinden. Es ist z. B. auch möglich, einen Kreis und eine Linie zu verrunden. [...]
**Teilstücke löschen** ⌐
Ist diese Methode aktiviert, werden die bearbeiteten Objektkanten zerschnitten und die überstehenden Teilstücke gelöscht. [...] (siehe Vectorworks-Hilfe [1])


# 2.3.1 Der Lattenzaun

Aufgabe:

Der Zaun besteht aus horizontalen (Querriegeln) und senkrecht stehenden Latten.
Die Pfosten werden in dieser Übung nicht gezeichnet.
- der Gartenzaun soll 1 m hoch und 12 m lang sein
- die Bodenlinie ist 12 m lang
- die horizontalen Bretter haben die Maße 3,0 x 0,09 m (**1**)
- die untere Bretterreihe (**2**) ist 20 cm von dem Boden entfernt (**3**)
- die untere und obere Bretterreihe ist symmetrisch zur horizontalen Mittelachse der vertikalen Holzbretter (= Spiegelachse $S_1$)
- die vertikalen Holzbretter haben die Maße 0,09 x 0,9 m (**4**)
  der Lattenkopf hat abgerundete Ecken:
  der Eckenradius ist 2,5 cm (**5**)
- die vertikalen Holzbretter (**4**) sind 10 cm von dem Boden entfernt (**6**)
- der Abstand zwischen zwei vertikalen Holzlatten soll kleiner als 10 cm sein (**7**)
- die anderen Maße lesen Sie bitte von den Skizzen unten ab

Die Attribute der Zaunelemente (**8**):
- Füllung: Weiß
- Linienart: Solid – Schwarz
- Liniendicke: 0,25

Die Attribute der Bodenlinie:
- Linienart: Solid - Schwarz
- Liniendicke: 1,00 (**9**)

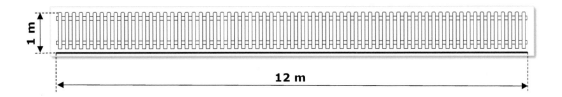

79

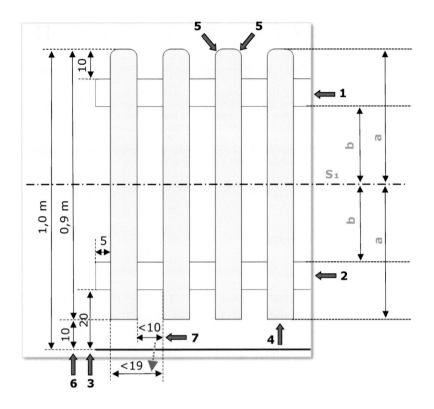

- wählen Sie in der Zeigerfang-Palette die zwei unten gezeigten Fangmodi aus:
  - *An Objekt ausrichten*
  - *An Winkel ausrichten*

## Die Bodenlinie

Zeichnen Sie zuerst die Bodenlinie, welche auch als Hilfslinie dienen wird.

- tragen Sie in die Attribute-Palette die vorgegebenen Attribute:
  Liniendicke: 1,00 (**9**) ein

Legen Sie die Bodenlinie über das Dialogfenster „Objekt anlegen" an.

- doppelkicken Sie auf das Werkzeug *Linie* in der Konstruktion-Palette
  ◦ in dem nun erscheinenden Dialogfenster „Objekt anlegen" (**1**):
    - aktivieren Sie die Polare-Koordinateneingabe (**2**)
    - um die Länge der Linie festzulegen, geben Sie in das Eingabefeld für
      L: 12 m (**3**) ein
    - fixieren Sie den mittleren Kontrollpunkt (**4**) in der schematischen Darstellung
      der Linie
    - markieren Sie die Option „Nächster Klick" (**5**)

Wenn Sie die Eingaben in dem Dialogfenster (**1**) mit OK bestätigen, erwartet Vectorworks, dass Sie mit dem nächsten Klick (**5**), die Linie (mit ihrem mittleren Punkt → **4**) auf das Zeichenblatt positionieren.

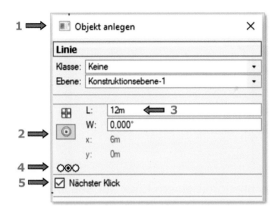

- positionieren Sie die Bodenlinie unter die zuvor gezeichneten Rechtecke und Kreise, ungefähr wie auf der Abbildung (**6**) gezeigt

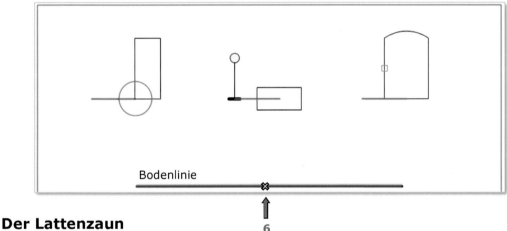

Bodenlinie

## Der Lattenzaun

- tragen Sie die vorgegebenen Attribute (**8**) in die Attribute-Palette ein (vergessen Sie nicht, die Stiftdicke in 0,25 umzuändern)

**Das vertikale Holzbrett** hat die Maße 0,09 x 0,9 m und soll 0,1 m von der Bodenlinie entfernt sein (**6**).

- doppelklicken Sie auf das Werkzeug *Rechteck* 🔲 in der Konstruktion-Palette:
  - in dem erscheinenden Dialogfenster „Objekt anlegen - Rechteck" (**7**), tragen Sie folgende Werte ein:
    die Breite des Rechtecks Δx: 0,09 m (**8**)
    die Länge des Rechtecks Δy: 1,00 m (**9**)
  - fixieren Sie den unteren linken Punkt (**10**) in der schematischen Darstellung
  - aktivieren Sie die Option „Nächster Klick" (**11**)

◦ bestätigen Sie die Eingaben mit OK

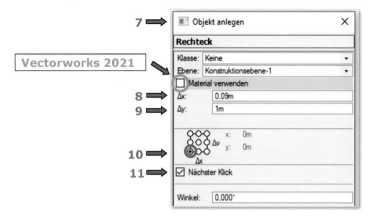

• positionieren Sie das Rechteck mit einem Klick auf das linke Ende der Bodenlinie (**12**)

Mit der Höhe dieses Rechtecks haben Sie die Höhe (= 1,0 m) des Gartenzauns festgelegt.

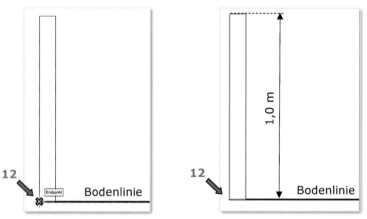

• das Rechteck ist noch aktiv und seine Maße werden in der Info-Objekt–Palette (**13**) angezeigt:
  ◦ ändern Sie seine Höhe in der Info-Objekt–Palette, wie es in der Aufgabestellung vorgegeben ist → ziehen Sie von dem Δy-Wert 10 cm ab (**14**)

**Wichtig:** Das Rechteck muss, in der Info-Objekt–Palette, oben fixiert werden (**15**), damit seine obere Seite auf 1 m Höhe (von der Bodenlinie) bleibt (**16**).

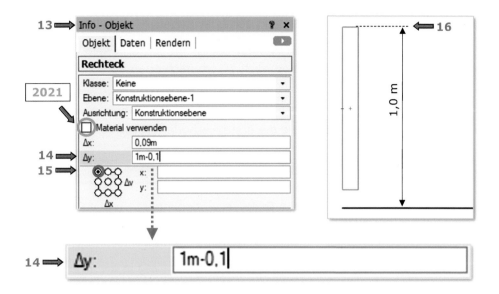

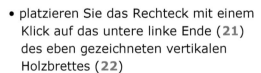

## Das horizontale Brett

- doppelklicken Sie auf das Werkzeug *Rechteck* 🔲, in der Konstruktion-Palette:
  - in dem nun erscheinenden Dialogfenster „Objekt anlegen - Rechteck", tragen Sie folgende Werte ein:
    - die Länge des Rechtecks Δx: 3,00 m (**17**)
    - die Breite des Rechtecks Δy: 0,09 m (**18**)

    - fixieren Sie den unteren linken Punkt (**19**) in der schematischen Darstellung

    - aktivieren Sie die Option „Nächster Klick" (**20**)

  - bestätigen Sie die Eingaben mit OK

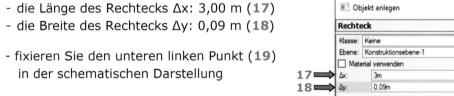

- platzieren Sie das Rechteck mit einem Klick auf das untere linke Ende (**21**) des eben gezeichneten vertikalen Holzbrettes (**22**)

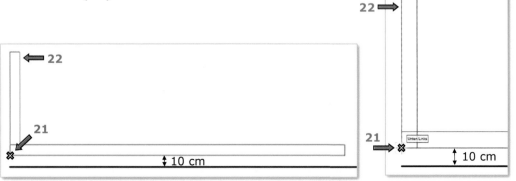

## Verschieben der unteren Bretterreihe (Werkzeug)

Die untere Bretterreihe (**2**) soll 20 cm von der Bodenlinie entfernt sein (**3**). Das gezeichnete horizontale Brett muss also noch 10 cm nach oben verschoben werden.

- verschieben Sie das aktive Rechteck mit dem Werkzeug *Verschieben*  aus der Konstruktion-Palette:
  - in der Methodenzeile aktivieren Sie die erste Methode - *Verschieben* (**23**)

- klicken Sie mit der LMT auf das linke Ende der Bodenlinie (**1**) und dann auf die untere linke Ecke des Rechtecks (**2**)
  (der Abstand zwischen diesen beiden Punkten beträgt 10 cm)

Alternativ können Sie auch den numerischen Wert 0,1 m (**24**) in die Objektmaßanzeige eintragen und dann zweimal bestätigen.

Das horizontale Brett wurde um 10 cm nach oben verschoben und bleibt aktiv.

- spiegeln Sie das untere horizontale Brett um die waagerechte Mittelachse der vertikalen Holzlatten (=Spiegelachse **S**):
  - aktivieren Sie das Werkzeug *Spiegeln* in der Konstruktion-Palette und die zweite Methode - *Duplikat*
  - klicken Sie zweimal entlang der Spiegelachse **S₁**

Die Kopie des unteren Brettes wird nach oben gespiegelt (**25**).

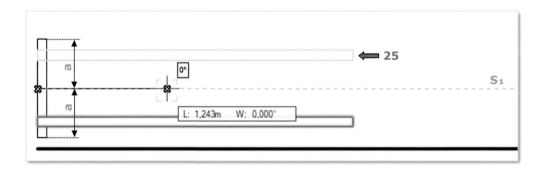

**Duplikate verschieben** (Werkzeug)

Die horizontalen Bretter müssen noch dreimal in horizontaler Richtung kopiert werden, um die Länge 12 m zu erreichen.

• aktivieren Sie beide gezeichneten Bretter (bei gedrückter Umschalttaste)

• kopieren Sie die aktiven Rechtecke wieder mit dem Werkzeug *Verschieben* aus der Konstruktion-Palette:
  ◦ diesmal aktivieren Sie die zweite - *Duplikate verschieben* (**26**) und die fünfte Methode - *Original erhalten* (**27**),
  in das Eingabefeld „Anzahl Duplikate" tragen Sie 3 ein (**28**)
  ◦ mit zwei Klicks definieren Sie die Strecke, um welche die beiden aktiven Rechtecke verschoben und kopiert werden (= 3 m):
    - der Startpunkt dieser Strecke (**1**) ist die linke untere Ecke eines horizontalen Rechtecks und der Endpunkt ist die rechte untere Ecke (**2**).

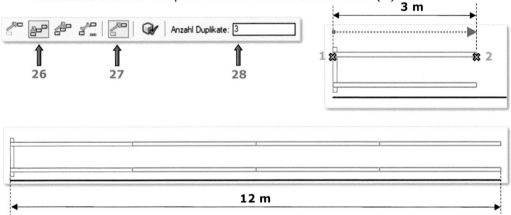

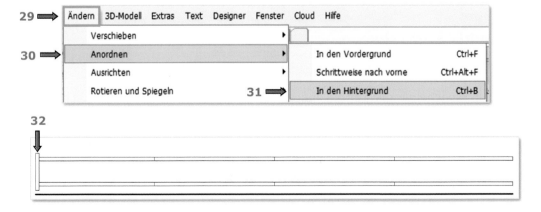

Die horizontalen Rechtecke stehen in dem Vordergrund.

• ordnen Sie diese in den Hintergrund an:
  ◦ aktivieren Sie alle horizontalen Rechtecke
  ◦ gehen Sie zu dem Befehl in der Menüzeile:
    *Ändern* (**29**) – *Anordnen* (**30**) – *In den Hintergrund* (**31**)

## Verschieben des vertikalen Holzbrettes um 5 cm nach rechts (Befehl)

- aktivieren Sie das vertikale Rechteck (**32**)

- gehen Sie zu dem Befehl in der Menüzeile:
  *Ändern* (**33**) – *Verschieben* (**34**) – *Verschieben…* (**35**)

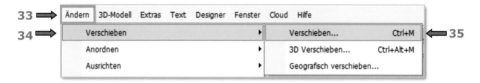

- ◦ in dem erscheinenden Dialogfenster „2D Verschieben" (**36**) wählen Sie die
  Option „Kartesisch" (**37**) aus:
  - das Rechteck soll in x-Richtung verschoben werden, tragen Sie in das
    Eingabefeld von Δx: 0,05 m (**38**) ein

## Verrunden des Lattenkopfes

Der Lattenkopf soll abgerundete Ecken haben.

Bearbeiten Sie das vertikale Holzbrett (das Rechteck muss nicht aktiv sein):

- wählen Sie das Werkzeug *Verrunden* (**39**) aus der Konstruktion-Palette aus
  - ◦ aktivieren Sie die dritte Methode - *Teilstücke löschen* (**40**) in der Methodenzeile
    und legen Sie den Abrundungsradius fest - Radius: 0,025 m (**41**)

- klicken Sie nacheinander auf die linke (**a**) und die obere Seite (**b**) des Rechtecks

Die Ecke, welche von beiden Seiten eingeschlossen ist, wird verrundet (**42**).

- klicken Sie nacheinander auf die obere (**b**) und die rechte Seite (**c**) des Rechtecks

Die Ecke, welche von beiden Seiten eingeschlossen ist, wird verrundet (**43**).

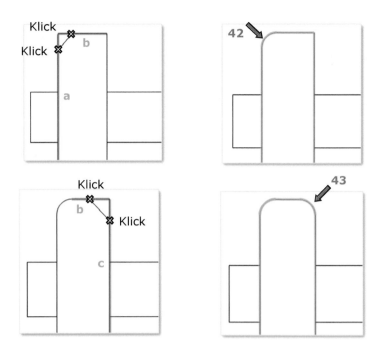

## Verteilen der vertikalen Holzbretter

Das vertikale Holzbrett (**44**) soll über die Mittelachse der Bodenlinie
(→ Spiegelachse $S_2$) gespiegelt werden.

Mit diesem gespiegelten Holzbrett (**45**) definieren Sie, bei dem Werkzeug
*Duplizieren an Pfad*, das rechte Ende des Pfades (**2**).

- aktivieren Sie das Werkzeug *Spiegeln* in der Konstruktion-Palette und die
  zweite Methode - *Duplikat*
  - klicken Sie auf die Mitte der Bodenlinie und ziehen Sie den Mauszeiger
    senkrecht nach oben (oder unten)

Es erscheint eine grün gestrichelte Hilfslinie (→ Spiegelachse $S_2$).

  - mit einem zweiten Klick auf diese Linie haben Sie die Spiegelachse $S_2$ definiert
    und eine gespiegelte Kopie von dem aktiven Rechteck erzeugt (**45**)

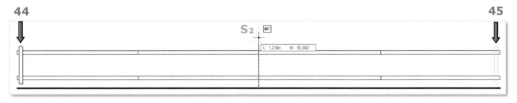

Die vertikalen Holzbretter sollen zwischen den zwei Äußeren (**44**, **45**) verteilt
werden.

Der Abstand zwischen den einzelnen Brettern darf nicht größer als 10 cm sein.

# Duplizieren an Pfad

Mit dem Werkzeug *Duplizieren an Pfad* 🔲 , aus der Konstruktion-Palette, kann man „Folgende Duplikate" (**54**) mit einem „Ungefähren Abstand:" (**55**) duplizieren. Diese Option brauchen Sie in dieser Aufgabe.

- aktivieren Sie das linke Holzbrett (**44**)

- aus der Konstruktion-Palette wählen Sie das Werkzeug *Duplizieren an Pfad* (**46**) aus
  - in der Methodenzeile wählen Sie die zweite Methode - *An neuen Pfad* (**47**) aus
  - mit einem Klick auf das Symbol „Duplizieren an Pfad Werkzeug Einstellungen" (**48**) wird das Dialogfenster „Duplizieren an Pfad" (**49**) geöffnet

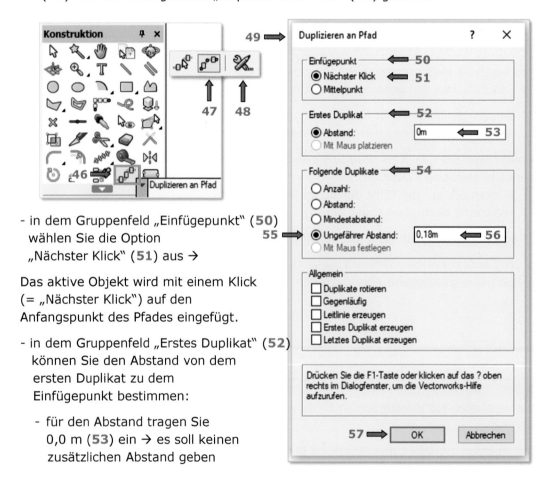

- in dem Gruppenfeld „Einfügepunkt" (**50**) wählen Sie die Option „Nächster Klick" (**51**) aus →

Das aktive Objekt wird mit einem Klick (= „Nächster Klick") auf den Anfangspunkt des Pfades eingefügt.

- in dem Gruppenfeld „Erstes Duplikat" (**52**) können Sie den Abstand von dem ersten Duplikat zu dem Einfügepunkt bestimmen:

  - für den Abstand tragen Sie 0,0 m (**53**) ein → es soll keinen zusätzlichen Abstand geben

- in dem Gruppenfeld „Folgende Duplikate" (**54**) wählen Sie die Option
  „Ungefährer Abstand:" (**55**) aus
  - tragen Sie in das Eingabefeld den Abstand 0,18 m (**56**) ein

Dieser Abstand ist kleiner als die Summe:
(Brettbreite 9 cm) + (maximal erlaubte Abstand zwischen den zwei Brettern 10 cm)
= 19 cm

  ◦ bestätigen Sie die Eingaben in dem Dialogfenster mit einem Klick auf OK (**57**)

Die folgenden Schritte können Sie in der Methodenzeile ablesen.

Bestimmen Sie den Einfügepunkt auf dem aktiven Objekt (**58**):

  ◦ klicken Sie auf die untere rechte Ecke des aktiven Objekts (**1**)
    (→„Nächster Klick" **51**)

Die Holzbretter sollten entlang des Pfades zwischen den Punkten **1** und **2** dupliziert
werden.

In dem nächsten Schritt sollen Sie den ersten Punkt des Pfades festlegen:

  ◦ klicken Sie wieder auf die untere rechte Ecke des aktiven Objekts (**1**)
    (→ der erste Punkt des Pfades)
  ◦ fahren Sie mit dem Mauszeiger nach rechts (**59**) und klicken Sie dann zweimal
    (**60**) auf den unteren rechten Punkt (**2**) des gespiegelten Holzbrettes

Die vertikalen Holzbretter werden zwischen den zwei Äußeren dupliziert und verteilt
(**61**).

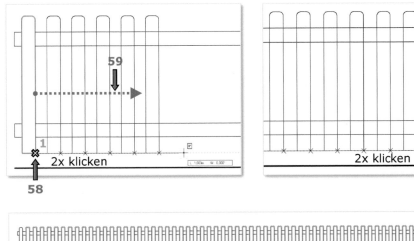

58                                       60

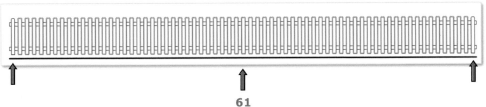

61

# Strecke messen

Kontrollieren Sie, ob der Abstand zwischen den zwei Brettern kleiner als 10 cm ist.

- wählen Sie aus der Konstruktion-Palette das Werkzeug *Strecke messen* (**62**) aus:
  - messen Sie den Abstand zwischen den zwei Holzbrettern
    (mit zwei Klicks auf Punkte **3** und **4**)

Der gemessene Abstand beträgt 8,9 cm (**63**).

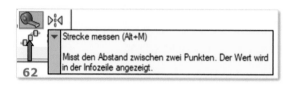

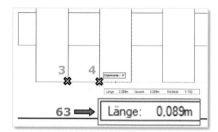

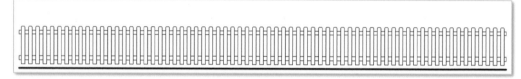

das Ergebnis

## 2.3.2  Polylinie

### Duplizieren von Quadraten entlang einer Polylinie

Aufgabe:

Zeichnen Sie eine Bézierkurve /Polylinie (**1**) und ein Quadrat 0,5 x 0,5 m (**2**),
ungefähr wie unten gezeigt.
Duplizieren Sie das Quadrat gleichmäßig 25-mal entlang der Bézierkurve (**3**).

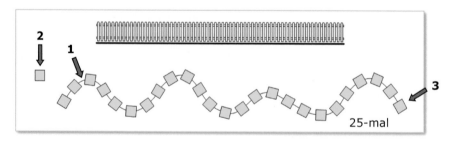

Die Attribute der Bézierkurve (**4**)
- Füllung: Leer
- Linienart: Solid - Schwarz
- Liniendicke: 0,25

Die Attribute des Quadrats (**5**)
- Füllung:  Solid-Classic 021
- Linienart: Solid - Schwarz
- Liniendicke:  0,25

Die Bézierkurve ist eine parametrisch modellierte Kurve. Ihre Krümmung wird durch die Kontrollpunkte bestimmt. In Vectorworks kann sie mit dem Werkzeug *Polylinie* und der zweiten Methode - *Bézierkurve einfügen* gezeichnet werden.

Anleitung:

- für diese Übung müssen Sie den Fangmodus *An Objekt ausrichten* (**6**) einschalten

## **Die Bézierkurve** (Werkzeug *Polylinie*)

- stellen Sie die Attribute der Bézierkurve in der Attribute–Palette (**4**) ein

- wählen Sie das Werkzeug *Polylinie* (**7**) aus der Konstruktion-Palette und die zweite Methode - *Bézierkurve einfügen* (**8**) aus der Methodenzeile aus:

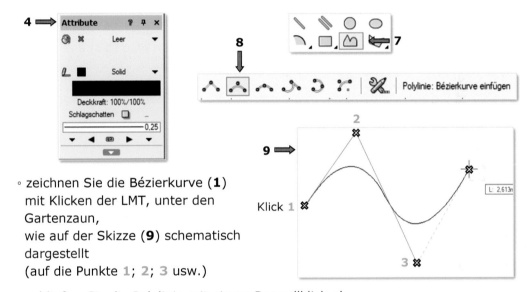

- zeichnen Sie die Bézierkurve (**1**)
  mit Klicken der LMT, unter den Gartenzaun,
  wie auf der Skizze (**9**) schematisch dargestellt
  (auf die Punkte 1; 2; 3 usw.)

- schließen Sie die Polylinie mit einem Doppelklick ab

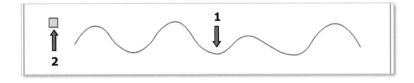

Legen Sie das Quadrat (**2**) über das Dialogfenster an:

- stellen Sie die Attribute (**5**) in der Attribute-Palette ein

- doppelklicken Sie auf das Werkzeug *Rechteck* 🔲 in der Konstruktion-Palette
  - in das nun erscheinende Dialogfenster „Objekt anlegen - Rechteck" (**10**) tragen Sie
    die Maße des Quadrats ein:
    - Δx: 0,5 m (**11**)
    - Δy: 0,5 m (**12**)

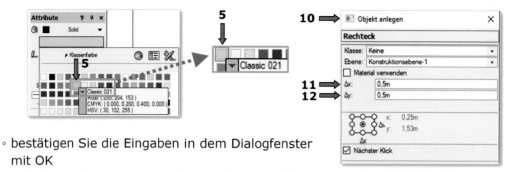

- ° bestätigen Sie die Eingaben in dem Dialogfenster mit OK
- ° mit einem Klick platzieren Sie das Quadrat (**2**) links von der Polylinie (**1**)

## Duplizieren an Pfad - das Quadrat entlang der Polylinie duplizieren

Duplizieren Sie das Quadrat (**2**) 25-mal entlang der Polylinie (**1**):

- • wählen Sie wieder das Werkzeug *Duplizieren an Pfad* 🔲 aus
  - ° wählen Sie diesmal die erste Methode - *An bestehenden Pfad* (**13**) aus

**13** ➡️ 🔲 🔲 🔲 ⬅️ **14**

  - ° klicken Sie auf das Symbol - *Duplizieren an Pfad Werkzeug Einstellungen* (**14**)

Das Dialogfenster „Duplizieren an Pfad" (**15**) wird geöffnet:

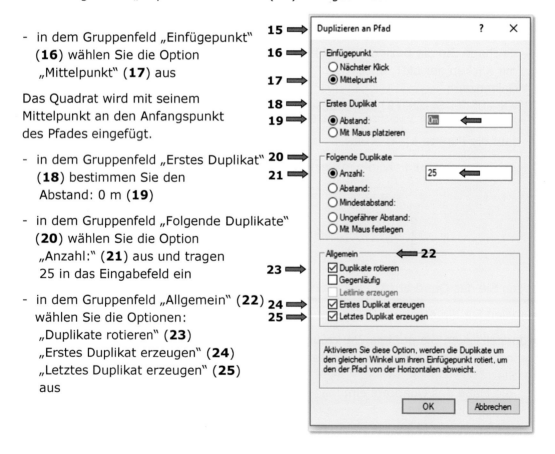

- - in dem Gruppenfeld „Einfügepunkt" (**16**) wählen Sie die Option „Mittelpunkt" (**17**) aus

Das Quadrat wird mit seinem Mittelpunkt an den Anfangspunkt des Pfades eingefügt.

- - in dem Gruppenfeld „Erstes Duplikat" (**18**) bestimmen Sie den Abstand: 0 m (**19**)

- - in dem Gruppenfeld „Folgende Duplikate" (**20**) wählen Sie die Option „Anzahl:" (**21**) aus und tragen 25 in das Eingabefeld ein

- - in dem Gruppenfeld „Allgemein" (**22**) wählen Sie die Optionen: „Duplikate rotieren" (**23**) „Erstes Duplikat erzeugen" (**24**) „Letztes Duplikat erzeugen" (**25**) aus

∘ schließen Sie das Dialogfenster mit OK

Die folgenden Schritte können Sie aus der Methodenzeile ablesen. Nach jedem Arbeitszug wird der Nächste erklärt.

- falls das Quadrat nicht aktiv ist, aktivieren Sie es mit einem Klick (**26**), während das Werkzeug *Duplizieren an Pfad* eingeschaltet ist

- bewegen Sie den Mauszeiger über die Polylinie, die als Pfad dienen soll. Sie wird rot gefärbt (**27**).

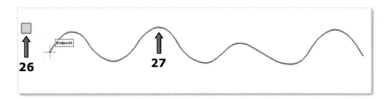

- wenn Sie auf die Polylinie klicken, werden die duplizierten Quadrate grau angezeigt (**28**)

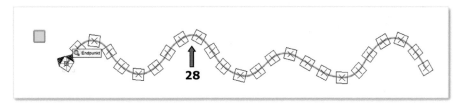

- mit dem zweiten Klick auf die Polylinie werden die Eingaben bestätigt

Das Quadrat (**26**) wird 25-mal dupliziert und diese Duplikate werden entlang der Polylinie gleichmäßig verteilt und gleichzeitig rotiert (**29**).

## 2.4  Objekte duplizieren und anordnen

### 2.4.1  Die Fassade mit gleichmäßiger Fensteranordnung

**Temporären Nullpunkt festlegen**

Sie können jeden Punkt, den der Intelligente Zeiger bezeichnet, vorübergehend zum Nullpunkt des Koordinatensystems machen, auf den sich alle Felder in der Objektmaßanzeige beziehen („Temporärer Nullpunkt"). Befindet sich die Maus beispielsweise über dem Eckpunkt eines Rechtecks und der Fangmodus „An Objekt ausrichten" ist eingeschaltet, wird beim Zeiger ein Pünktchen und ein Text „Oben Links" eingeblendet. Drücken Sie jetzt die Taste „**G**", wird dieser Punkt vorübergehend zum so genannten Temporären Nullpunkt. [...] (siehe Vectorworks-Hilfe **¹**)

**Parallele**

Werkzeugpalette „Konstruktion"

Mit diesem Werkzeug können Sie Parallelen in Form von Polylinien zu einem oder mehreren 2D-Objekten, Wänden und planaren NURBS-Kurven konstruieren oder diese Objekte um einen bestimmten Abstand verschieben. Der Abstand wird in ein Fenster eingegeben oder per Mausklick definiert. [...]

**[...] Mit bestimmtem Abstand**

Mit dieser Methode können Sie Parallelen mit einem bestimmten Abstand zu einem oder mehreren aktiven Objekten zeichnen. Geschlossene Objekte wie z. B. Rechtecke oder Kreise werden um den definierten Abstand auf alle Seiten vergrößert.

1. Geben Sie unter Abstand in der Methodenzeile oder im Dialogfenster „Einstellungen Parallele" den Abstand ein, den die Parallele zum aktiven Objekt aufweisen soll.
2. Klicken Sie auf die Seite, auf der die Parallele gezeichnet werden soll.
3. Mit jedem weiteren Klick wird eine weitere Parallele zur zuletzt erzeugten Parallele gezeichnet. [...]
(siehe Vectorworks-Hilfe [1])

**Gruppen – Gruppieren**
**Menü „Ändern" > Untermenü „Gruppen"**

Wählen Sie **Ändern > Gruppen > Gruppieren**, werden alle aktivierten Objekte zu einem Objekt, einer Gruppe, zusammengefasst [...]

[...] Mit den Befehlen in diesem Untermenü können Sie mehrere Objekte zu einer Gruppe, also einem einzigen Objekt zusammenfassen, Gruppen wieder in ihre Bestandteile zerlegen und die Bestandteile von Gruppen bearbeiten, ohne die Gruppe auflösen zu müssen. Gruppen werden immer in der gerade aktiven Klasse angelegt.

**Allgemeines**

Die Gruppenbefehle sind in vielen Zeichenprogrammen Standardbefehle. Ihr Hauptzweck ist wohl das einfache Löschen oder Verschieben mehrerer Objekte in einem Schritt. Aber auch andere Bearbeitungen können bei Gruppen schneller bewerkstelligt werden als bei den einzelnen Objekten (z. B. auch im 3D-Bereich von Vectorworks). Eine Gruppe ist ein „Container", ein virtueller Behälter, in dem sich Objekte befinden, ähnlich wie Symbole. Gruppen können aus beliebig vielen Objekten jeden Typs bestehen. Es ist also möglich, z. B. Texte, Bemaßungen, Symbole oder auch mehrere Gruppen zu einer Gruppe zusammenzufassen. Der Unterschied zwischen gruppierten und nicht gruppierten Objekten ist zwar nicht sichtbar, aber Vectorworks betrachtet Gruppen dennoch als einen eigenen Objekttyp. Daher ist eine Gruppe, wie jedes andere Objekt auch, in einer Klasse abgelegt – wenn Sie das wünschen, in einer anderen als ihre Bestandteile[...]
(siehe Vectorworks-Hilfe [1])

**Objekte duplizieren und anordnen**

Mit dem Befehl **Duplizieren und anordnen** (Menü **Bearbeiten**) können beliebig viele Duplikate von 2D- und 3D- Objekten auf einmal angelegt und auf verschiedene Arten angeordnet werden. Außerdem lassen sich in Wände eingesetzte Symbole und Objekte entlang der Wand duplizieren und anordnen.

**Dialogfenster „Duplizieren und anordnen"**

Sobald Sie **Duplizieren und anordnen** wählen, erscheint ein Dialogfenster, in dem Sie die Größe, den Rotationswinkel, die Anzahl der Duplikate und deren Anordnung (linear, rechteckig oder kreisförmig) festlegen können.

Duplizieren Sie ein in eine Wand eingesetztes Objekt, erscheint ein spezifisches Fenster für Objekte in geraden bzw. runden Wänden [...]

**1. „Anordnung"** – Wählen Sie hier, ob die Duplikate linear, rechteckig oder kreisförmig angeordnet werden sollen. Die Einstellungsmöglichkeiten im Dialogfenster ändern sich entsprechend. Die eingegebenen Abstandswerte beziehen sich nicht auf den Abstand zwischen den Außenkanten, sondern immer auf den Mittelpunkt der Objekte bzw. bei mehreren aktiverten Objekten auf den Mittelpunkt des Rechtecks (bzw. Kubus bei 3D-Objekten), das alle aktivierten Objekte umschließt (Bounding Box) [...]

„Kartesisch" – Ist diese Option aktiv, können Sie den gewünschten Abstand des Mittelpunkts der Duplikate durch die Eingabe von x-, y- und z-Koordinaten definieren.

„Polar" – Ist diese Option aktiv, wird der Abstand des Mittelpunkts der Duplikate durch die Eingabe einer Länge und eines Winkels definiert. [...] (siehe Vectorworks-Hilfe [1])

Aufgabe:

Zeichnen Sie eine Fassadenvariante mit einer gleichmäßigen Fensteranordnung (**1**).
Die Fassadenwand ist 12 m lang und 13 m hoch.
Die Geschosse sind 3 m hoch.
Die Brüstungshöhe beträgt 0,80 m.
Die Fenster haben die Maße 1,2 x 1,4 m, die Fensterrahmenbreite beträgt 12,5 cm.
Die restlichen Angaben können Sie von der Abbildung unten (**2**) ablesen.
Die Attribute der Fassade (**3**):
- Füllung:  Solid - Classic 046
- Linienart: Solid - Schwarz
- Liniendicke: 0,25

Die Attribute des Fensters sind die Gleichen wie bei den Fensterrahmen:
1. Fensterrahmen (**4**):
- Füllung:  Solid – Weiß
- Linienart: Solid - Schwarz
- Liniendicke: 0,25

2. Glas (**5**):
- Füllung: Solid – Classic 038
- Linienart: Solid - Schwarz
- Liniendicke: 0,25
- Deckkraft: 50%

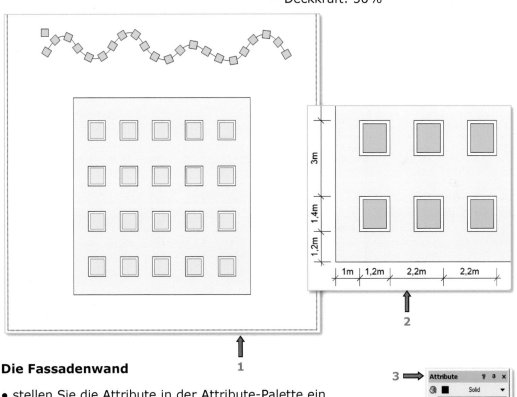

**1**

**2**

**Die Fassadenwand**

- stellen Sie die Attribute in der Attribute-Palette ein
  Die Attribute der Fassade (**3**):

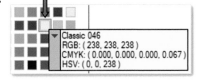

Legen Sie das Rechteck über das Dialogfenster an:

- doppelklicken Sie auf das Werkzeug *Rechteck*
  - in dem nun erscheinenden Dialogfenster „Objekt anlegen -Rechteck" tragen Sie folgende Werte ein:
    - Δx:  12 m (**6**)
    - Δy:  13 m (**7**)
    - fixieren Sie den unteren mittleren Punkt (**8**) in der schematischen Darstellung
    - aktivieren Sie die Option „Nächster Klick" (**9**)

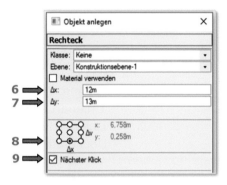

  - bestätigen Sie die Eingaben mit OK

- platzieren Sie das Rechteck auf den unteren Teil des Zeichenblattes (**10**)

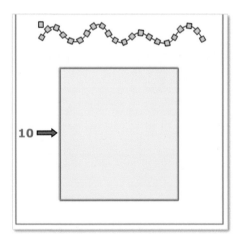

## Fenster

- stellen Sie die Attribute der Fensterrahmen (**4**) in der Attribute-Palette ein

- legen Sie das Rechteck über das Dialogfenster an, doppelklicken Sie auf das Werkzeug *Rechteck*

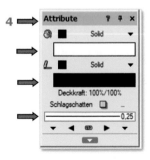

- in dem nun erscheinenden Dialogfenster „Objekt anlegen" tragen Sie folgende
  Werte ein:
  - Δx:  1,2 m (**11**)
  - Δy:  1,4 m (**12**)
  - fixieren Sie den unteren linken
    Punkt (**13**), in der schematischen
    Darstellung
  - aktivieren Sie die Option
    „Nächster Klick" (**14**)
  - bestätigen Sie die Eingaben mit OK

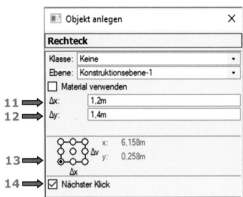

- platzieren Sie das Fenster (**15**) mit einem Klick
  neben die Fassadenwand (**10**)

**Rahmen und Glas**

- aktivieren Sie das eben gezeichnete Rechteck/Fenster (**15**)

Das Fenster soll aus einem Rahmen und einer Glasfläche
bestehen.
Die Rahmenbreite beträgt 12,5 cm.

**Parallele**

- für diese Aufgabe wählen Sie das Werkzeug *Parallele* (**16**), aus der Konstruktion-
  Palette, aus
  - in der Methodenzeile aktivieren Sie die erste - *Mit bestimmten Abstand* (**17**)
    und die dritte Methode - *Original Objekt behalten* (**18**)
  - tragen Sie, in das Eingabefeld für den Abstand: 0,125 m (**19**) ein

Diesen Abstand soll die Parallele zum aktiven Fenster aufweisen.

Die Parallele soll nach innen erzeugt werden (**21**).

- klicken Sie in das Fenster (**20**) hinein

Das kleinere Rechteck/die Parallele (**21**) soll zur Glasfläche werden.

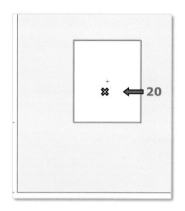
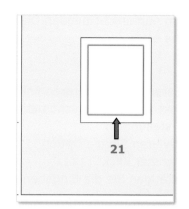

Die Parallele ist noch aktiv:

- ändern Sie die Attribute in der Attribute-Palette →
  Attribute - Glas (**5**):
  - Füllung:  Solid – Classic 038  (**22**)
  - Linienart: Solid - Schwarz  (**23**)
  - Deckkraft: 50%  (**24**)
  - Liniendicke: 0,25  (**25**)

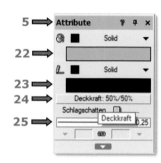

## Die Deckkraft festlegen

- klicken Sie, in der Attribute-Palette, auf die Schaltfläche „Deckkraft" (**24**)
  - das Dialogfenster „Einstellungen Deckkraft" (**26**) wird geöffnet
  - ändern Sie die „Fülldeckkraft" (**27**) auf 50% (**28**) um
  - bestätigen Sie mit OK

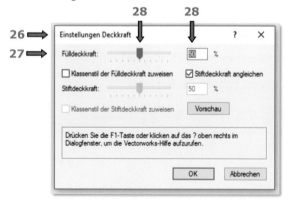

das Ergebnis

Die Glasfläche (**2**) soll aus der Fensterfläche (**1**) ausgeschnitten werden.

- aktivieren Sie beide übereinanderliegenden Rechtecke (**1** und **2**)

**WICHTIG**: Die Reihenfolge der Objekte bei dem Befehl *Schnittfläche löschen* ist sehr wichtig: [...] „das vorderste Objekt stanzt seine Form in alle unter ihm liegenden ein" [...] (siehe Vectorworks-Hilfe [1])

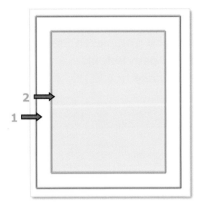

Das größere Rechteck (**1**) muss im Hintergrund angeordnet sein.

Falls das nicht der Fall ist, aktivieren Sie das Rechteck (**1**) und wählen Sie den folgenden Befehl in der Menüzeile aus:

*Ändern – Anordnen – In den Hintergrund*

**Schnittflächen löschen** (Befehl)

Schneiden Sie jetzt die Schnittfläche beider Rechtecke aus:

• gehen Sie zu dem Befehl in der Menüzeile:
  *Ändern (**29**) – Schnittflächen löschen (**30**)*

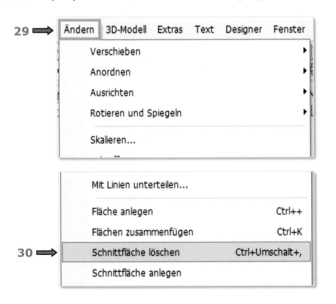

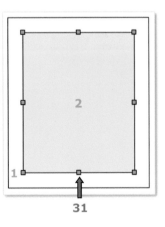

Die Form des kleinen Rechtecks (**2**) wurde aus dem größeren dahinterliegenden Rechteck (**1**) herausgestanzt und bleibt aktiv (**31**).

Das Fenster besteht jetzt aus zwei Elementen, Fensterrahmen und Glasfläche.

## Gruppieren

- aktivieren Sie beide Elemente und gruppieren Sie sie:
  - gehen Sie in der Menüzeile zu dem Befehl:
    *Ändern – Gruppen* (**32**) – *Gruppieren* (**33**)

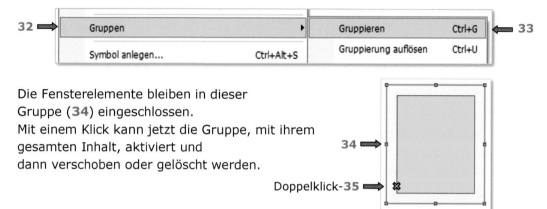

Die Fensterelemente bleiben in dieser
Gruppe (**34**) eingeschlossen.
Mit einem Klick kann jetzt die Gruppe, mit ihrem
gesamten Inhalt, aktiviert und
dann verschoben oder gelöscht werden.

Um die einzelnen Elemente der Gruppe bearbeiten zu können, müssen Sie die
Gruppe mit einem Doppelklick öffnen (**35**). Der Bearbeitungsmodus „Gruppe
bearbeiten" wird geöffnet. Erst in diesem können Sie ein Objekt innerhalb der
Gruppe aktivieren und bearbeiten (z.B. Glasfläche - **36**).

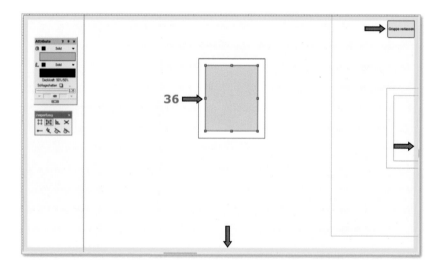

## Der Temporäre Nullpunkt

Die Fenster-Gruppe soll mit der Zeichenhilfe Temporärer Nullpunkt positioniert
werden.

- aktivieren Sie die Gruppe

- wählen Sie das Werkzeug *Verschieben* ⬚ , aus der Konstruktion–Palette, aus
  - in der Methodenzeile aktivieren Sie die erste Methode - *Verschieben* (**37**)

37

Das Fenster soll mit seiner unteren linken Ecke (**2**),
1 m in X-Richtung (**38**) und 1,2 m in Y-Richtung (**39**),
von der untere linke Fassadenecke (**1**), platziert
werden.

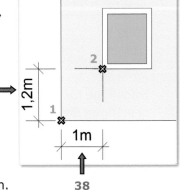

Hier können Sie den
Temporären Nullpunkt (0',0') verwenden.
Der ausgewählte Punkt (in diesem Fall – Punkt **1**)
wird temporär oder vorübergehend
als Nullpunkt des Koordinatensystems angenommen.

Temporärer Nullpunkt wird mit der Taste-**G** aufgerufen.

- klicken Sie mit der LMT auf die untere linke Ecke der Fenster-Gruppe (**3**) und
  bewegen Sie den Mauszeiger (**40**) zu der unteren linken Ecke der
  Fassadenwand (**1**)

- wenn der Text „Unten Links" (**41**)
  angezeigt wird,
  drücken Sie die Taste-**G**

Der Intelligente Zeiger meldet sich mit
dem Text „Temporärer Nullpunkt" (**42**).

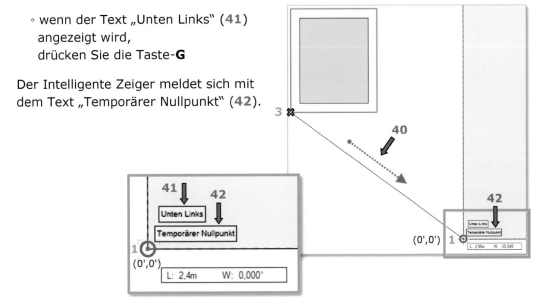

- drücken Sie fünfmal die Tabulatortaste [⇄], bis der Mauszeiger in das
  Eingabefeld x: (**44**) der Objektmaßanzeige (**43**) springt
- tragen Sie in das Eingabefeld der Objektmaßanzeige für x: 1 m (**44**) ein
- drücken Sie noch einmal die Tabulatortaste

Der Mauszeiger springt in das Eingabefeld y: (**45**) und zeigt gleichzeitig eine rot
gestrichelte Hilfslinie (**46**) als Bestätigung der Eingabe in dem x: - Eingabefeld an

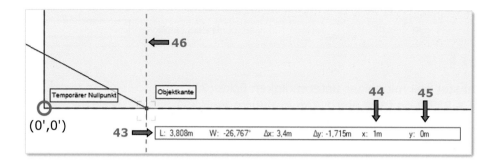

- tragen Sie für y: 1,2 m (**47**) ein
- bestätigen Sie die Eingabe für y: mit der Eingabetaste

Es wird eine zweite rot gestrichelte Hilfslinie angezeigt (**48**).

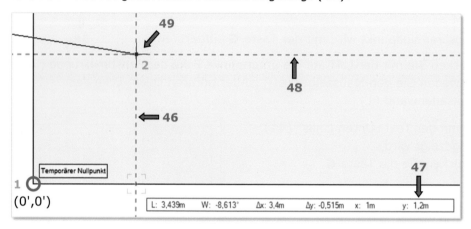

Der gesuchte Punkt **2** ist der Schnittpunkt (**49**) dieser zwei Hilfslinien (**46** und **48**).

∘ klicken Sie an diese Stelle (**2**)

Das Rechteck wird an die angegebene Position (Punkt **2**) gelegt.

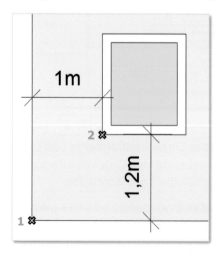

## Fenster duplizieren und anordnen

- aktivieren Sie die Fenster-Gruppe (**50**)

- gehen Sie in der Menüzeile zu dem Befehl:
  *Bearbeiten* (**51**) – *Duplizieren und Anordnen* (**52**)

Es erscheint das Dialogfenster „Duplizieren und Anordnen" (**53**).

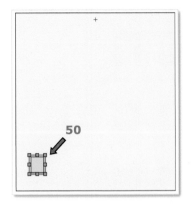

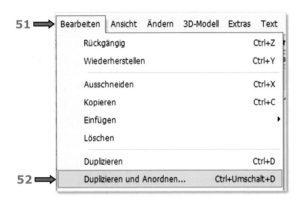

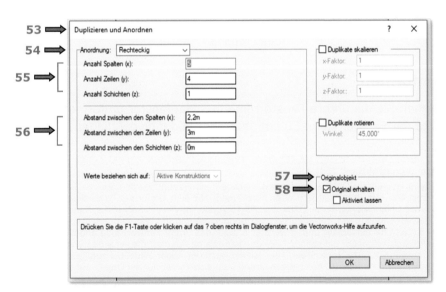

○ wählen Sie in dem Gruppenfeld „Anordnung:" (**54**) die Option „Rechteckig" aus und tragen Sie die Werte für Anzahl... (**55**) und Abstand... (**56**) ein:

```
- Anzahl Spalten (x):        5  ┐
- Anzahl Zeilen (y):         4  ├ (55)
- Anzahl Schichten (z):      1  ┘

- Abstand zwischen den Spalten (x):        2,2 m  ┐
- Abstand zwischen den Zeilen (y):         3.0 m  ├ (56)
- Abstand zwischen den Schichten (z):      0      ┘
```

- aktivieren Sie die Option ☑ „Original erhalten" (**58**) in dem Gruppenfeld „Originalobjekt" (**57**)

das Ergebnis

# Fenster umformen

Alternativ können Sie die untere Fensterreihe in Schaufenster umformen. Die Unterkante der Fenster sollte 50 cm über dem Bodenniveau liegen.

**Umformen**
**Werkzeugpalette „Konstruktion"** 🖰

Mit diesem Werkzeug können Sie Objekte umformen, nachdem sie erzeugt wurden, indem Sie einzelne Punkte und Kanten verschieben, löschen, verändern oder hinzufügen. Mit dem Umformen-Werkzeug lassen sich u.a. Linien und Intelligente Linienobjekte, Bogen, 2D- und 3D-Polygone, Polylinien, Rechtecke, Ellipsen, Dachflächen, Dächer, NURBS-Flächen und -Kurven, Tiefenkörper, Verjüngungskörper und Wände bearbeiten [...]
[...] Je nachdem, auf was für ein Objekt und in welcher Ansicht das Umformenwerkzeug angewandt wird, erfüllt es die unterschiedlichsten Aufgaben: Bei einigen Objekten kann damit nur die Tiefe verändert werden, bei anderen Objekten können einzelne Punkte verschoben, bei wieder anderen sogar neue Eckpunkte hinzugefügt bzw. bestehende Eckpunkte entfernt werden. Aus diesem Grund lässt sich immer nur ein Objekt auf einmal umformen. Die Methodensymbole des Umformenwerkzeugs erscheinen nur dann, wenn Objekte aktiviert sind, die mit den jeweiligen Methoden auch wirklich bearbeitet werden können [...]
[...] **Punkt verschieben** 🖰
Ist die Methode „Punkt verschieben" aktiv, können Sie einzelne Eckpunkte oder Seiten von aktivierten Polygonen, Polylinien, Linien und Linienobjekten, Bogen und Rechtecken verschieben. Dazu müssen Sie nur die entsprechenden Modifikationspunkte packen und verschieben. Außerdem können auch Scheitelpunkte von Polylinien, die Kurven oder Kreisbogen sind, die Seiten von Radiusrechtecken und Ellipsen sowie die Anfangs- und Endpunkte von Wänden verschoben werden.
[...] **Kante parallel verschieben** 🖰
Mit Hilfe dieser Methode können Sie die Kanten und Eckpunkte von Polygonen, Polylinien, Rechtecken, Radiusrechtecken und Ellipsen parallel verschieben. Dabei ändert sich die Länge der verschobenen Kanten so, dass der Winkel zu den angrenzenden Kanten erhalten bleibt. Packen Sie dazu den gewünschten Modifikationspunkt und verschieben Sie diesen an die gewünschte Stelle [...] (siehe Vectorworks-Hilfe [1])

- aktivieren Sie die Zeigerfang-Hilfe *An Kante ausrichten*
  ◦ doppelklicken Sie auf das Symbol *An Kante ausrichten* (**59**) in der
    Zeigerfang-Palette:

Es wird das Dialogfenster „Einstellungen Zeigerfang" (**60**) geöffnet.

- in der Registerkarte „Ausrichtkante" (**61**) aktivieren Sie die Option „Parallele
  zu Ausrichtkante mit Abstand:" (**62**) und bestimmen Sie in dem Eingabefeld
  den Abstand 0,5 m (**63**) (= die Höhe der Unterkante der Schaufenster über
  dem Bodenniveau)

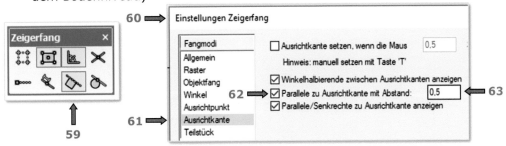

  ◦ aktivieren Sie auch die Fangmodi *An Objekt ausrichten* und
    *An Winkel ausrichten*

Um die untere Fensterreihe umformen zu können, müssen Sie zuerst die
Gruppierung dieser Fenster-Gruppen aufheben.

- aktivieren Sie die untere Fensterreihe (**64**)
  ◦ gehen Sie in der Menüzeile zu dem Befehl:
    *Ändern – Gruppen – Gruppierung auflösen*

Die untere Fensterreihe wird in ihre Einzelteile zerlegt.

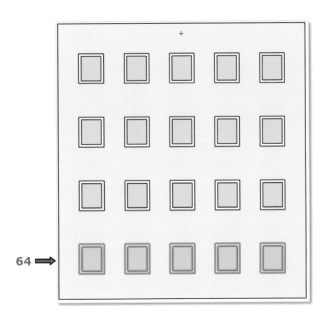

## Umformen

Diese Fenster können jetzt umgeformt werden.
Die Fenster sind weiterhin aktiv.

• aktivieren Sie, in der Konstruktion-Palette, das Werkzeug *Umformen* (**65**) und die
  zweite Methode - *Kante parallel verschieben* (**66**)

Alle charakteristischen Kontrollpunkte der aktiven Objekte werden angezeigt (**67**).

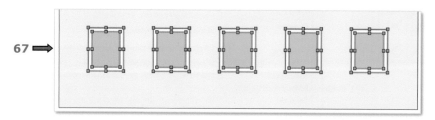

Die Unterkanten der Fenster sollten nach unten verschoben werden.

◦ markieren Sie diese mit einem Rahmen (**68**) → klicken Sie auf den Punkt **1**,
  ziehen Sie den Mauszeiger nach unten rechts, bis zu dem Punkt **2** und lassen
  Sie dann die Maustaste los

◦ bewegen Sie den Mauszeiger über die untere Seite der Fassadenwand (**69**),
  ohne zu drücken

◦ wenn diese von dem Intelligenten Zeiger markiert wird (z. B. mit dem Text-Info
  „Objektkante" oder „Unten Mitte"), drücken Sie die Taste-**T**, um diese als
  Ausrichtkante zu markieren

Es erscheint eine rot gestrichelte Hilfslinie (**70**) → die Ausrichtkante.

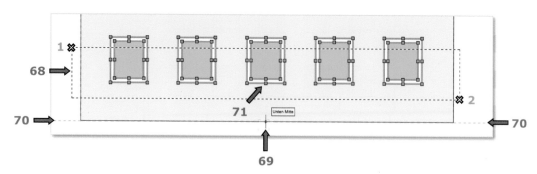

◦ packen Sie jetzt einen darunterliegenden Fensterpunkt (**71**) und ziehen Sie ihn
  gedrückt und senkrecht nach unten (**72**), bis der Intelligente Zeiger den Text
  „90° / Abstand zu ARK" (**73**) anzeigt
  (→ „Parallele zu Ausrichtkante mit Abstand:" 0,5 m)

Der Mauszeiger wird an dieser Stelle leicht angedockt (**74**).

• klicken Sie auf diesen Punkt (**74**)

Alle Unterkanten der Fenster werden (um 70 cm - **75**) nach unten verschoben (50 cm über dem Bodenniveau - **76**).

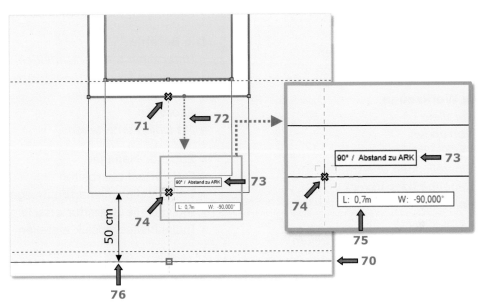

Sie können die restlichen Fenster-Grupppierungen aufheben,
die ganze Fassade, zusammen mit allen Fenstern, aktivieren und dann die
gemeisamen Schnittflächen löschen mit dem Befehl:
*Ändern – Schnittfläche löschen*

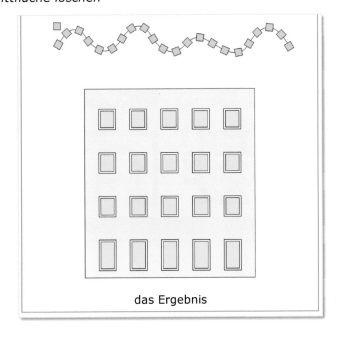

das Ergebnis

# 3. Formen und Farben

INHALT:

- Ein neues Dokument anlegen
- Den Maßstab einstellen
- Die Einheiten einstellen
- Die Plangröße einstellen
- Eine neue Ebene erstellen
- Eine neue Klasse erstellen

**Die Werkzeuge**
- *Parallele*
- *Verrunden*
- *Teilwinkel*
- *Einstellungen übertragen*
- *Regelmäßiges Vieleck*
- *Schneiden*
- *Zerschneiden*
- *Füllung und Textur bearbeiten*

**Die Zeichenhilfe**
- Fangmodus *An Teilstück ausrichten*

**Die Befehle**
- *Unterteilen und zerschneiden*
- *Skalieren*
- *Schnittfläche löschen*
- *Anordnen*
- *Mit Linien unterteilen...*

- Zubehör-Manager
- Farbverlauf bearbeiten
- Individuelle Linienarten anlegen
- Individuelle Schraffur erstellen
- Individuelles Mosaik erstellen

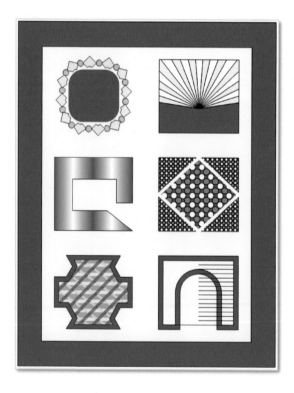

Springer Fachmedien Wiesbaden GmbH, ein Teil von Springer Nature 2021
A. Milinović, *Vectorworks 2021*, https://doi.org/10.1007/978-3-658-31902-1_3

# 3. Formen und Farben

Aufgabe:

Zeichnen Sie einen Bilderrahmen mit mehreren Rechtecken. Bearbeiten Sie jedes Rechteck einzeln in Form und Farbe.
- das Bildformat beträgt 150 x 200 mm
- das Lichtmaß (der sichtbare Bereich vom Bild) (**1**) soll 138 x 188 mm betragen
- die Leistenbreite des Bilderrahmens soll 16 mm betragen
- das Außenmaß der Bilderrahmen ist 170 x 220 mm groß

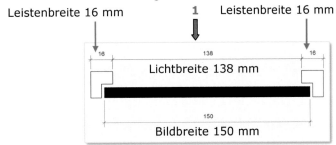

- der Bilderrahmen soll mittig auf dem Plan positioniert werden (x: 0; y: 0)
- der sichtbare Bereich vom Bild (→ Lichtmaß) soll auf 6 gleiche Rechtecke aufgeteilt werden
- diese Rechtecke sollen um 0,75 % skaliert werden
- die Farbe des Bilderrahmens soll in der Standardfarbauswahl/dem Farbkreis (**2**) bestimmt werden: Solid - Rot: 89; Grün: 89; Blau: 160

- die Rechtecke sollen in Form und Farbe, je nach Angaben, bearbeitet werden
- die Füllung-Solid soll zu einem Farbverlauf (**3**) umgewandelt werden
- eine eigene Schraffur (**4**) soll erstellt werden
- ein eigenes Mosaik (**5**) soll erstellt werden
- eine eigene Linienart (**6**) soll erstellt werden

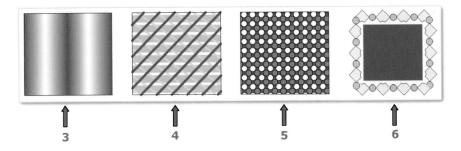

Anleitung:

# Ein neues Dokument anlegen

Starten Sie Vectorworks. Es wird automatisch ein neues Dokument „Ohne Titel1"
geöffnet.
Zeichnen Sie nicht direkt in dieses Dokument, sondern erstellen Sie ein Neues.

**WICHTIG:** Kontrollieren Sie, ob die automatische Sicherung aktiv ist
(siehe S 9 f.)

### Ein neues Dokument

als Vorlage wählen Sie „1_Leeres Dokument.sta", wie unten erklärt:

- in der Menüzeile (**1**) wählen Sie: *Datei* (**2**) – *Neu...* (**3**) aus:
  - in dem nun erscheinenden Dialogfenster „Neues Dokument" (**4**) aktivieren Sie
    die Option „Kopie von Vorgabe öffnen" (**5**)
  - aus dem Aufklappmenü wählen Sie die Vorgabe „1_Leeres Dokument.sta" (**6**)
    aus
  - bestätigen Sie mit OK (**7**)

Es wurde ein neues Dokument, mit den voreingestellten Grundeinstellungen von
Vectorworks, geöffnet:
Einheit: m; Maßstab: 1:100; Ebene: Konstruktionsebene-1; Klassen: Keine,
Bemaßung usw.

Diese Einstellungen werden Sie, in den nächsten Schritten, ändern.

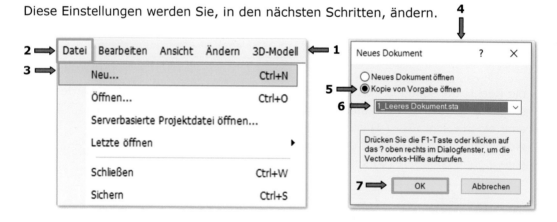

### Den Maßstab festlegen

- diesmal wählen Sie in der Menüzeile:
  *Datei* (**1**) – *Dokument Einstellungen* (**2**) – *Maßstab...* (**3**) aus:
  - in dem gerade geöffneten Dialogfenster „Maßstab" (**4**) tragen Sie in dem
    Gruppenfeld „Maßstab" (**5**) für „1:" 1 (**6**) ein

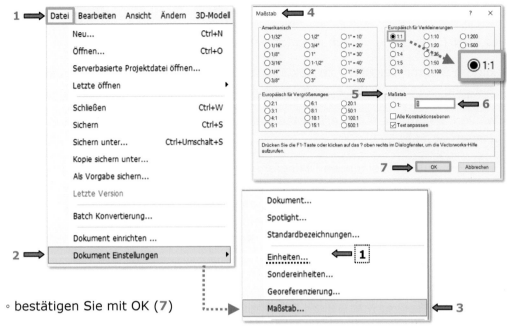

∘ bestätigen Sie mit OK (**7**)

## Die Einheit einstellen

- wählen Sie aus der Menüzeile folgenden Befehl aus:
  *Datei–Dokument Einstellungen–Einheiten...* [**1**]

- das Dialogfenster „Einheiten" (**2**) wird geöffnet, öffnen Sie die Registerkarte
  „Bemaßungen" (**3**):
  ∘ in dem Gruppenfeld „Längen-Einheit" (**4**) wählen Sie folgende Einstellungen
    aus:
    - in dem Aufklappmenü „Einheiten:" (**5**) Millimeter (**6**)
    - „Nachkommastellen:" (**7**) Als Dezimalstellen anzeigen (**8**)
    - „Runden auf:" (**9**) Dezimalstellen für Anzeige: 1
                    Anzeige runden auf: 1

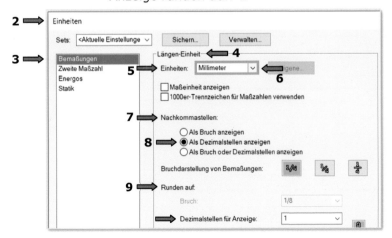

∘ bestätigen Sie mit OK

## Die Plangröße einstellen

Das Blatt („Plangröße...") auf „Hochformat" einstellen:

- klicken Sie, mit der RMT (die Abkürzung **RMT** steht für die **rechte Maustaste**), auf eine leere Stelle der Arbeitsfläche (**1**)

- wählen Sie, aus dem nun erscheinenden Kontextmenü (**2**), den Befehl *Plangröße...* (**3**) aus

  ○ in dem nun erscheinenden Dialogfenster „Plangröße" (**4**) tragen Sie folgende Eingaben in das Gruppenfeld „Seiten" (**5**) ein:
    - „Horizontal:" (die Anzahl der Wiederholungen in x-Richtung)  1 (**6**)
    - „Vertikal:" (die Anzahl der Wiederholungen in y-Richtung)  1 (**7**)
    - klicken Sie auf die Schaltfläche/den Knopf „Drucker und Seiten einrichten..." (**8**)
  ○ im dem danach erscheinenden Dialogfenster „Seite einrichten" (**9**) wählen Sie, in dem Gruppenfeld „Ausrichtung" (**10**), die Option „Hochformat" (**11**) aus
    - für das Papierformat wählen Sie „Papierformat:" A4 (**12**) aus

  ○ bestätigen Sie mit OK, bis alle Dialogfenster geschlossen sind

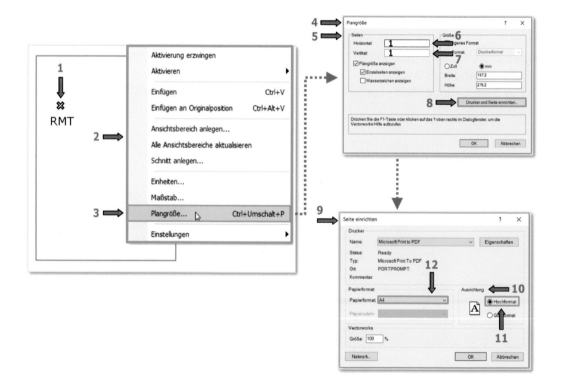

# Eine neue Ebene und Klasse erstellen

## Klassen

Klassen sind neben den Konstruktionsebenen ein Verwaltungssystem, das es ermöglicht, Objekte in Plänen zu sortieren. Sie können alle Objekte, auch solche, die auf unterschiedlichen Konstruktionsebenen liegen oder z. B. Bestandteil eines Symbols sind, in einer Klasse ablegen. In einem Architekturplan würden sich z. B. Klassen wie „Elektroinstallationen", „Außenwände", „Möbel" usw. anbieten.

TIPP: Vectorworks-Klassen funktionieren ähnlich wie – und werden exportiert als – AutoCAD-Layers. Wenn eine Zeichnung für AutoCAD exportiert werden soll, sollten Sie Klassen verwenden, um bestimmte Teile der Zeichnung einfacher ein- und auszublenden. So können Sie z. B. die Möbel vor dem Export des Plans für einen Elektroinstallateur über die Klasse „Möbel" ausblenden.

Klassen weisen folgende Eigenschaften auf.

- Klassen können verwendet werden, um Sichtbarkeiten zu steuern. Da alle Objekte in einer Klasse die gleiche Sichtbarkeit zugewiesen ist, können z. B. alle Objekte der Klasse „Bemaßung" in einem Arbeitsschritt unsichtbar gemacht werden.
- Klassen können dazu verwendet werden, Objekten graphische Attribute, Texturen und Textstile zuzuweisen. Eine Klasse ist also eine Eigenschaft eines Objekts, vergleichbar mit seinen Attributen. Beim Kopieren eines Objekts von einem Dokument in ein anderes wird deshalb auch dessen Klasse mitkopiert.
- Alle Objekte, die neu gezeichnet werden, werden in der gerade aktiven Klasse abgelegt. Die aktive Klasse wird im Einblendmenü **Klasse** in der Darstellungszeile ausgewählt.
- Ein neues Dokument enthält immer automatisch zwei Klassen: die Klasse „Keine" und die Klasse „Bemaßung". Alle Objekte, die Sie zeichnen, werden in die Klasse „Keine" abgelegt, solange Sie keine neue Klasse definieren und diese zur aktiven machen. Alle Bemaßungen werden automatisch in der Klasse „Bemaßung" abgelegt. (Sie können diese Einstellung aber ändern. Beide Standardklassen lassen sich nicht löschen.
- Komplexe Objekte wie Symbole oder Intelligente Objekte können mehr als eine Klasse enthalten. So lassen sich unterschiedliche Teile des Objekts ein- und ausblenden.
- Klasseninformationen können als Filterkriterien für Tabellen verwendet werden. Auf diese Weise lässt sich z. B. bei der Installation von Leitungen die Übersicht über die Kosten behalten. [...] (siehe Vectorworks-Hilfe [1])

## Ebenen

Ohne Einteilung der Elemente einer Zeichnung auf verschiedene Ebenen würde eine sinnvolle Handhabung komplexer Pläne unmöglich. Ebenen strukturieren den Inhalt von Plänen nach bestimmten Kriterien und stellen ein wichtiges Mittel zum Ordnen eines Plans dar. Jedes Objekt, das angelegt wird, befindet sich automatisch auf einer Ebene, daher existiert in jedem neuen Vectorworks-Dokument mindestens eine Ebene.

In Vectorworks gibt es zwei Arten von Ebenen: Konstruktionsebenen und Layoutebenen. Auf den Konstruktionsebenen zeichnen und modellieren Sie Objekte. Layoutebenen dienen der Präsentation von Plänen und können sowohl Objekte als auch Ansichtsbereiche enthalten. Damit sie besser voneinander unterschieden werden können, werden Konstruktionsebenen mit einem dünnen Rahmen und Layoutebenen mit einem breiten grauen Rahmen angezeigt. [...] (siehe Vectorworks-Hilfe [1])

## Konstruktionsebenen

Man kann sich die Konstruktionsebenen eines Dokuments als übereinanderliegende Klarsichtfolien vorstellen. Konstruktionsebenen liegen durchaus wörtlich übereinander. So verdecken Objekte, die sich auf einer weiter oben liegenden Konstruktionsebene befinden, Objekte auf den Konstruktionsebenen darunter. Natürlich kann die Reihenfolge der Konstruktionsebenen jederzeit geändert werden. [...]

Die Konstruktionsebenen von Vectorworks weisen im 3D-Teil des Programms eine besondere Eigenschaft auf: Sie befinden sich einerseits in einer bestimmten Höhe und verfügen andererseits über eine Ausdehnung in z-Richtung (Höhe der Wände). Diese beiden Werte können im Dialogfenster „Konstruktionsebene bearbeiten" unter **Ebenenbasishöhe (z)** und **Ebenenwandhöhe ($\Delta$z)** (Mac) bzw. **Ebenenwandhöhe (±z)** (Windows) bestimmt werden. Die Ebenenbasishöhe bestimmt, auf welcher Höhe die gewählte Konstruktionsebene liegen soll, die Ebenenwandhöhe definiert, wie hoch die Wände auf der Konstruktionsebene sein sollen. [...] (siehe Vectorworks-Hilfe [1])

Die detaillierte oder ausführliche Beschreibung des Befehls/des Werkzeuges finden Sie in Vectorworks Onlinehilfe: Menü *Hilfe – Vectorworks-Hilfe* (siehe Seite 27 ff.)

**1.** Eine neue **Ebene** mit dem Namen „2D-Objekte"

- klicken Sie mit der RMT auf eine leere Stelle auf dem Plan, wie eben gezeigt

- in dem nun erscheinenden Kontextmenü suchen Sie den Befehl *Organisation* aus

  ○ klicken Sie auf die Registerkarte „Konstruktionsebene" (**2**), in dem
    Dialogfenster „Organisation" (**1**), und betätigen Sie die Schaltfläche „Neu…" (**3**)

  ○ in dem Dialogfenster „Neue Konstruktionsebene" (**4**) legen Sie eine neue
    Konstruktionsebene an, tragen Sie in das Eingabefeld –
    „Name:" 2D-Objekte (**5**) ein
  ○ bestätigen Sie mit OK, bis alle Dialogfenster geschlossen sind

**2.** Eine neue **Klasse** mit dem Namen „Rechtecke"

- in dem Dialogfenster „Organisation" (**6**), in der Registerkarte „Klassen" (**7**),
  klicken Sie auf die Schaltfläche „Neu…" (**8**)
  ○ in dem nun erscheinenden Dialogfenster „Neue Klasse" (**9**), legen Sie eine neue
    Klasse namens „Rechtecke" (**10**) an

- bearbeiten Sie die neue Klasse „Rechtecke", indem Sie diese Klasse in dem
  Dialogfenster „Organisation" (**6**) markieren (**11**), (sie wird blau unterlegt)
  und dann auf die Schaltfläche „Bearbeiten…" (**12**) klicken

◦ in dem nun erscheinenden Dialogfenster „Klasse bearbeiten" (**13**), öffnen Sie die Registerkarte „Attribute" (**14**):
◦ aktivieren Sie, in dem Gruppenfeld „Attribute" (**15**), die Option „Automatisch zuweisen" (**16**)

Alle Objekte, die in dieser Klasse gezeichnet werden, bekommen automatisch deren Attribute.

◦ für die Füllung wählen Sie, aus dem Aufklappmenü „Füllung:" (**17**), den Eintrag „Solid" (**18**) aus

Bestimmen Sie, in dem darunterliegenden Aufklappmenü für Farbe (**19**), die gewünschte Solid-Farbe:

- öffnen Sie die Standardfarbauswahl (den Farbkreis) (**20**) und erstellen Sie in dem nun erscheinenden Dialogfenster „Farbe" (**21**), eine Farbe aus der Mischung der drei Primärfarben Rot, Grün und Blau:

Rot: 89; Grün: 89; Blau: 160 (**22**)

◦ bestätigen Sie mit OK

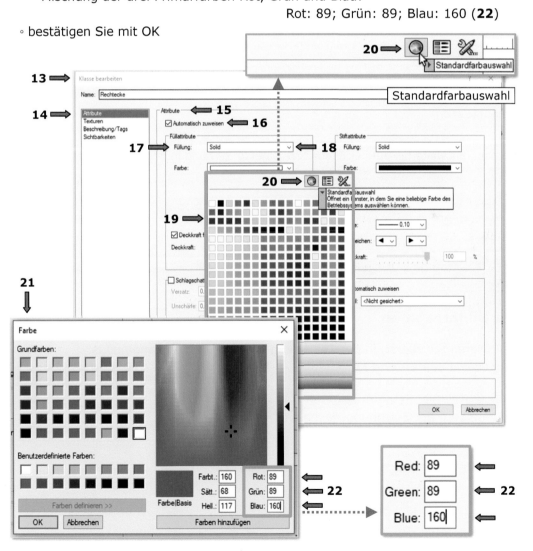

# Rechtecke

### Unterteilen und zerschneiden
Menü „Ändern"
Mit diesem Befehl lassen sich Linien, Kreisbögen, Kreise und Rechtecke in einzelne gleich große Teilstücke bzw. Rechtecke unterteilen. Sie können wahlweise das Originalobjekt oder ein Duplikat davon unterteilen und zerschneiden. [...]
1. Aktivieren Sie die Objekte, die unterteilt und zerschnitten werden sollen.
2. Wählen Sie **Ändern > Unterteilen und zerschneiden**.
3. Nehmen Sie im erscheinenden Dialogfenster die gewünschten Einstellungen vor.
4. Die Objekte werden in gleich große Teilstücke bzw. Rechtecke unterteilt. [...] (siehe Vectorworks-Hilfe [1])

### Skalieren
Menü „Ändern"
Mit diesem Befehl können Sie einzelne oder mehrere aktivierte Objekte oder den ganzen Plan durch Eingabe eines Faktors vergrößern und verkleinern. [...]
Allgemeines
Der Vergrößerungsfaktor für die x- und y-Richtung kann unterschiedlich (asymmetrisch) sein oder anhand einer Referenzlänge berechnet werden. Ein Faktor größer als 1 vergrößert Objekte, ein Faktor unter 1 verkleinert sie. Ein einzelnes Objekt wird so skaliert, dass sein Mittelpunkt erhalten bleibt. Mehrere Objekte werden so skaliert, dass ihr gemeinsamer Mittelpunkt erhalten bleibt. [...] (siehe Vectorworks-Hilfe)
1. „Anzahl Teile" – Bestimmen Sie hier, in wie viele Teilstücke die aktivierten Linien, Kreise und Kreisbögen geteilt werden sollen. Die eingegebene Zahl muss größer als „1" sein.
2. „Rechteck" – Hier legen Sie fest, in wie viele Rechtecke die aktivierten Rechtecke in x- bzw. y-Richtung unterteilt werden. Geben Sie in einem der Felder den Wert „1" ein, behalten die Rechtecke die Höhe bzw. Breite des ursprünglichen Rechtecks.
3. „Original erhalten" – Aktivieren Sie diese Option, wird eine Kopie des Objekts unterteilt und zerschnitten. Das Originalobjekt bleibt erhalten.
4. „Aktiviert lassen" – Ist diese Option eingeschaltet, bleibt das Originalobjekt aktiviert. Ist sie ausgeschaltet, werden nur die erzeugten Teilstücke aktiviert. [...] (siehe Vectorworks-Hilfe [1])
(siehe Seite 27 ff.)

Zeichnen Sie weiterhin auf der Ebene „2D-Objekte" (**1**) und in der Klasse „Rechtecke" (**2**) (diese müssen beide aktiv sein).

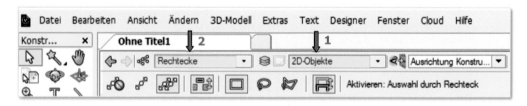

# Der Bilderrahmen

• aktivieren Sie zuerst, in der Zeigerfang-Palette (**1**), den Fangmodus
*An Objekt ausrichten* (**2**)

Ein Bilderrahmen mit dem Lichtmaß 138 x 188 cm (**3**) soll mittig auf der Zeichnungsfläche A4 (= Planmitte) gezeichnet werden.

Das Lichtmaß ist das Maß für den tatsächlich sichtbaren Teil des Bildes.

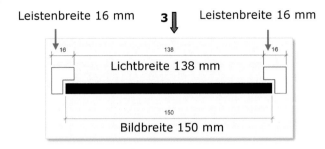

Leistenbreite 16 mm    **3**    Leistenbreite 16 mm

16     138     16

Lichtbreite 138 mm

150

Bildbreite 150 mm

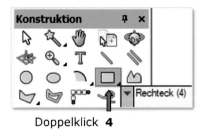

Doppelklick **4**

Anleitung:

- zeichnen Sie ein Rechteck 138 x 188 mm, mit einem Doppelklick auf das Werkzeug *Rechteck* (**4**) (über das Dialogfenster „Objekt anlegen"):
  - das Dialogfenster „Objekt anlegen - Rechteck" (**5**) wird geöffnet:
    - tragen Sie für die Lichtbreite Δx: 138 mm (**6**) und für die Lichthöhe Δy: 188 mm (**7**) ein
    - fixieren Sie den mittleren Punkt (**8**) in der schematischen Darstellung
    - mit der Option „Nächster Klick" (**9**) bestimmen Sie den Einfügepunkt des Rechtecks in der Zeichnung
    - bestätigen Sie die Einträge in dem Dialogfenster mit OK

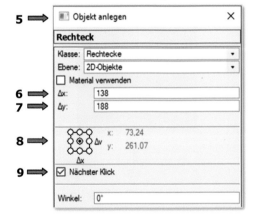

- klicken Sie auf die Planmitte (= x: 0; y: 0) → (**10**)

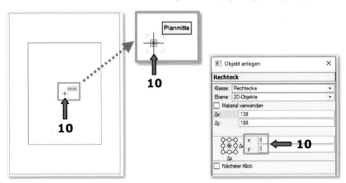

das Ergebnis

Eine Leiste mit der Breite 16 mm soll gezeichnet werden.

Das gezeichnete Rechteck ist noch aktiv.

- mit dem Werkzeug *Parallele*  , aus der Konstruktion-Palette, erstellen Sie die Leisten des Bilderrahmens:
  - in der Methodenzeile wählen Sie die erste - *Mit bestimmten Abstand* (**11**) und die dritte Methode - *Originalobjekt behalten* (**12**) aus

Der Abstand zwischen den zwei Parallelen soll 16 mm (**13**) betragen.

- klicken Sie außerhalb des Rechtecks (**14**), damit die Parallele außerhalb des Rechtecks erzeugt wird (**15**)

Die Parallele bleibt aktiv und ist in dem Vordergrund angeordnet (**15**).

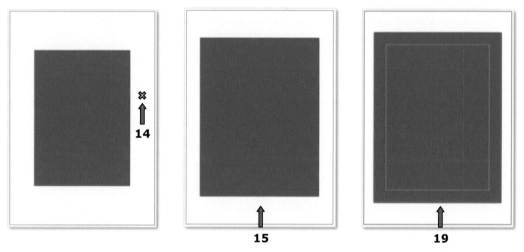

Die gemeinsame Schnittfläche von beiden Rechtecken soll gelöscht werden.

Die Reihenfolge der Objekte bei dem Befehl *Schnittfläche löschen* ist wichtig.
Das schneidende Objekt muss in dem Vordergrund stehen.

- ordnen Sie das große Rechteck nach hinten an, indem Sie den folgenden Befehl in der Menüzeile auswählen:
  *Ändern* (**16**) – *Anordnen* (**17**) – *In den Hintergrund* (**18**)

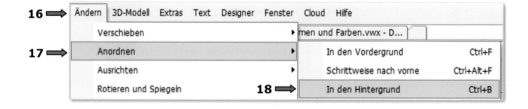

- aktivieren Sie beide Rechtecke (**19**)

- wählen Sie den Befehl in der Menüzeile: *Ändern – Schnittfläche löschen* aus

Das kleinere Rechteck wurde aus dem größeren ausgeschnitten, aber nicht gelöscht.

Es ist noch aktiv.

## Unterteilen und zerschneiden

Dieses Rechteck (= der sichtbare Bereich vom Bild) soll auf sechs gleich große Rechtecke unterteilt und zerschnitten werden.

**Unterteilen und zerschneiden**
**Menü „Ändern"**
Mit diesem Befehl lassen sich Linien, Kreisbögen, Kreise und Rechtecke in einzelne gleich große Teilstücke bzw. Rechtecke unterteilen. Sie können wahlweise das Originalobjekt oder ein Duplikat davon unterteilen und zerschneiden. [...] (siehe Vectorworks-Hilfe [1])

- unterteilen Sie das Rechteck mit dem folgenden Befehl aus der Menüzeile: *Ändern – Unterteilen und zerschneiden...* (**20**):

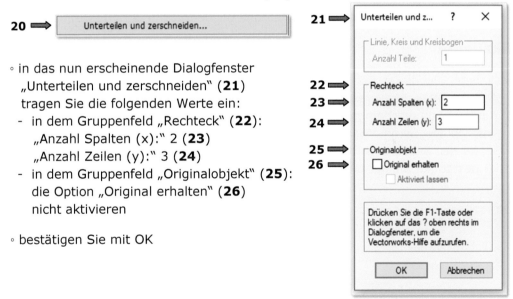

- in das nun erscheinende Dialogfenster „Unterteilen und zerschneiden" (**21**) tragen Sie die folgenden Werte ein:
  - in dem Gruppenfeld „Rechteck" (**22**):
    „Anzahl Spalten (x):" 2 (**23**)
    „Anzahl Zeilen (y):" 3 (**24**)
  - in dem Gruppenfeld „Originalobjekt" (**25**): die Option „Original erhalten" (**26**) nicht aktivieren

- bestätigen Sie mit OK

Die Fläche des Rechtecks wurde auf sechs gleich große Rechtecke unterteilt und zerschnitten (**27**).
Alle unterteilten Rechtecke sind noch aktiv (**27**).

Sie sollten so skaliert werden, dass ihre Seitenverhältnisse gleichbleiben.

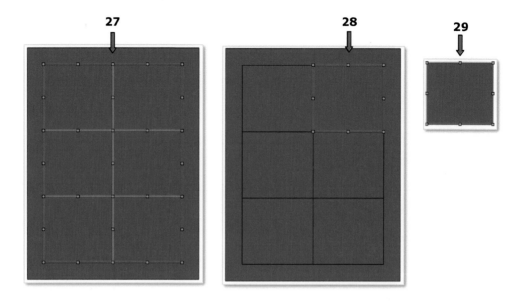

- aktivieren Sie nur eins von den sechs Rechtecken (**28**) und kopieren Sie es zur Seite (**29**).
  (→ die Drücken-Ziehen-Loslassen-Methode bei gedrückter Strg-Taste)

## Skalieren

- skalieren Sie dieses Rechteck mit dem Befehl *Skalieren* um 0,75%:
  *Ändern* (**30**) – *Skalieren…* (**31**):
  - in dem nun erscheinenden Dialogfenster „Objekte skalieren" (**32**) wählen Sie die Option „Symmetrisch" (**33**) aus:
    - für den Skalierungsfaktor „x, y, z-Faktor:" tragen Sie 0,75 (**34**) ein
    - bestätigen Sie mit OK

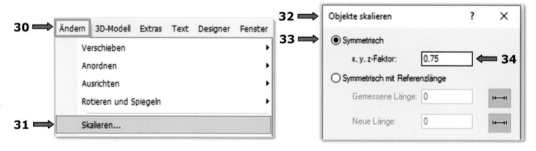

Das Rechteck wurde um den Skalierungsfaktor 0,75 symmetrisch skaliert.
In der Info-Objekt-Palette können Sie die neuen Maße ablesen (= 52 x 47 mm) (**35**).
Alle sechs Rechtecke sollen diese neue Maße (52 x 47 mm) erhalten.

- aktivieren Sie wieder alle sechs Rechtecke (**27**)
  - kontrollieren Sie, ob diese in der Info-Objekte-Palette angezeigt werden (**36**)

- **WICHTIG**:  Fixieren Sie zuerst den mittleren Punkt in der schematischen
  Darstellung (**37**).
- ändern Sie die Maße:
  - Δx: in 52 mm (**38**)
  - Δy: in 47 mm (**39**)

Alt
**29** ⟹

Neu
**35** ⟹

Alle sechs Rechtecke werden gleichzeitig um ihren Mittelpunkt (**37**) skaliert (**40**).

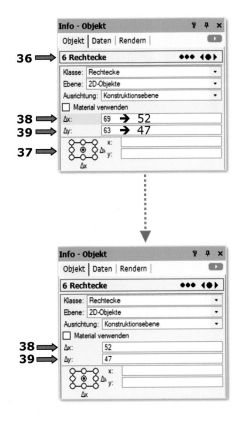

**40**

Diese sechs Rechtecke sollen nun unterschiedlich, in Form und Farbe, bearbeitet werden.

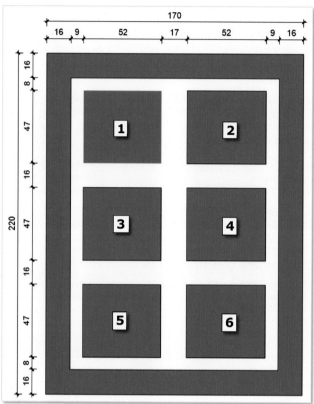

## 3.1   Rechteck **1**

Ändern Sie die Maße von <u>Rechteck **1**</u> auf 35 x 35 mm
in der Info-Objekt–Palette und
verrunden Sie seine Ecken mit dem Radius 10 mm.

Anleitung:

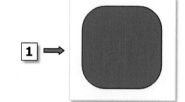

**Infopalette**
**Allgemeines**
Die Infopalette ist neben der Maus das wichtigste Instrument, um bestehende Objekte zu bearbeiten: sie umzuformen, in einer anderen Klasse abzulegen, mit einer Datenbank zu verknüpfen, mit einem Material zu versehen usw. [...] (siehe Vectorworks-Hilfe **1**)

- aktivieren Sie <u>Rechteck **1**</u> (**1**)

- ändern Sie seine Größe in der Info-Objekt-Palette (**2**):
  - fixieren Sie den Mittelpunkt (**3**) in der schematischen Darstellung
  - tragen Sie folgende Werte in das Eingabefeld ein:
    - Δx: 52  → 35 mm (**4**)
    - Δy: 47  → 35 mm (**5**)
(→ das Ergebnis **6**)

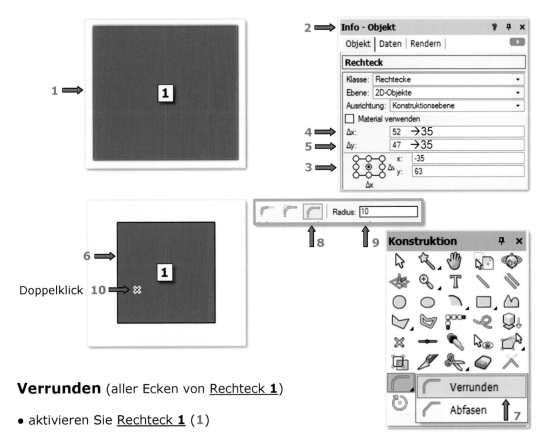

**Verrunden** (aller Ecken von <u>Rechteck **1**</u>)

- aktivieren Sie <u>Rechteck **1**</u> (**1**)

- wählen Sie in der Konstruktion-Palette das Werkzeug *Verrunden* (**7**) und in der
  Methodenzeile die dritte Methode - *Teilstücke löschen* (**8**) aus
  - geben Sie einen Radius: von 10 mm ein (**9**)

**Objekte verrunden**
Mit dem Werkzeug Verrunden  [icon]  (Werkzeugpalette „Konstruktion") können Sie zwei Objektkanten (Linien,
Rechteckseiten, Kreise usw.) mit einem tangentialen Kreisbogen mit beliebigem Radius miteinander verbinden.
Sie müssen dazu lediglich eine Leitlinie von einer Kante zur anderen ziehen.
Das Werkzeug Verrunden kann auf Linien, Rechtecke, Polygone, Polylinien, Kreise, Kreisbogen und NURBS-Kur-
ven angewandt werden. Es lassen sich nicht nur zwei gleichartige Objekte mit einem tangentialen Kreisbogen
verbinden. Es ist z. B. auch möglich, einen Kreis und eine Linie zu verrunden. [...] (siehe Vectorworks-Hilfe [1])
[...] **Teilstücke löschen**  [icon]
Ist diese Methode aktiviert, werden die bearbeiteten Objektkanten zerschnitten und die überstehenden Teilstücke
gelöscht. [...] (siehe Vectorworks-Hilfe [1])

- doppelklicken Sie auf <u>Rechteck **1**</u> (**10**) → so werden **alle** seine Ecken
  verrundet (**11**)

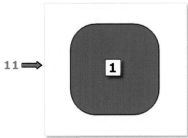

## 3.2 Rechteck 2

Aufgabe:

Teilen Sie die oberen zwei Drittel von Rechteck 2
in 21 Winkel auf und ändern Sie die Farben
der Teilwinkel abwechselnd in Weiß und Hellblau.

In der Zeigerfang-Palette müssen die Fangmodi
  *An Objekt ausrichten* (**1**)
  *An Winkel ausrichten* (**2**)
  *An Punkt ausrichten* (**3**)
  *An Teilstück ausrichten* (**4**) eingeschaltet sein.

Anleitung:

### Der Fangmodus - An Teilstück ausrichten

- bei dem Fangmodus *An Teilstück ausrichten* (**4**) legen Sie die Teilungsart auf $^1/_3$
  fest:
  - mit einem Doppelklick auf das Symbol *An Teilstück ausrichten* (**4**) öffnen Sie
    das Dialogfenster „Einstellungen Zeigerfang" (**5**)
  - in diesem wird automatisch die
    Registerkarte „Teilstück" (**6**) geöffnet

    - in dem Gruppenfeld „Teilungsart" (**7**)
      wählen Sie die Option „Bruch" (**8**) aus
    - tragen Sie in das rechts liegende
      Eingabefeld   $^1/_3$ (**9**) ein

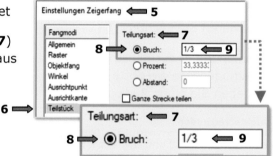

Das Werkzeug *Teilwinkel* (**11**) kann einen Winkel zwischen zwei Linien auf beliebig
viele Teilwinkel unterteilen.
Das Werkzeug befindet sich in der Konstruktion-Palette und ist ein Unterwerkzeug
des Werkzeugs *Unterteilen* (**10**):

- klicken Sie mit der RMT
  auf das Werkzeug *Unterteilen* (**10**)

Das Werkzeug *Teilwinkel* (**11**) wird
rechts eingeblendet und kann aktiviert
werden.

Zeichnen Sie zwei waagerechte Hilfslinien. Diese werden zu Schenkeln des
teilenden Winkels.

● wählen Sie das Werkzeug *Linie* 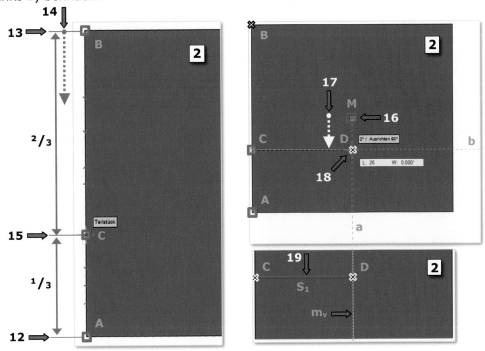 aus

Der Anfangspunkt der Linie soll sich auf dem unteren Drittel der linken Seite (Punkt C) befinden:

Der Intelligente Zeiger und die eingeschalteten Fangmodi helfen Ihnen den Punkt C zu finden:

- mit dem aktiven Werkzeug *Linie* bewegen Sie den Mauszeiger, ohne zu drücken, über den Punkt A (= untere linke Ecke von Rechteck 2) (**12**) →
  der intelligente Zeiger markiert diesen Punkt mit einem roten Quadrat
- bewegen Sie danach den Mauszeiger über den Punkt B (= obere linke Ecke von Rechteck 2) (**13**) → der intelligente Zeiger markiert auch diesen Punkt
- weiterhin, ohne zu drücken, bewegen Sie den Mauszeiger nach unten, entlang der linken Seite von Rechteck (**14**) → der intelligente Zeiger zeigt die 1/3 Teilungen auf dieser Seite an
- klicken Sie auf das angezeigte untere Drittel (= Ausrichtpunkt C) (**15**)

Den Endpunkt der (waagerechten) Linie finden Sie auch mit Hilfe des eingeschalteten Fangmodus *An Punkt ausrichten* → der Endpunkt befindet sich auf der senkrechten Mittelachse (mv) von Rechteck 2 (= Punkt D):

- nach dem ersten Klick auf Punkt C (**15**) bewegen Sie den Mauszeiger über den Mittelpunkt von Rechteck 2 (→ Ausrichtpunkt M) (**16**).
- wenn der intelligente Zeiger diesen Punkt markiert, bewegen Sie den Mauszeiger nach unten (**17**)

Es wird eine grün gestrichelte Hilfslinie (a) angezeigt.

- bewegen Sie den Mauszeiger entlang dieser Hilfsline bis eine zweite
  waagerechte rot gestrichelte Hilfslinie (**b**) erscheint.
- ◦ klicken Sie auf den Schnittpunkt beider Hilfslinien (**a**, **b**) (**18**)

Der erste Winkelschenkel (**S₁**), der zu teilenden Winkel, wurde gezeichnet (**19**)

- • den zweiten Winkelschenkel (**S₂**) zeichnen Sie von Punkt **D** waagerecht zur
  rechten Seite von <u>Rechteck</u> **2** (Punkt **E**) (**20**)

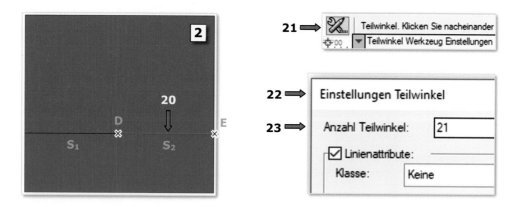

## Teilwinkel

- • aktivieren sie das Werkzeug *Teilwinkel* 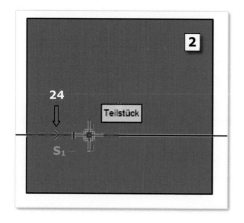 (**11**) in der Konstruktion-Palette

  - ◦ wählen Sie die erste Methode - *Teilwinkel Werkzeug Einstellungen* (**21**) aus
  - - in dem nun erscheinenden Dialogfenster „Einstellungen Teilwinkel" (**22**)
    geben Sie vor in wie viele Teile der Winkel geteilt werden soll:
    „Anzahl Teilwinkel:" 21 (**23**)
  - - bestätigen Sie mit OK

  - ◦ klicken Sie zuerst auf den ersten konstruierten Winkelschenkel (**S₁**) (**24**), dann
    auf den zweiten (**S₂**) (**25**)

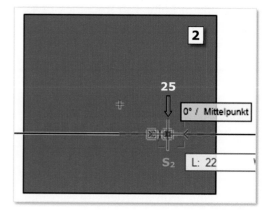

○ bewegen Sie den Mauszeiger nach oben

Die winkelteilenden Linien werden grau angezeigt (**26**).

○ bewegen Sie den Mauszeiger weiterhin nach oben, bis alle Winkelteilenden aus
Rechteck **2** herausragen

○ klicken Sie ein drittes Mal (**27**)

Die Winkelteilenden wurden gezeichnet (**28**).

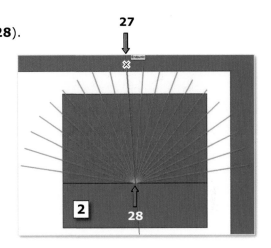

Die Fläche von Rechteck **2** soll, mit den gezeichneten Winkelteilenden,
ausgeschnitten werden.
Die Winkelteilenden sind noch aktiv (**28**).

● bei gedrückter Umschalttaste aktivieren Sie zusätzlich Rechteck **2** (**29**)

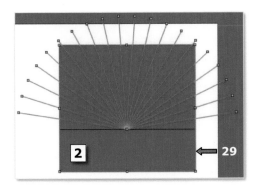
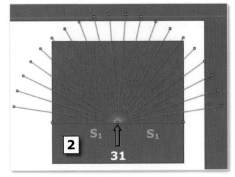

● gehen Sie zu dem folgenden Befehl in der Menüzeile:
*Ändern – Schnittfläche löschen* (**30**)

Die Schnittfläche wurde gelöscht.

**30**

● aktivieren Sie alle Winkelteilenden und zwei Hilfslinien ($S_1$, $S_2$) (**31**)

● löschen Sie diese mit der Entf-Taste

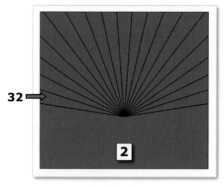

das Ergebnis

Die Füllfarbe der entstandenen Dreiecke soll, abwechselnd in Hellblau und Weiß, geändert werden.

- aktivieren Sie das erste Dreieck (**32**) und ändern Sie seine (Klassenstil-) Farbe (**33**), in der Attribute-Palette (**34**):
  - klicken Sie auf das Aufklappmenü „Füllung" (**35**) und wählen Sie, für die Füllung (**36**), den Eintrag „Solid" (**37**) aus
  - klicken Sie in das Vorschau-Fenster **Füllfarbe** (**38**)

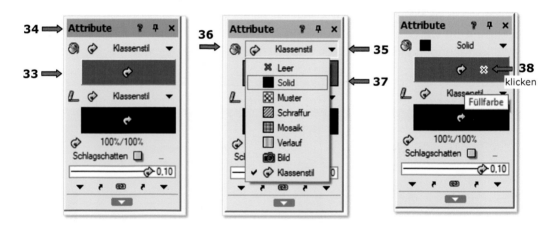

  - in dem nun erscheinenden Einblendmenü „Farbe" (**39**) aktivieren Sie die Farbpalette **Vectorworks Classic** (**40**) → deren Farben werden oben angezeigt (**41**)
  - wählen Sie die Farbe Classic 081 (**42**) aus

Einblendmenü „Farbe" (**39**)

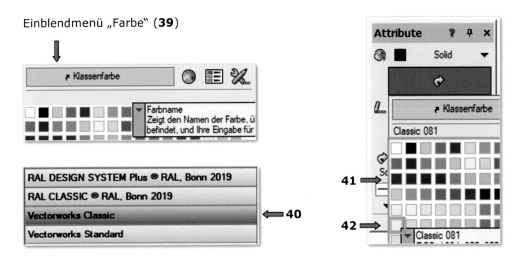

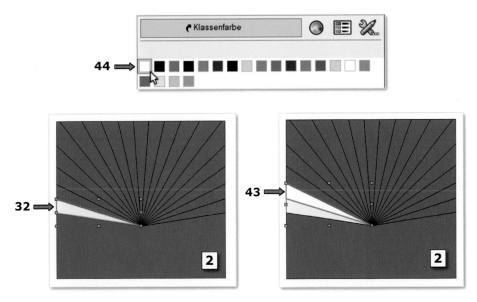

- aktivieren Sie das zweite Dreieck (**43**) und ändern Sie dessen (Klassenstil-) Farbe (**33**), in der Attribute-Palette, in Weiß (**44**) um

## Einstellungen übertragen

- übertragen Sie die Farbe (→ Solid - Classic 081- **42**) des ersten Dreiecks/Polygons auf jedes zweite Dreieck, mit dem Werkzeug *Einstellungen übertragen* 🖫 (→ Pipettenzeiger) (**46**), aus der Konstruktion-Palette (**45**)

**Einstellungen übertragen**
Mit dem Werkzeug **Einstellungen übertragen** 🖫 (Werkzeugpalette „Konstruktion") können Sie Attribute wie Liniendicken, Farben oder Klassenstil, aber auch die Klassenzugehörigkeit, die Verknüpfung mit einer Datenbank oder Einstellungen für Ansichtsbereiche von einem Objekt auf ein anderes übertragen oder diese Attribute zur Grundeinstellung machen [...]
[...] Aktivieren Sie das erste Methodensymbol und klicken mit dem Pipettenzeiger in das Objekt, dessen Attribute Sie kopieren wollen [...] Aktivieren Sie das zweite Methodensymbol und klicken Sie mit dem Fülleimerzeiger auf das Objekt, dem Sie die kopierten Attribute zuweisen wollen, [...]
(siehe Vectorworks-Hilfe ¹)

◦ wählen Sie in der Methodenzeile die dritte Methode - *Einstellungen übertragen* 
 ✂ (**47**) aus
 - aktivieren Sie, in dem nun erscheinenden Dialogfenster „Einstellungen übertragen" (**48**), die Option „Hintergrundfarbe" (**49**)
 - bestätigen Sie mit OK

◦ klicken Sie zuerst mit dem Pipettenzeiger 🖋 (**50**) (das erste Methodensymbol) in das erste Dreieck (**52**) (wessen Farbe Sie kopieren wollen)

◦ klicken Sie dann mit dem Fülleimerzeiger 🖌 (**51**) (das zweite Methodensymbol) auf das dritte Dreieck (**53**) (welchem Sie die Farbe zuweisen wollen)

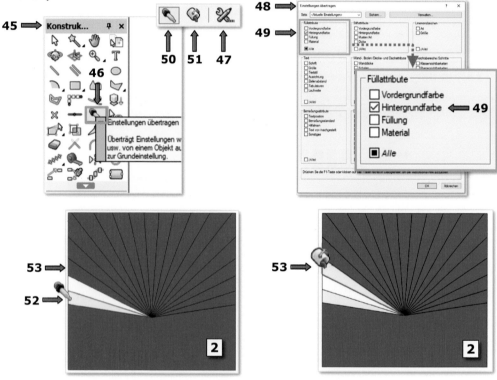

• wiederholen Sie dies bei jedem zweiten Dreieck/Polygon (**54**)

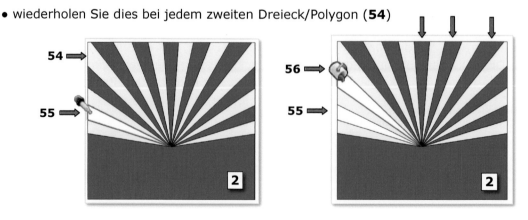

130

- übertragen Sie die Farbe des zweiten Dreiecks/Polygons (Solid - Weiß **44**) (**55**) auf die verbleibenden Dreiecke (**56**), mit dem Werkzeug *Einstellungen übertragen* 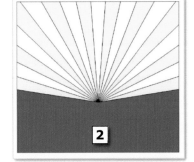 (Pipettenzeiger) (**46**)

## 3.3   Rechteck **3**

Aufgabe:

Schneiden Sie eine polygonale Fläche aus Rechteck **3** aus.

Schalten Sie die Fangmodi:

*An Objekt ausrichten*
*An Winkel ausrichten* ein

Anleitung:

## Schneiden

**Werkzeugpalette „Konstruktion" - „Schneiden"**  (**1**)

„Mit diesem Werkzeug können Sie Flächen und Linien schneiden, indem Sie einen Rahmen in Form eines Rechtecks, eines Polygons oder eines Kreises um die zu schneidende Fläche zeichnen. Die Maße des Rahmens können Sie auch während des Zeichnens in die Objektmaßanzeige eingeben. Wände, Gruppen und Symbole lassen sich mit dem Werkzeug **Schneiden** nicht bearbeiten.
Bei dem Werkzeug ***Schneiden*** muss das zu bearbeitende Objekt aktiv sein!
[…] Haben Sie das Werkzeug **Schneiden** bereits aktiviert, bevor Sie ein Objekt aktiviert haben, können Sie das Objekt nachträglich mit gedrückter Alt-Taste (Windows) bzw. Befehlstaste (Mac) aktivieren." […]
(siehe Vectorworks-Hilfe **1**)

Eine polygonale Fläche soll aus Rechteck **3** ausgeschnitten werden:

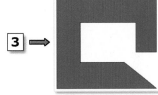

- aktivieren Sie Rechteck **3** (**1**)

- wählen Sie das Werkzeug *Schneiden* (**2**), aus der Konstruktion–Palette, aus
  ◦ in der Methodenzeile wählen Sie die erste - *Schnittfläche löschen* (**3**) und die fünfte Methode - *Polygon* (**4**) aus

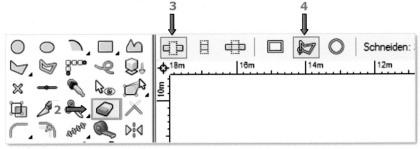

- zeichnen Sie das Polygon, wie unten gezeigt, von Punkt **1** bis Punkt **8** (geben Sie die entsprechenden Maße während des Zeichnens in der Objektmaßanzeige ein) (**5**)    `L: 18   W: 90°` ⬅ **5**

Von Punkt **1** bis Punkt **2**:
- starten Sie mit einem Klick auf Punkt **1** (**6**)
- bewegen Sie den Mauszeiger senkrecht nach oben (**7**), die Objektmaßanzeige erscheint (**8**)
- betätigen Sie die Tabulatortaste `⇆`

Der Mauszeiger springt in das erste Eingabefeld der Objektmaßanzeige.
- setzen Sie den Wert für die Länge L: 18 mm (**9**), über die Tastatur, ein
- bestätigen Sie die Eingabe mit der Eingabetaste `↵`

Vectorworks zeigt unmittelbar danach einen rot gestrichelten Hilfskreis (**10**), mit dem Radius 18 mm (um den Anfangspunkt **1**) an.
Das Winkelmaß wird von dem Intelligenten Zeiger vorgeschlagen → 90° (**11**) (durch den aktiven Fangmodus *An Winkel ausrichten*).

- bestätigen Sie die Winkeleingabe mit der Eingabetaste
- klicken sie auf Punkt **2**

Von Punkt **2** bis Punkt **3**:
- bewegen Sie den Mauszeiger nach links (**12**) und tragen Sie die Werte:
  L: 11; W: 180° (**13**) in die Objektmaßanzeige ein
- bestätigen Sie zwei Mal mit der Eingabetaste

- wiederholen Sie dies für die weiteren Punkte (**4**, **5**, **6**, **7**) wie auf Abbildung **14** dargestellt

- schließen Sie den letzten Polygonzug mit einem Klick auf den Startpunkt **1/8** ab (**15**)

| Vom Punkt **1** zu Punkt **2** | Vom Punkt **2** zu Punkt **3** |

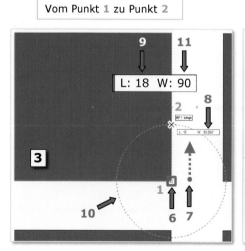
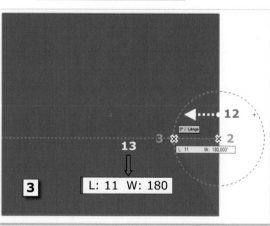

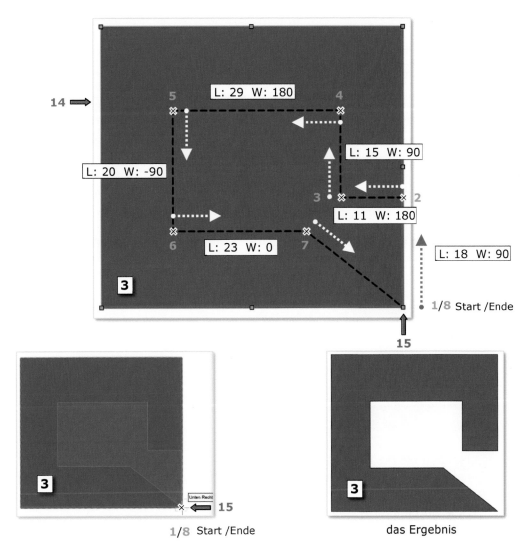

L: 29  W: 180

L: 15  W: 90

L: 20  W: -90

L: 11  W: 180

L: 23  W: 0

L: 18  W: 90

1/8 Start /Ende

15

1/8 Start /Ende

das Ergebnis

## 3.4   Rechteck **4**

Aufgabe:

Zerschneiden Sie <u>Rechteck</u> **4** auf vier Polylinien
(vier Dreiecke) und zeichnen Sie eine Raute in der Mitte.

Anleitung:

<u>Rechteck</u> **4** auf vier Dreiecke/Polylinien zerschneiden:

- wählen Sie das Werkzeug *Zerschneiden* (**1**),
  aus der Konstruktion-Palette,
  die zweite - *Mit Leitlinie* (**2**) und
  die vierte Methode - *Alle Objekte* (**3**) aus

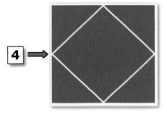

# Zerschneiden

### Objekte zerschneiden

Das Werkzeug **Zerschneiden** ![icon] (Werkzeugpalette „Konstruktion") zerschneidet Objekte (Linien, Rechtecke, Polylinien, Polygone, Kreisbögen, Kreise, NURBS-Kurven, NURBS-Flächen, Wände, Böden/Decken, Dachflächen und 3D-Polygone). Sie können entweder mit dem Mauszeiger einen oder mehrere Punkte bestimmen, an dem das Objekt zerschnitten werden soll, oder das Objekt mit einer Leitlinie zerschneiden. Dabei können die Objekte auch in andere Objekttypen umgewandelt werden, beispielsweise wird aus einem Rechteck nach dem Schneiden eine Polylinie oder ein Polygon. [...]

[...] **Mit Leitlinie** ![icon]

Haben Sie diese Methode aktiviert, werden die Objekte an den Punkten zerschnitten, durch die Sie eine Leitlinie ziehen. Mit dieser Methode lassen sich auch Böden/Decken und Dachflächen zerschneiden. [...]
(siehe Vectorworks-Hilfe ¹)

- ziehen Sie eine Linie (**4**) von der Mitte der linken Seite (**1**) bis zur Mitte der oberen Seite (**2**) von <u>Rechteck **4**</u>

<u>Rechteck **4**</u> wurde in zwei Teile zerlegt (**A**+**B**). Aus dem Rechteck (**6**) sind zwei Polylinien entstanden (siehe Info-Objekt-Palette - **7**)

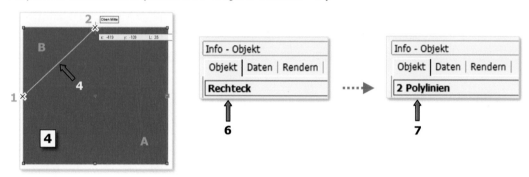

- zerschneiden Sie die Ecke (**C**):
  - ziehen Sie eine Linie von Punkt **2** bis zum Mittelpunkt der rechten Seite/Punkt **3** (**8**)

<u>Rechteck **4**</u> wurde in drei Polylinien zerlegt (**A**+**B**+**C**).

- zerschneiden Sie die verbleibenden Ecken von <u>Rechteck **4**</u> (**D**):
  - ziehen Sie eine Linie von Punkt **3** bis zum Mittelpunkt der unteren Seite/Punkt **4** (**9**)

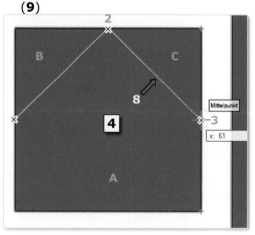
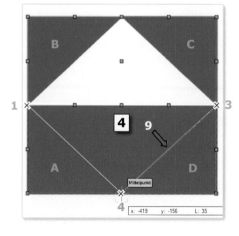

◦ ziehen Sie eine Linie von Punkt **4** bis zum Punkt **1**

Es sind vier gleiche offene Polylinien (**A**+**B**+**C**+**D**) (**10**) und eine leere Fläche (**E**)
(→ in Form einer Raute) in der Mitte, entstanden (**11**).

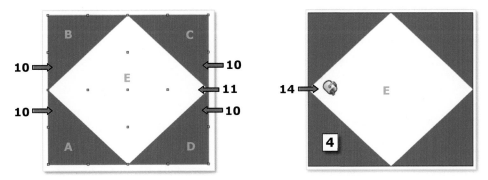

● füllen Sie die leere Fläche (**E**) mit einem Polygon aus:
   wählen Sie in der Konstruktion-Palette das Werkzeug *Polygon* (**12**) und die zweite
   Methode - *Aus umschließenden Objekten* (**13**) aus
   ◦ klicken Sie in die leere Fläche (**E**) (**14**)

Es wurde eine offene Polylinie gezeichnet (**15**).

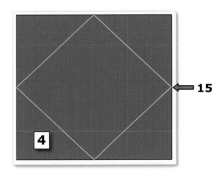

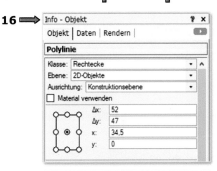

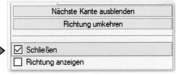

● schließen Sie die Polylinie mit dem Befehl
   *Schließen* (**17**), in der Info-Objekt-Palette (**16**)

● ändern Sie die Linienfarbe und Liniendicke
   der Polylinie:

   Linienfarbe in Weiß (**18**)
   Liniendicke in 2,00 (**19**)

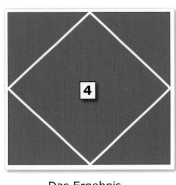

Das Ergebnis

## 3.5 Rechteck 5

Aufgabe:

Schneiden Sie vier regelmäßige Sechsecke (Seitenlänge 8 mm)
aus Rechteck 5 aus.
Zeichnen Sie, zu der resultierenden Fläche,
eine Parallele mit dem Abstand 3 mm.

Anleitung:

## Regelmäßiges Vieleck

Das regelmäßige Sechseck wird mit dem Werkzeug *Regelmäßiges Vieleck* (2)
(→ ein Unterwerkzeug des Werkzeugs *Polygon* - 1) gezeichnet:

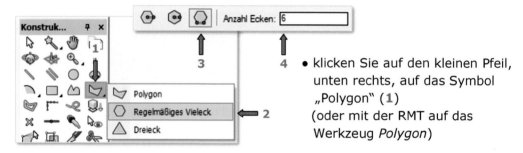

- klicken Sie auf den kleinen Pfeil,
  unten rechts, auf das Symbol
  „Polygon" (1)
  (oder mit der RMT auf das
  Werkzeug *Polygon*)

Das Symbol „Polygon" (1) öffnet sich und zeigt zwei weitere Unterwerkzeuge an.

- wählen Sie das Werkzeug *Regelmäßiges Vieleck* (2) aus
  ◦ in der Menüzeile wählen Sie die dritte Methode - *Definiert durch Seite* (3) aus
  ◦ die Anzahl der Ecken soll 6 betragen → „Anzahl Ecken:" 6 (4)

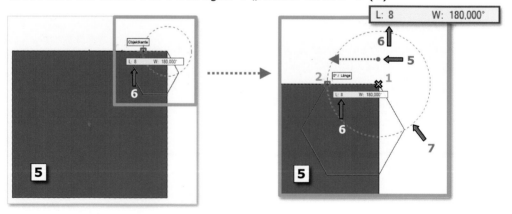

Starten Sie bei der oberen rechten Ecke von Rechteck 5.

◦ klicken Sie auf die obere rechte Ecke (1) von Rechteck 5 und bewegen Sie den
  Mauszeiger nach links (5):

◦ in die nun erscheinende Objektmaßanzeige tragen Sie die Seitenlänge 8 mm ein, L: 8 (**6**)

◦ bestätigen Sie mit OK

Ein rot gestrichelter Hilfskreis (**7**) wird angezeigt.

• klicken Sie auf den Schnittpunkt des Hilfskreises und der oberen Seite von Rechteck **5** (→ Punkt **2**)

Das Sechseck wurde oben rechts gezeichnet (**8**).

• spiegeln Sie es, an der linken oberen Ecke, mit dem Werkzeug *Spiegeln* und mit der zweiten Methode - *Duplikat*

Die Spiegelachse soll senkrecht durch die Mitte von Rechteck **5** verlaufen (**9**).

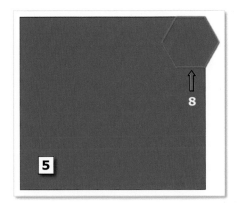
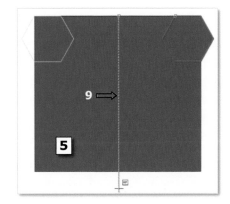

• aktivieren Sie beide, oben gezeichneten, Sechsecke und spiegeln Sie diese nach unten

Die Spiegelachse soll waagerecht durch die Mitte von Rechteck **5** verlaufen (**10**).

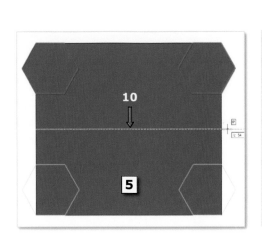
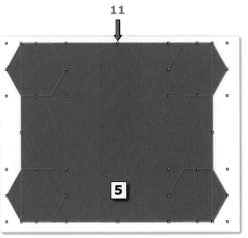

## Schnittfläche löschen

- aktivieren Sie alle vier Sechsecke und <u>Rechteck **5**</u> (**11**) und gehen Sie in der
  Menüzeile zu dem Befehl:
  *Ändern – Schnittfläche löschen*

Die Schnittfläche wurde aus <u>Rechteck **5**</u> ausgeschnitten.

- die Sechsecke sind noch aktiv und können jetzt
  gelöscht werden, drücken Sie die Entf-Taste
  (→ das Ergebnis **12**)

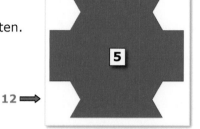

12➡

## Parallele

Eine Parallele mit dem Abstand 3 mm soll zu dem entstandenen Polygon gezeichnet
werden.

- aktivieren Sie <u>Polygon **5**</u> (**12**) und zeichnen Sie eine Parallele zu ihm (innerhalb):
  - wählen Sie in der Konstruktion-Palette das Werkzeug *Parallele* , in der
    Methodenzeile die erste - *Mit bestimmten Abstand* (**13**) und die dritte Methode -
    *Originalobjekt behalten* (**14**) aus
  - der Abstand der Parallele zu dem Originalobjekt soll 3 mm betragen
    Abstand: 3 (**15**):
  - klicken Sie in <u>Polygon **5**</u> hinein (**16**)

Die Parallele wurde innerhalb von <u>Polygon **5**</u> gezeichnet und ist noch aktiv (**17**).

- ändern Sie ihre Farbe, in der Attribute-Palette, in Solid – Classic 038 (**18**) um

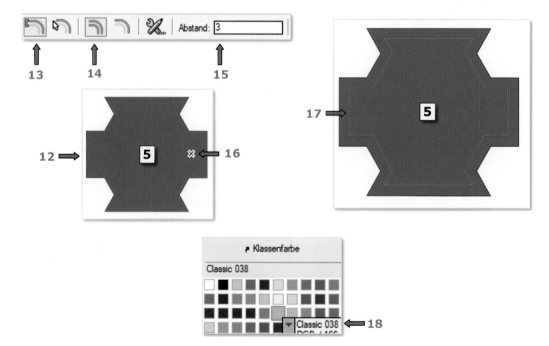

das Ergebnis

## 3.6 Rechteck **6**

**Aufgabe:**

**6** →

Schneiden Sie eine Torbogenform aus Rechteck **6** aus
(siehe Abbildung **1**).
Zeichnen Sie zu der entstandenen Polylinie **6** eine Parallele mit
dem Abstand 3 mm. Schneiden Sie diese von der Polylinie aus.
Unterteilen Sie die rechte Hälfte der neu entstandenen Polylinie,
senkrecht, auf 15 gleiche Teile.

**1**
↓

- aktivieren Sie, in der Zeigerfang-Palette (**2**),
  die Fangmodi:
  *An Objekt ausrichten*
  *An Winkel ausrichten*
  *An Punkt ausrichten*

**2** →

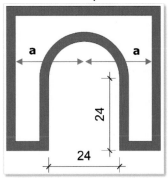

**Anleitung:**

**Schneiden**

- aktivieren Sie Rechteck **6**

- schneiden Sie eine kreisförmige Fläche aus Rechteck **6** aus
  (mit dem Werkzeug *Schneiden* , aus der Konstruktion-Palette):
  ◦ in der Methodenzeile aktivieren Sie die erste - *Schnittfläche löschen* (**3**) und die
    sechste Methode - *Kreis* (**4**)

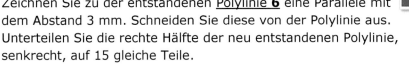

  ◦ klicken Sie auf den Mittelpunkt von Rechteck **6** (**M**)

  **3**              **4**

  ◦ bewegen Sie den Mauszeiger leicht zur Seite (**5**):
  ◦ in die nun erscheinende Objektmaßanzeige tragen Sie den Wert für den Radius
    12 mm ein, L: 12 (**6**)
  ◦ drücken Sie die Eingabetaste, um die Eingabe zu bestätigen

Ein rot gestrichelter Hilfskreis (**7**) wird eingeblendet.

  ◦ drücken Sie die Eingabetaste noch einmal

Die kreisförmige Fläche wurde aus
Rechteck **6** ausgeschnitten (**8**).

Das Rechteck wurde zu einer Polylinie.
(siehe Info-Objekt–Palette) →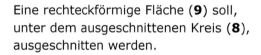

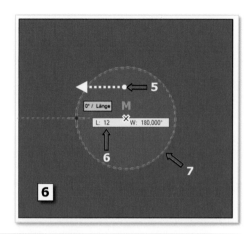

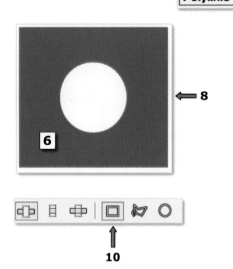

← **8**

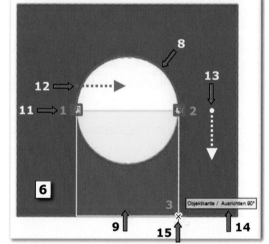

↑
**10**

Eine rechteckförmige Fläche (**9**) soll,
unter dem ausgeschnittenen Kreis (**8**),
ausgeschnitten werden.

Die Polylinie und das Werkzeug
*Schneiden* sind aktiv.

- ändern Sie, in der Methodenzeile, die sechste Methode - *Kreis* zu der vierten
  Methode - *Rechteck* (**10**)
  - schneiden Sie eine rechteckige Fläche aus Rechteck **6** aus, indem Sie:
    - auf den linken Quadrant-Punkt des Kreises (Punkt **1**) klicken (**11**) und dann
      den Mauszeiger, ohne zu klicken, zu dem rechten Quadrant-Punkt des Kreises
      (Punkt **2**) bewegen (**12**)

Der Intelligente Zeiger markiert, mit Hilfe des eingeschalteten Fangmodus
*An Punkt ausrichten*, den Ausrichtpunkt **2** mit einem kleinen roten Quadrat.

    - bewegen Sie den Mauszeiger von Ausrichtpunkt **2** aus, ohne zu klicken,
      senkrecht nach unten (**13**)
Eine grün gestrichelte Hilfslinie erscheint.
    - bewegen Sie den Mauszeiger entlang dieser Hilfslinie bis zu der unteren Seite
      von Polylinie **6** (Punkt **3**)
    - wenn der Text „Objektkante/Ausrichten 90°" (**14**) erscheint, klicken Sie auf
      Punkt **3** (**15**)

Eine Fläche in Form eines Torbogens wurde aus Rechteck **6** ausgeschnitten (**16**).

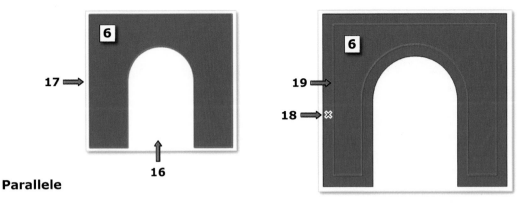

## Parallele

Eine Parallele soll zu Polylinie **6** gezeichnet werden.

Die gezeichnete Polylinie ist noch aktiv (**17**).

- mit dem Werkzeug *Parallele* 🐾 , aus der Konstruktion-Palette, erstellen Sie eine Parallele innerhalb der Polylinie:
  - in der Methodenzeile wählen Sie die erste - *Mit bestimmten Abstand* und die dritte Methode - *Originalobjekt behalten* aus
  - der Abstand zwischen den zwei Parallelen soll 3 mm → Abstand: 3 betragen.
  - klicken Sie innerhalb Polylinie **6** (**18**), damit die Parallele innerhalb der Polylinie erzeugt wird (**19**)

## Schnittfläche löschen

Die Fläche der Parallele soll aus Polylinie **6** ausgeschnitten werden.

- aktivieren Sie die beiden Polylinien (Polylinie **6** und Parallele) (**20**)

- gehen Sie in der Menüzeile zu dem Befehl:
  *Ändern – Schnittfläche löschen*

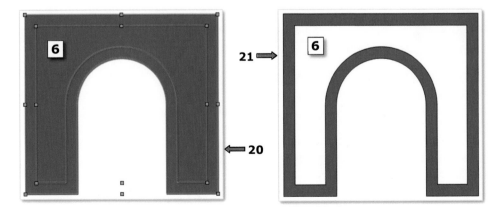

Die Schnittfläche der Parallelen wurde ausgeschnitten.
Die Parallele bleibt erhalten und ist noch aktiv.

• drücken Sie die Entf-Taste und die Parallele wird gelöscht (**21**)

## Mit Linien unterteilen

Die rechte Hälfte der Polylinie soll mit 15 waagerechten (parallelen) Linien unterteilt werden.

• zeichnen Sie zwei Linien (**22**), oben (**A**) und unten (**B**), auf die Innenseiten von
  Polylinie **6**

• gehen Sie zu dem folgenden Befehl in der Menüzeile:
  *Ändern – Mit Linien unterteilen...* (**23**)

**23**
⬇

> Mit Linien unterteilen...

**Objekte gleichmäßig unterteilen und zerschneiden**
Mit Hilfe des Befehls **Mit Linien unterteilen** (Menü **Ändern**) lässt sich der Raum zwischen zwei bestehenden Linien mit beliebig vielen Linien unterteilen. Die ursprünglichen Linien können dabei parallel oder in einem Winkel zueinander liegen. […]
1. Wählen Sie **Ändern > Mit Linien unterteilen**.
2. Klicken Sie auf die beiden Linien, deren Zwischenraum unterteilt werden soll.
3. Klicken Sie an die Stelle, an der die Anfangs- bzw. Endpunkte der Unterteilungslinien liegen sollen. Eine senkrechte Linie (bei parallelen Linien) bzw. ein Kreisbogen (bei gewinkelten Linien) zeigt dabei die Linie an, auf der die Punkte zu liegen kommen. […]
4. Geben Sie im erscheinenden Dialogfenster „Mit Linien unterteilen" ein, in wie viele Teile der Raum zwischen den beiden Linien unterteilt werden soll.
(siehe Vectorworks-Hilfe **¹**)

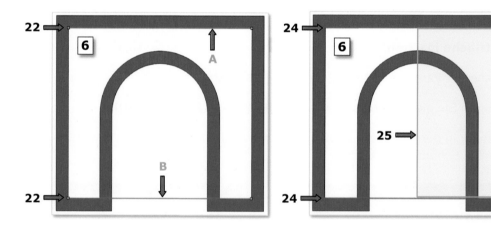

○ aktivieren Sie beide Linien (**24**) nacheinander

Die rechte Hälfte (**25**) von Polylinie **6** soll, zwischen diesen Linien (**24**), unterteilt werden.

○ legen Sie den Startpunkt der Unterteilung fest (**26**)
  (= die Mitte der unteren Linie - Punkt **4**)
○ legen Sie den Endpunkt der Unterteilung fest (**27**)
  (= rechtes Ende der unteren Linie - Punkt **5**)

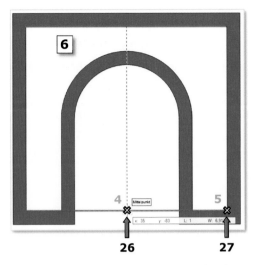

- in das nun erscheinende Dialogfenster „Mit Linien unterteilen" (**28**) tragen Sie ein, in wie viele Teile die Fläche (**25**) unterteilt werden soll:
  - in das Eingabefeld „Anzahl Teile:" tragen Sie 15 ein (**29**)
  - bestätigen Sie mit OK

Die rechte Hälfte von <u>Polylinie **6**</u> wurde, senkrecht, auf 15 gleiche Teile unterteilt (**30**).

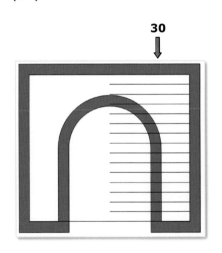

das Gesamtergebnis

## 3.7 Zusatzaufgaben

In dieser Übung wird gezeigt wie man:
- einen, schon in dem Zubehör-Manager vorhandenen, Farbverlauf bearbeiten und
  anpassen kann
- eine eigene Schraffur,
- ein eigenes Mosaik und
- eine eigene Linienart erstellen kann
- alle diese Attribute dann bestimmten Objekten zuweisen kann

### 3.7.1 Farbverlauf Blau-Weiß-Blau bearbeiten,
#### dieser wird Polygon 3 zugewiesen

**Verläufe**

**Verläufe**
**Allgemeines**
Ein Verlauf ist ein allmählicher Übergang zwischen zwei oder mehr Farben und/oder Transparenzen. Verläufe lassen sich einem Objekt über den Zubehör-Manager oder die Attributpalette zuweisen. Über die Attributpalette können Sie genauere Einstellungen für das Zuweisen von Verläufen vornehmen. Mit dem Werkzeug **Füllung und Textur bearbeiten** können Sie die Größe, die Position und den Winkel von Verlaufsfüllungen ändern.
Die Füllung Verlauf ist dynamisch mit dem gefüllten Objekt verknüpft. Das bedeutet, dass der Verlauf Änderungen am Objekt bis zu einem gewissen Maß nachvollzieht. Beispielsweise passt sich die im Dialogfenster „Verlaufszuweisung" eingetragene oder vorgegebene Länge nach einer Umformung oder Skalierung dem Objekt an, so dass die Größe des Verlaufs relativ zur Größe des Objekts gleichbleibt. Ebenso vollzieht der Verlauf eine Rotation des Objekts mit.
[...] Damit die Bibliotheksvorgaben sichtbar sind, muss **Extras > Programm Einstellungen > Programm > Diverses > Vorgaben aus der Zubehörbibliothek anzeigen** aktiviert sein. [...] (siehe Vectorworks-Hilfe [1])

Suchen Sie den Farbverlauf **Blau-Weiß-Blau** in dem Zubehör-Manager aus:

- öffnen Sie den Zubehör-Manager:
  gehen Sie in der Menüzeile zu dem Befehl →
  *Fenster* (**1**) – *Paletten* (**2**) – *Zubehör-Manager* (**3**)

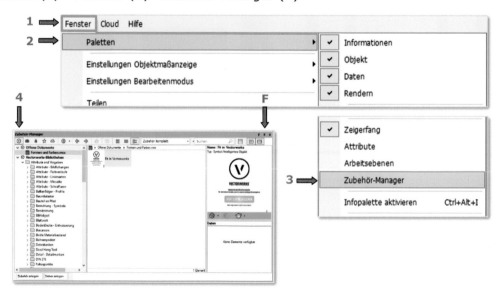

Der Zubehör-Manager wird geöffnet (**4**).

Damit er beim Scrollen offenbleibt, klicken Sie auf die Stecknadel (**F**), auf der rechten Seite der Titelleiste.

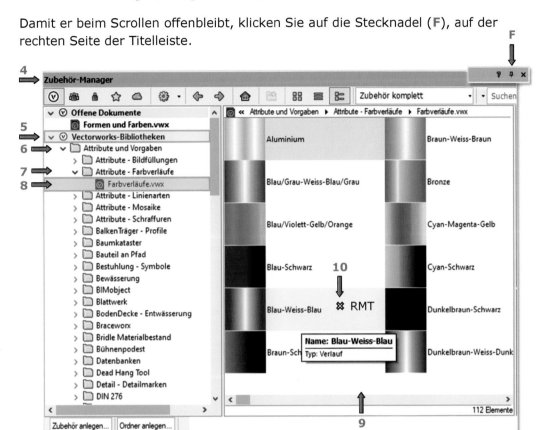

- wählen Sie aus den **Vectorworks-Bibliotheken** (**5**), in dem Navigationsbereich, den Zubehör-Ordner „Attribute und Vorgaben" (**6**) aus:
  - aus diesem wählen Sie den Unterordner „Attribute-Farbverläufe" (**7**) und öffnen Sie die Datei „Farbverläufe.vwx" (**8**), in welcher Farbverläufe gespeichert sind

Auf der rechten Seite, in der Zubehörliste (**9**), wird der Inhalt der ausgewählten Datei „Farbverläufe.vwx" (**8**) angezeigt.

- suchen Sie den Farbverlauf **Blau-Weiß-Blau** (**10**) aus und klicken Sie mit der RMT auf diesen

Um dieses Symbol ändern zu können, müssen Sie es zuerst in ihr Dokument importieren.

- aus dem nun erscheinenden Kontextmenü wählen Sie den Befehl *Importieren* (**11**) aus

Das Dialogfenster „Zubehör importieren" (**12**) wird geöffnet.

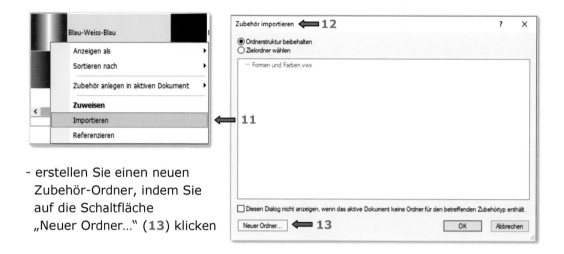

- erstellen Sie einen neuen
  Zubehör-Ordner, indem Sie
  auf die Schaltfläche
  „Neuer Ordner…" (**13**) klicken

- es erscheint ein neues Dialogfenster „Name" (**14**), wo Sie dem neuen Ordner
  einen Namen geben können z.B. „Farbverläufe" (**15**)
- bestätigen Sie mit OK (**16**)

Der neue Ordner „Farbverläufe" wird erstellt und in dem Dialogfenster „Zubehör
importieren" (**17**) angezeigt → (**18**).

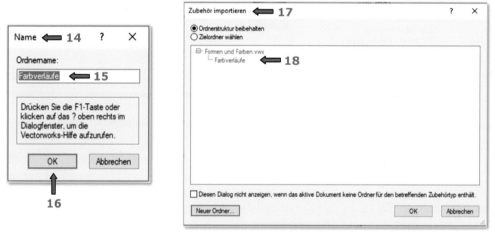

- in dem Dialogfenster „Zubehör importieren" (**17**) aktivieren Sie die Option
  „Zielordner wählen" (**19**) und markieren Sie den Ordner „Farbverläufe" (**20**)

- bestätigen Sie die Eingaben in dem Dialogfenster mit OK

In dem Navigationsbereich des Zubehör-Managers werden alle Ihre, gerade geöffneten, Dokumente (**21**) angezeigt. An dieser Stelle haben Sie Zugriff auf alle Symbole aller geöffneten Dokumente → „Offene Dokumente" (**21**).

- mit einem Klick auf die Datei „Formen und Farben.vwx" (**22**) wird diese geöffnet

Auf der rechten Seite, in der Zubehörliste (**9**), wird der neue Ordner „Farbverläufe" angezeigt (**23**).

- mit einem Doppelklick (**24**) öffnen Sie diesen Ordner

In diesem befindet sich der importierte Farbverlauf **Blau-Weiß-Blau** (**25**).

Der Farbverlauf **Blau-Weiß-Blau** soll zuerst umbenannt und erst dann bearbeitet werden.

- klicken Sie mit der RMT auf das Symbol/Zubehör **Blau-Weiß-Blau** (**26**) und wählen Sie aus dem nun erscheinenden Kontextmenü den Befehl *Umbenennen…* (**27**) aus:
  - ◦ das Dialogfenster „Name" (**28**) erscheint
    - tragen Sie in das Eingabefeld „Neuer Name:" (**29**) den Namen, z.B. **Polygon 3** (**30**), ein
    - bestätigen Sie mit OK

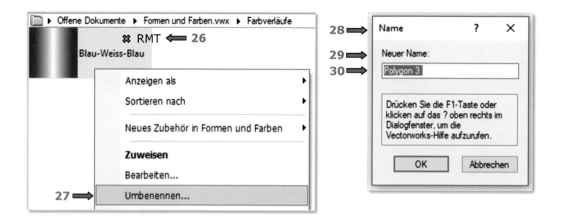

## Den Farbverlauf bearbeiten

- klicken Sie mit der RMT auf das Symbol/Zubehör **Polygon 3** (**31**)
  - ○ aus dem nun erscheinenden Kontextmenü wählen Sie den Befehl *Bearbeiten...* (**32**) aus:

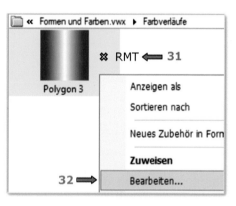

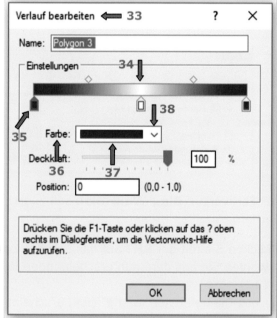

Das Dialogfenster „Verlauf bearbeiten" (**33**) wird geöffnet. Hier können Sie mehrere Veränderungen vornehmen, z.B. einen anderen Blauton bei dem linken Farbregler (**35**) auswählen.

- aktivieren Sie den linken Farbregler (**35**), unter der Vorschau (**34**), mit einem Klick

Die aktuelle Farbe (**37**) wird in dem Einblendmenü „Farbe" (**36**) angezeigt.

- mit einem Klick auf den Pfeil (**38**) öffnet sich das Einblendmenü „Farbe" (**39**)

- klicken Sie auf den Farbkreis/
  die Standardfarbauswahl (**40**)

∘ bestimmen Sie, in dem nun
  erscheinenden Dialogfenster
  „Farbe" (**41**), die Farbe aus der
  Mischung der drei Primärfarben
  Rot, Grün und Blau:
  Rot: 89; Grün: 89; Blau: 160 (**42**)

Die Farbe wurde geändert (**43**).

- wiederholen Sie dies bei dem
  rechten Farbregler (**44**)

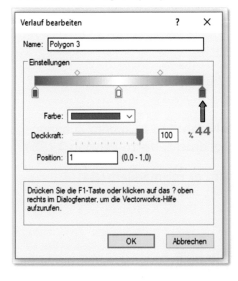

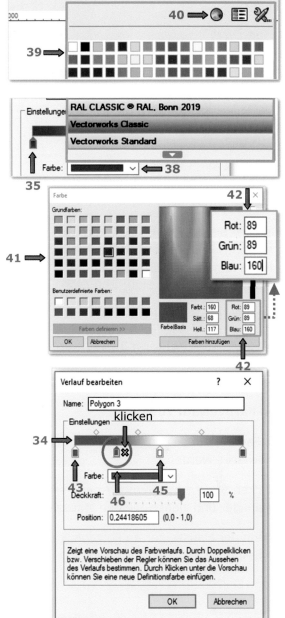

## Neue Farbe/neuen Farbregler hinzufügen

- klicken Sie unter der Vorschau (**34**), in die Mitte zwischen dem linken blauen (**43**)
  und dem mittleren weißen (**45**) Farbregler

Dadurch wird ein neuer Farbregler erzeugt (**46**).

- in dem Einblendmenü „Farbe" (**47**) ändern Sie dessen Farbe in Weiß (**48**)

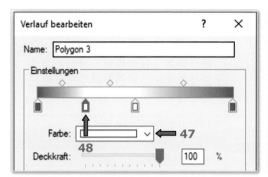 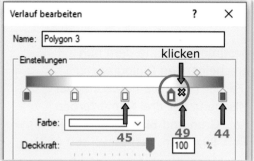

- wiederholen Sie dies zwischen dem mittleren weißen (**45**) und dem rechten blauen Farbregler (**44**) → es wird ein neuer Farbregler erzeugt (**49**)

- ändern Sie die Farbe (**50**), von dem Mittleren Farbregler (**45**), in die folgende Farbmischung um Rot: 89; Grün: 89; Blau: 160 (**42**)

  ◦ bestätigen Sie mit OK

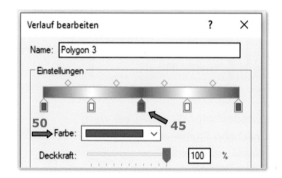

Der Farbverlauf **Polygon 3** (**51**) wurde erstellt.

## Den Farbverlauf zuweisen

Der Farbverlauf soll Polygon **3**, mit der Drücken-Ziehen-Loslassen-Methode, zugewiesen werden.

- klicken Sie auf das Symbol/ den Farbverlauf **Polygon 3** (**51**) in dem Zubehör-Manager und ziehen Sie den Mauszeiger (**52**), gedrückt, bis zu Polygon 3 (**53**)

- wenn der Mauszeiger an Polygon 3 ankommt wird er rot markiert (**54**)
  ◦ lassen Sie den Mauszeiger los

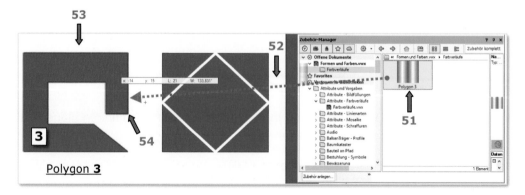

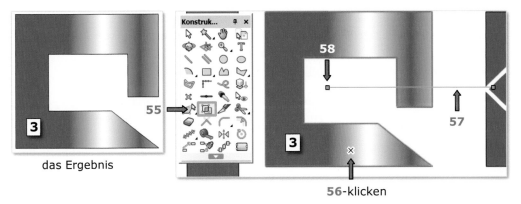

das Ergebnis

**56**-klicken

## Den Farbverlauf weiterbearbeiten

Der Farbverlauf kann weiterbearbeitet werden (mit dem Werkzeug *Füllung und Textur bearbeiten*).

- wählen Sie das Werkzeug *Füllung und Textur bearbeiten* (**55**) in der Konstruktion-Palette aus

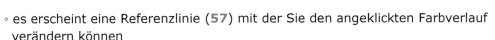

  ○ klicken Sie auf <u>Polygon 3</u> (**56**)

  ○ es erscheint eine Referenzlinie (**57**) mit der Sie den angeklickten Farbverlauf verändern können

Die Referenzlinie kann verschoben, rotiert oder, an den Modifikationspunkten, skaliert und gezogen werden.

  ○ packen Sie die Referenzlinie an dem linken Modifikationspunkt (**58**) und verschieben Sie diese (**59**), mit der gedrückten LMT, auf die Mitte der linken Innenseite von <u>Polygon 3</u> (**60**)

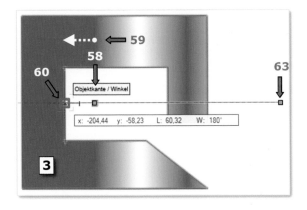

das Ergebnis

Mit dem Ziehen, an den Modifikationspunkten der Referenzlinie, können Sie den Farbverlauf skalieren oder nur auf einen Teil des Objektes begrenzen (→ wenn die Option „Wiederholen" in der Attribute-Palette nicht eingeschaltet ist).

- z.B. verkleinern Sie die Referenzlinie (**61**), indem Sie den linken Modifikationspunkt der Referenzlinie (**60**) auf die Mitte der linken Außenseite von <u>Polygon **3**</u> (**62**) und den rechten Modifikationspunkt (**63**) bis auf die senkrechte Mittelachse von <u>Polygon **3**</u> (**64**) ziehen (**65**)

- oder verkleinern Sie die Referenzlinie, indem Sie deren rechten Modifikationspunkt (**64**) bis zu Punkt **A** ziehen → siehe Abbildung **66**

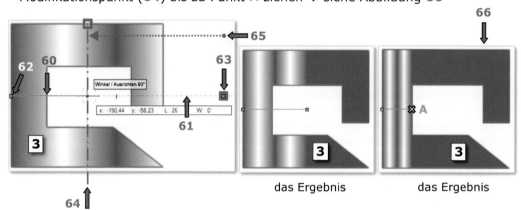

das Ergebnis          das Ergebnis

### 3.7.2 Eine individuelle Linienart anlegen,
diese wird <u>Polylinie **1**</u> zugewiesen

Erstellen Sie eine komplexe Linienart bestehend aus zwei unterschiedlichen 2D Objekten.

**Linienarten**
**Allgemeines**
Linienarten sind zweidimensionale Geometrien, die sich entlang eines Pfads von einem Mittelpunkt aus in beide Richtungen wiederholen. Bei den geometrischen Elementen kann es sich um einfache Strichlinien handeln oder um komplexe 2D-Formen mit Füllungen. Sie können mit beliebigen 2D-Objekten gezeichnet werden und auch Bilder enthalten. Linienarten lassen sich einem Objekt über den Zubehör-Manager oder die Attributpalette zuweisen. Über die Attributpalette können Sie genauere Einstellungen für das Zuweisen von Linienarten vornehmen [...]
**Linienarten anlegen**
Bei der Definition einer neuen Linienart legen Sie nur die geometrischen Elemente, deren Anordnung und deren Füllungen fest. Linienfarbe und Liniendicke werden nach dem Zuweisen einer Linienart an ein Objekt über die Attributpalette bestimmt. Dies erlaubt größere Flexibilität, z. B. mehrere Objekte mit der gleichen Linienart, aber unterschiedlichen Linienfarben. [...] (siehe Vectorworks-Hilfe ¹)

Die Linienart in dieser Übung besteht aus zwei Objekten, die in Abbildung **1** angezeigt sind.

Zeichnen Sie zwei Objekte:
1. ein Quadrat 6 x 6 mm, 45° gedreht und unten kreisförmig Ausgeschnitten, mit einem Radius von 3 mm (**2**)
   → Polylinie
2. einen Kreis mit dem Radius 2 mm (**3**)

Wichtig: Alle Maße sind in mm angegeben.

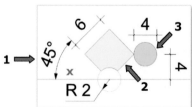

Mit dem Befehl *Linienart anlegen* können Sie neue Linienarten in dem Zubehör-Manager erstellen. Dabei wird ein Bearbeitungsmodus geöffnet, in welchem Sie die Geometrie, die die Linie bilden soll, zeichnen können.

In dem Bearbeitungsmodus wird das Zeichnen erschwert, weil neben dem gezeichneten Objekt gleichzeitig zwei Wiederholungen (**4**, **5**) angezeigt werden. Sie können diese Wiederholungen ein- oder ausschalten (**6**), indem sie auf das Kontextmenü gehen (→ es wird, mit einem Klick der RMT auf eine leere Stelle in dem Bearbeitungsmodus, geöffnet)

Die Geometrie könnte auch auf dem Plan gezeichnet werden und erst dann in den Modus „Linienart bearbeiten" hineinkopiert und positioniert werden.

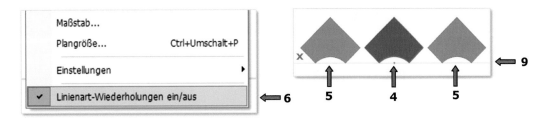

Zeichnen Sie die Elemente der neuen Linienart auf dem Plan/Zeichenfläche. Gezeichnete Objekte werden später in den Modus „Linienart bearbeiten" hinzugefügt.

### Ein Linienmuster zeichnen (Polylinie + Kreis)

• zeichnen Sie eine Hilfslinie L 50 mm lang (**7**), außerhalb des Zeichenblattes (**8**)

Die Objekte werden auf dieser Linie L gezeichnet und über ihr so positioniert, wie sie zur x-Achse (**9**), in dem Bearbeitungsmodus, stehen sollen.

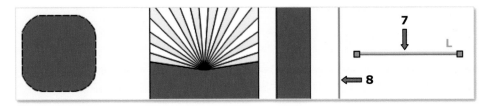

• zeichnen Sie ein Quadrat 6 x 6 mm über das Dialogfenster „Objekt anlegen" (**10**), tragen Sie die folgenden Werten ein:

- Δx: 6 (**11**)
- Δy: 6 (**12**)
- Winkel: 45° (**13**)
- in der schematischen Darstellung fixieren Sie die untere Ecke (**14**)
- aktivieren Sie die Option „Nächster Klick"

• positionieren Sie es (**15**) auf der Mitte von Linie L

• zeichnen Sie einen Hilfspunkt 1 (**17**) auf die untere Ecke des Quadrats

Diesen Punkt werden Sie später brauchen, um die gezeichneten Objekte auf der
x-Achse, in dem Bearbeitungsmodus „Linienart", zu positionieren.

Eine kreisförmige Fläche (ein Kreissegment) mit dem Radius 2 mm soll aus dem
Quadrat ausgeschnitten werden.
Das Zentrum des Kreises soll die untere Ecke des Quadrats (1) sein.

• aktivieren Sie das Quadrat (**18**)

• aus der Konstruktion-Palette wählen Sie das Werkzeug *Schneiden* ⬭ aus,
  in der Methodenzeile aktivieren Sie die erste - *Schnittfläche löschen* und die
  sechste Methode - *Kreis*
  ◦ klicken Sie (**19**) auf den Punkt 1 und ziehen Sie den Kreis leicht zur Seite
  ◦ in die nun erscheinende Objektmaßanzeige tragen Sie für L: 2 ein (**20**)
  ◦ bestätigen Sie zweimal mit der Eingabetaste

Die Fläche wurde ausgeschnitten (**21**), und aus dem Rechteck wurde eine
Polylinie (**22**).

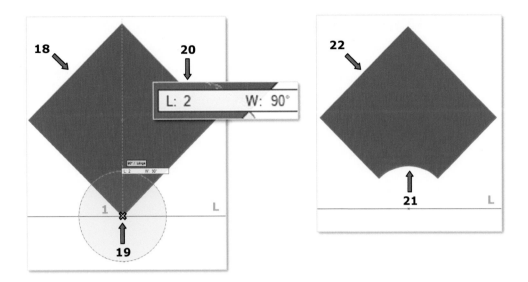

Zeichnen Sie einen Kreis mit dem Radius 2 mm direkt neben die Polylinie:

- wählen Sie das Werkzeug *Kreis* und die zweite Methode - *Definiert durch Durchmesser* aus
  - klicken Sie (**23**) auf die rechte Ecke der Polylinie (**2**) und ziehen Sie den Kreis waagerecht nach rechts (**24**)
  - in die nun erscheinende Objektmaßanzeige tragen Sie L: 4 ein (**25**)
  - bestätigen Sie zweimal mit der Eingabetaste

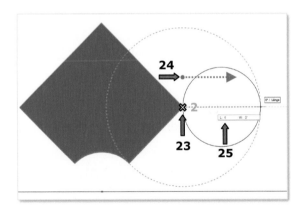

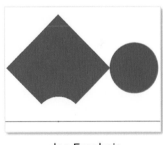

das Ergebnis

- ändern sie, in der Attribute-Palette, die Farben der zwei gezeichneten Objekte folgendermaßen um:

  - Polylinie → Solid-Farbe: Classic 067, Deckkraft: 65% (**26**)
  - Kreis → Solid-Farbe: Classic 166, Deckkraft: 50% (**27**)

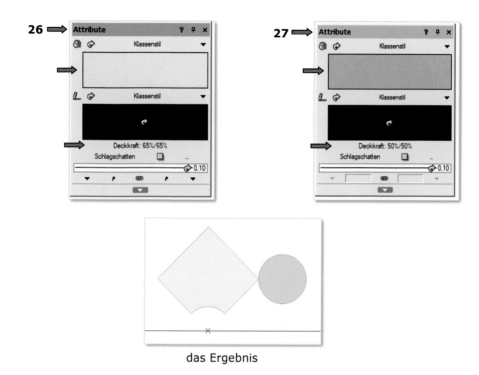

das Ergebnis

## Der Ordner für Linienart

Ein „Ordner für Linienart" soll erstellt werden.
Die drei eben gezeichneten Objekte (Polylinie + Kreis + Punkt) sollen in den
Bearbeitungsmodus „Linienart" hineinkopiert werden.

Ein neuer Ordner namens „Linienarten" wird in dem Zubehör-Manager angelegt.

- öffnen Sie den Zubehör-Manager
  in der Menüzeile: *Fenster – Paletten – Zubehör-Manager*

  ◦ kontrollieren Sie, ob Ihr Dokument „Formen und Farben.vwx" (**29**) in dem
    Zubehör-Manager (**28**) aktiv ist (es soll fett markiert sein)

  ◦ klicken Sie mit der LMT auf die Schaltfläche „Ordner anlegen…" (**30**):

Das Dialogfenster „Ordner anlegen" (**31**) wird geöffnet.

  - öffnen Sie die Aufklappliste „Ordnertyp" (**32**) mit einem Klick auf den Pfeil
    (**33**)
  - wählen Sie den Ordnertyp „Ordner für Linienarten" (**34**) aus:
    - geben Sie dem Ordner den Namen „Linienarten" (**35**)
    - bestätigen Sie mit OK

Sie haben einen Ordner namens „Linienarten" (**36**) in dem Zubehör-Manager
angelegt. In diesem Ordner können nur Zubehörtyp-Linienarten abgelegt werden.

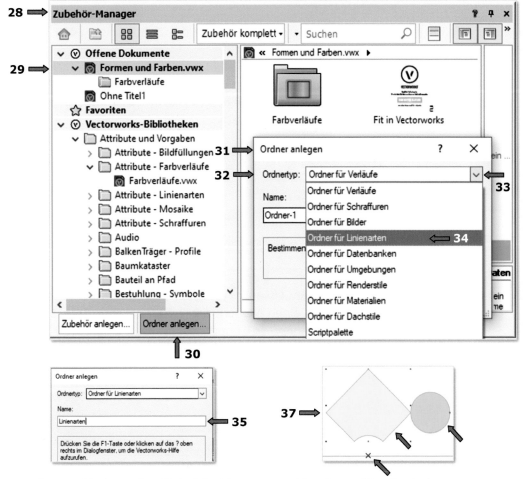

- verlassen Sie kurz den Zubehör-Manager und kopieren Sie die drei zuvor gezeichneten Objekte in die Zwischenablage, indem Sie:
  - diese drei Objekte (Polylinie + Kreis + Punkt) aktivieren (**37**)
  - in der Menüzeile, unter dem Menü *Bearbeiten*, den Befehl *Kopieren* auswählen

Die drei Objekte sind in der Zwischenablage gespeichert. Öffnen Sie wieder den Zubehör-Manager.

- mit einem Doppelklick (**38**) öffnen Sie den Ordner „Linienarten" (**36**)

In diesem Ordner werden Sie die neue Linienart erstellen.

Der Ordner „Linienart" (**36**) wird geöffnet.

- klicken Sie mit der RMT auf eine leere Stelle (**39**) in der Zubehörliste (**40**)
  (oder doppelklicken mit der LMT)
  - in dem nun erscheinenden Kontextmenü wählen Sie die Aufklappliste
    „Neues Zubehör in Formen und Farben" (**41**) aus
  - öffnen Sie die Liste, indem Sie auf den Pfeil rechts klicken (**42**)
  - aus der Liste wählen Sie „Linienart..." (**43**) aus

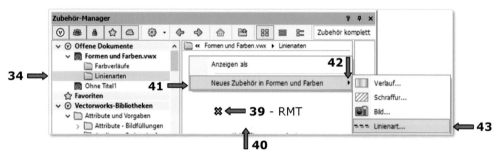

  - es wird ein weiteres Dialogfenster „Linienart anlegen" (**44**) geöffnet
    - geben Sie der neuen Linienart einen Namen, z.B. „Name:" **Polylinie 1** (**45**)
    - aktivieren Sie die Option „Komplex" (**46**) und „Maßstabsabhängig" (**47**)
    - bestätigen Sie mit OK (**48**)

Der Modus „Linienart bearbeiten" (**49**) wurde geöffnet. Dort können komplexe
Linienarten gezeichnet oder 2D-Objekte aus der Zwischenablage eingefügt werden.

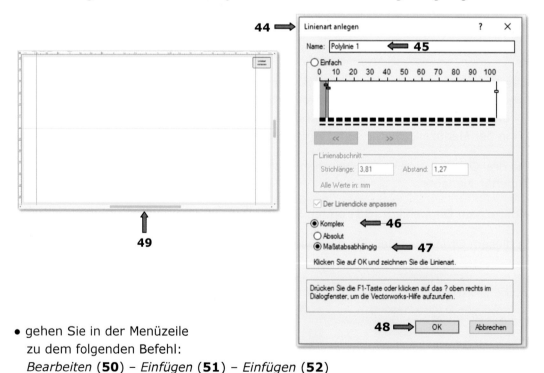

- gehen Sie in der Menüzeile
  zu dem folgenden Befehl:
  *Bearbeiten* (**50**) – *Einfügen* (**51**) – *Einfügen* (**52**)

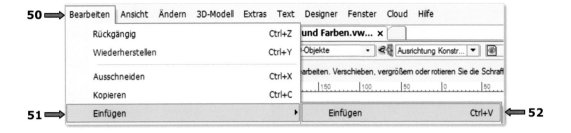

Die drei Objekte (**53**) wurden aus der Zwischenablage in den Bearbeitungsmodus eingefügt. Durch den Hilfspunkt können sie jetzt einfacher positioniert werden.

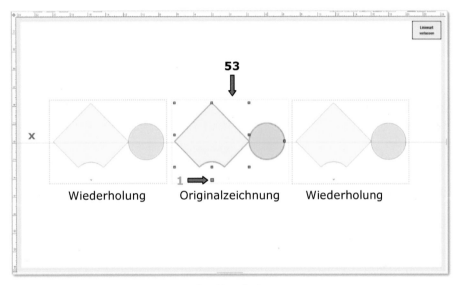

das Ergebnis

Alle drei Objekte sind noch immer aktiv (**53**).
Sie werden richtig positioniert, indem der Hilfspunkt 1 zur Mitte der Zeichenfläche M verschoben wird (die Mitte ist mit einem kleinen „╋" markiert → **54**).

• verschieben (**55**) Sie diese Objekte mit dem Werkzeug *Verschieben* [icon],
  wählen Sie die erste Methode - *Verschieben* (**56**) aus

○ klicken sie auf den Hilfspunkt 1 und dann auf die Mitte der Zeichenfläche M

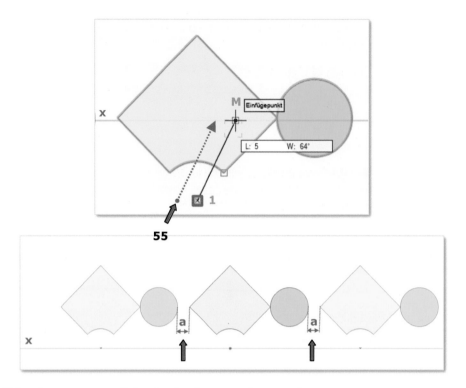

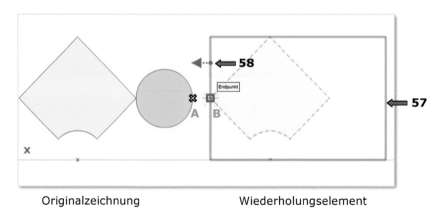

## Positionieren von Wiederholungselementen

Die Objekte sind richtig über der **x**-Achse positioniert. Die Originalzeichnung und die Wiederholungenselemente stehen mit einem Abstand **a** voneinander entfernt.

Es soll keinen Abstand zwischen den Elementen in dem Linienmuster geben.

● aktivieren Sie das rechte Wiederholungselement (**57**)

● drücken Sie mit der LMT auf den Punkt **B** und ziehen Sie den Mauszeiger gedrückt und waagerecht bis zu Punkt **A** um das Wiederholungselement (**57**) zu verschieben (**58**)
  ◦ lassen Sie dann die LMT los

Originalzeichnung                    Wiederholungselement

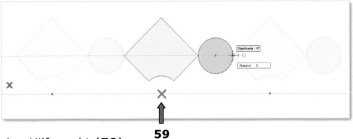

**59**

- löschen Sie den Hilfspunkt (**59**)

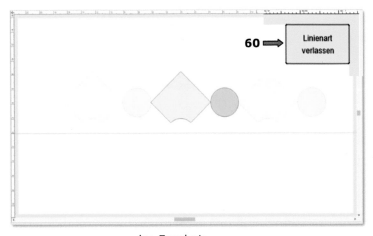

das Ergebnis

- verlassen Sie den Bearbeitungsmodus mit einem Klick auf die Schaltfläche „Linienart verlassen" (**60**)

## Die Linienart zuweisen

Die neue Linienart **Polylinie 1** (**62**) wurde in dem Ordner „Linienarten" (**61**) erstellt.

Diese Linenart soll Polylinie **1** zugewiesen werden.

- aktivieren Sie das 2D-Objekt Polylinie **1** (**63**)

- doppelklicken Sie auf das Symbol/Zubehör **Polylinie 1** (**64**) in dem Zubehör-Manager

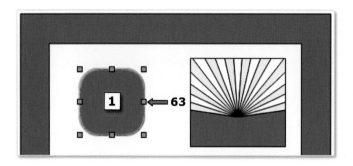

Die Linienart **Polylinie 1** (**62**) wurde dem 2D-Objekt <u>Polylinie 1</u> zugewiesen (**63**). (→ das Ergebnis **65**)

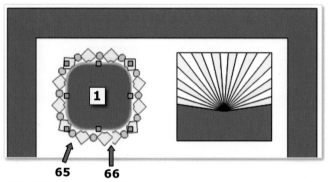

**65**    **66**

Das Stiftattribut (→ Solid) von <u>Polylinie 1</u> wurde durch eine neue komplexe Linienart **Polylinie 1** ersetzt. Damit man an der Verbindungsstelle des Anfangs- und Endpunktes keinen Bruch sieht (**66**), soll die Größe von dem 2D-Objekt <u>Polylinie 1</u> (**67**) korrigiert werden.

Sie können auch, in dem Zubehör-Manager, die Größe der Elemente in dem Linienmuster von **Polylinie 1** an das 2D-Objekt <u>Polylinie 1</u> anpassen.

- verkleinern Sie das 2D-Objekt <u>Polylinie 1</u> in der Info-Objekt-Palette auf:
  Δx: ~ 33,5 mm (**68**)
  Δy: ~ 33,5 mm (**69**)

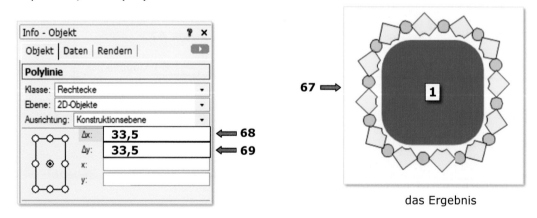

das Ergebnis

### 3.7.3 Eine individuelle Schraffur erstellen,
diese wird <u>Polygon **5**</u> zugewiesen

## Der Ordner für Schraffuren

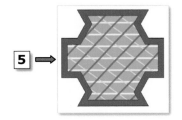

**Schraffuren**
**Allgemeines**
Bei Schraffuren handelt es sich um vektororientierte Füllungen. Daher können Schraffuren mit einer sehr guten Qualität – nämlich auflösungsunabhängig – ausgedruckt werden. Außerdem werden Schraffuren über das DXF-Format in andere CAD-Programme importiert. Weitere Vorteile von Schraffuren sind, dass sie zusammen mit Wänden rotiert (Wärmedämmungsschraffur) und sowohl maßstabsabhängig als auch maßstabsunabhängig verwendet werden können.
Schraffuren bestehen aus lauter einzelnen Linien. Jede Linie wird auf eine eigene Schicht gezeichnet. Eigentlich ist es daher nicht möglich, Schraffuren zu definieren, die aus Kreisen bestehen. Gibt man sich aber auch mit einem regelmäßigen Vieleck zufrieden (z. B. mit einem 8- oder 16-Eck), kann auch eine solche Schraffur definiert werden (je kleiner die Kreise sind, desto weniger Ecken sind nötig, um mit bloßem Auge noch den Unterschied zu erkennen). [...]
[...] **Zwei Schraffursysteme**
Objekte können auf zwei Arten mit einer Schraffur gefüllt werden: Sie können das Objekt aktivieren und in der Attributpalette die entsprechende Schraffur auswählen oder Sie wählen **Ändern > Schraffur**, aktivieren im erscheinenden Dialogfenster die gewünschte Schraffur und klicken dann in das aktive Objekt. Diese beiden Schraffuren sehen zwar gleich aus, unterscheiden sich aber grundsätzlich:
**Assoziative Schraffur**
Eine Schraffur, die über die Attributpalette oder den Zubehör-Manager zugewiesen wird, ist assoziativ, d. h. sie ist mit dem Objekt verknüpft, dem sie zugewiesen worden sind. Verändern Sie z. B. die Form des Objekts, passt sich die Schraffur automatisch mit an. Assoziative Schraffuren behalten ihr Aussehen, gleichgültig, ob das schraffierte Objekt rotiert, gespiegelt oder anders bearbeitet wird. Mit dieser Zuweisungsart können nur Objekte schraffiert werden, die eine Fläche aufweisen (z. B. Rechtecke, Kreise, Polygone etc.).
**Nicht-assoziative Schraffuren**
Weisen Sie einem Objekt die Schraffur mit **Ändern > Schraffur** zu, ist diese Schraffur nicht mit dem betreffenden Objekt verknüpft. Mit dem Befehl **Schraffur** zeichnet Vectorworks lauter einzelne Linien, die genau auf den Begrenzungslinien der Fläche enden und die zu einer Gruppe zusammengefasst sind. Sie können so nicht nur Objekte mit einer Fläche (Rechtecke, Polygone, Kreise etc.) mit einer Schraffur füllen, sondern jede geschlossene Fläche, die durch eine beliebige Anzahl von Objektkanten definiert ist. Liniendicke und -farbe der einzelnen Linien entsprechen den in der Attributpalette momentan geltenden Einstellungen und sind nicht, wie bei assoziativen Schraffuren, durch die Schraffur definiert. Da es sich bei nicht-assoziativen Schraffuren um gezeichnete Objekte handelt, verändert sich ihr Aussehen, wenn sie rotiert oder gespiegelt werden oder Sie z. B. den Maßstab der Zeichnung verändern. [...]
(siehe Vectorworks-Hilfe **¹**)

Ein „Ordner für Schraffuren" soll in dem Zubehör-Manager angelegt werden, in welchem die neue Schraffur erstellt wird.

- öffnen Sie den Zubehör-Manager (**1**)
  in der Menüzeile: *Fenster – Paletten – Zubehör-Manager*

- kontrollieren Sie, ob Ihr Dokument „Formen und Farben.vwx" (**2**) in dem Zubehör-Manager (**1**) aktiv ist

- klicken Sie mit der LMT auf die Schaltfläche „Ordner anlegen..." (**3**):

Das Dialogfenster „Ordner anlegen" (**4**) wird geöffnet.
  ◦ aus der Aufklappliste „Ordnertyp:" (**5**) wählen Sie den Ordnertyp „Ordner für Schraffuren" aus:
  - geben Sie dem Ordner den Namen „Schraffuren" (**6**)
  - bestätigen Sie mit OK

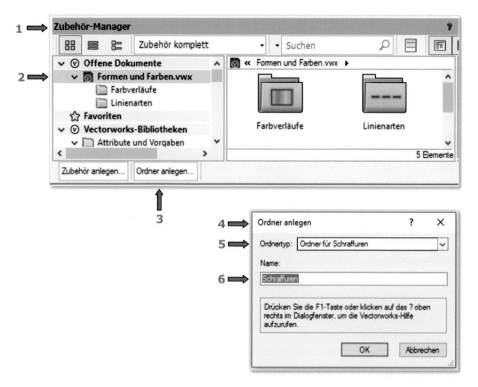

Sie haben einen Ordner namens „Schraffuren" (**7**) in dem Zubehör-Manager angelegt. In diesem Ordner kann nur der Zubehörtyp-Schraffur abgelegt werden.

- öffnen Sie diesen Ordner (**7**) mit einem Doppelklick (**8**)
  - klicken Sie auf die Schaltfläche „Zubehör anlegen" (**9**), damit die Auswahlliste „Zubehör" (**10**) geöffnet wird:
    - wählen Sie den Zubehörtyp „Schraffuren" (**11**) aus
    - bestätigen Sie mit OK

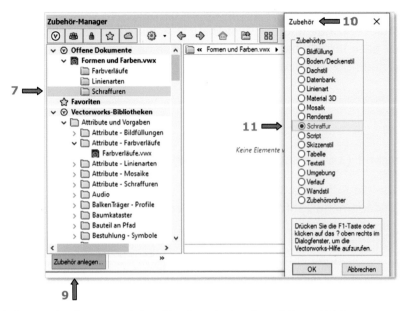

Es wird das Dialogfenster „Schraffur bearbeiten" geöffnet (**12**).
In diesem Dialogfenster werden eigene Schraffuren definiert.

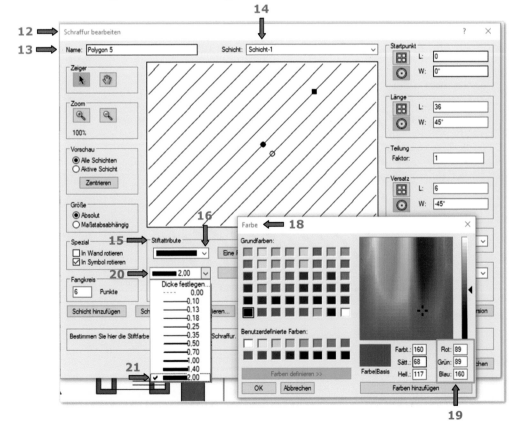

• geben Sie der neuen Schraffur einen Namen, z.B. „Name:" **Polygon 5** (**13**)

In Vectorworks wird eine Schraffur aus einer wiederholenden Linie gebildet. Ihre Stiftfarbe, Stiftdicke, Länge und der Winkel zur x-Achse kann festgelegt werden. Diese Linie, mit allen ihren Wiederholungen, bildet eine Schicht. Für jede weitere Linie wird eine neue Schicht hinzugefügt.

## Schichten

### Schicht-1 (14)

„Schicht:" Schicht-1 (14) ist automatisch verfügbar.

• bestimmen Sie die Stiftfarbe, indem Sie:
  ◦ bei dem Aufklappmenü „Stiftfarbe" (16) in dem Gruppenfeld „Stiftattribute" (15), auf den Pfeil klicken:
  ◦ in der Standardfarbauswahl (dem Farbkreis) (17) und im darauffolgenden erscheinenden Dialogfenster „Farbe"/ „Color" (18) eine Mischung aus den drei Primärfarben Rot, Grün und Blau erstellen:
  Rot: 89; Grün: 89; Blau: 160 (19)

• bestimmen Sie die Liniendicke:
  ◦ in dem Gruppenfeld „Stiftattribute" (15), aus dem Aufklappmenü „Dicke festlegen..." (20), wählen Sie die Stiftdicke 2,00 (21) aus

Alle anderen Angaben in dem Dialogfenster bleiben unverändert.

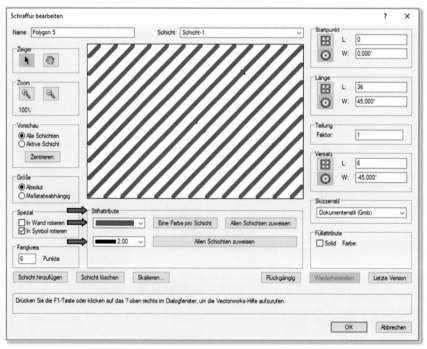

Schicht-1

**Schicht-2 (23)**

• gehen Sie unten links, zu der Schaltfläche „Schicht hinzufügen" (22) ┄┄┄▷

Schicht-2 (23)

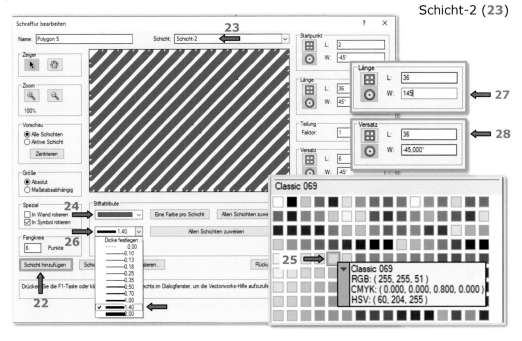

Schicht-1 wird, mit einem Versatz des Startpunktes, dupliziert.

• in dem Gruppenfeld „Stiftattribute" ändern Sie:
   - die Stiftfarbe (24) in Classic 069 (25) und
   - die Liniendicke in 1,40 (26)
   ◦ in dem Gruppenfeld „Länge" ändern Sie den Winkel der Linie - W: 145 (27)
   ◦ in dem Gruppenfeld „Versatz" ändern Sie den Abstand zwischen dem
   Anfangspunkt der Linie und Anfangspunkt ihrer Wiederholung - L: 36 (28)

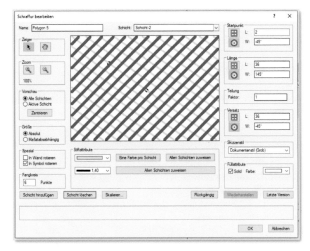

Schicht-1 + Schicht-2

**Schicht-3 (30)**

- gehen Sie wieder zu der Schaltfläche „Schicht hinzufügen" (29) ·········⇥

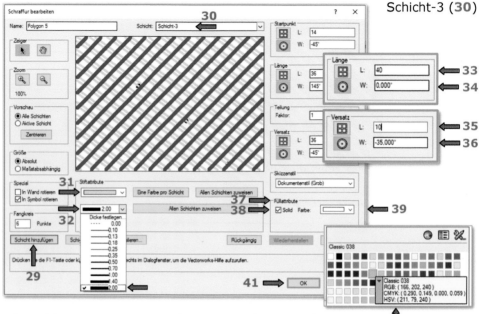

Schicht-3 (30)

Schicht-2 wird, mit einem Versatz des Startpunktes, dupliziert.

- ändern Sie die Stiftfarbe (31) in Weiß und die Liniendicke (32) in 2,00 um
- ändern Sie die Eingaben in den Gruppenfeldern:
  - „Länge" – L: 40 (33); W: 0 (34)
  - „Versatz" – L: 10 (35); W: (-35) (36)

- schalten Sie, in dem Dialogfenster „Schraffur bearbeiten", unten rechts in dem Gruppenfeld „Füllattribute" (37), die Option „Solid" (38) ein:

Jetzt können Sie die Hintergrundfarbe der Schraffur (39) bestimmen:

  - wählen sie die Farbe Classic 038 (40) aus

- bestätigen Sie mit OK (41)

Es wurde eine neue Schraffur **Polygon 5** (42) in dem Ordner „Schraffuren" (43) erstellt.

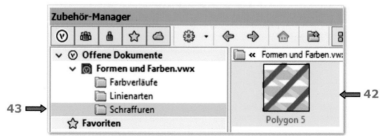

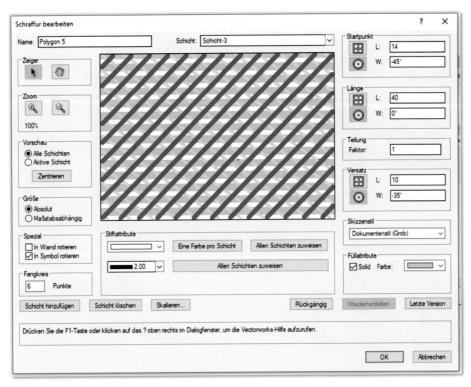

Schicht-1 + Schicht-2 + Schicht-3 + Hintergrundfarbe

## Die Schraffur zuweisen

- weisen Sie diese Schraffur der eingezeichneten Parallele von <u>Polygon **5**</u> zu:
  - ◦ aktivieren Sie die eingezeichnete Parallele von <u>Polygon **5**</u> (**44**)
  - ◦ klicken Sie mit der RMT auf das Schraffur-Symbol **Polygon 5** (**45**) und wählen Sie, im nun erscheinenden Kontextmenü, den Befehl *Zuweisen* (**46**) aus

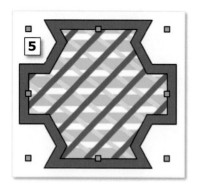

das Ergebnis → Deckkraft 100%

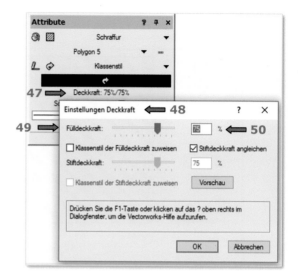

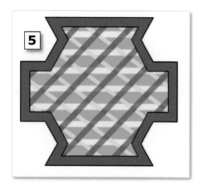

das Ergebnis → Deckkraft 75%

- stellen Sie, in der Attribute-Palette, die Deckkraft auf 75% ein, indem Sie
  ◦ auf die Schaltfläche „Deckkraft" (**47**) klicken und
    - in dem nun erscheinenden Dialogfenster „Einstellungen Deckkraft" (**48**) die Fülldeckkraft (**49**) auf 75 % (**50**) festlegen

## Die Schraffur bearbeiten

Die Schraffur kann mit dem Werkzeug *Füllung und Textur bearbeiten* bearbeitet (verschoben, skaliert oder rotiert) werden.

- aktivieren Sie in der Konstruktion-Palette das Werkzeug *Füllung und Textur bearbeiten*
  ◦ klicken Sie auf die schraffierte Polylinie (**51**)
  ◦ es erscheint ein Referenzrechteck (**52**), mit dessen Hilfe Sie die Größe, Position und den Winkel der Schraffur bearbeiten können,
    z.B. verschieben:
    - drücken Sie mit der LMT auf die linke obere Modifikationsecke **1** von dem Referenzrechteck
    - halten Sie den Mauszeiger gedrückt und verschieben (**53**) Sie ihn bis zu Punkt **2** der schraffierten Polylinie
    - lassen Sie den Mauszeiger dann los

Sie können weitere Änderungen vornehmen und auch weitere Schraffuren erzeugen.

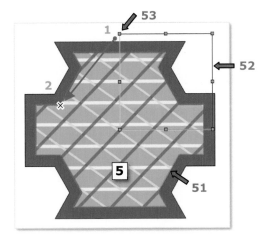

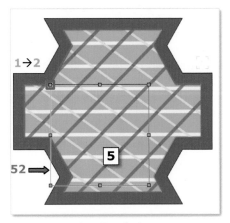

das Ergebnis

### 3.7.4  Ein individuelles Mosaik erstellen,
dieses wird <u>Polylinie **4**</u> zugewiesen

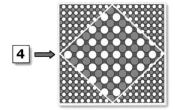

**Mosaike**
**Allgemeines**
Mosaike sind zweidimensionale Geometrien, die sich in alle Richtungen wiederholen. Sie können mit beliebigen 2D-Objekten (mit Ausnahme von Linien und Punktobjekten) gezeichnet werden und können auch Bilder enthalten. Mosaike lassen sich einem Objekt über den Zubehör-Manager oder die Attributpalette zuweisen. Über die Attributpalette können Sie genauere Einstellungen für das Zuweisen von Mosaiken vornehmen. Mit dem Werkzeug **Füllung und Textur bearbeiten** können Sie die Größe, die Position und den Winkel von Mosaiken ändern. Mosaike lassen sich allen 2D-Objekten zuweisen, die Füllungen anzeigen, einschließlich Wänden (nur in der Ansicht „2D-Plan" sichtbar), Textfeldern, Tabellen und Intelligenten Objekten, die 2D-Objekte enthalten. [...] (siehe Vectorworks-Hilfe **1**)

Dieses Mosaik soll aus zwei Kreisen bestehen, die in Abbildung **1** angezeigt werden.

Zeichnen Sie zwei Kreise (**1**+**2**) mit dem Radius 1 mm:

Attribute – Füllung – Solid →
Kreis **1** – Farbe: Classic 010
Kreis **2** – Farbe: Weiß

Wichtig: Alle Maße sollen in mm angegeben werden.

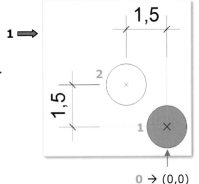

**0** → (0,0)

Das Mosaikmuster wird in dem Bearbeitungsmodus „Mosaik" gezeichnet.

# Der Ordner für Mosaike

- öffnen Sie den Zubehör-Manager (**2**)

- kontrollieren Sie, ob die Datei „Formen und Farben.vwx" (**3**) aktiv ist

- wählen Sie, aus dem Aufklappmenü Zubehör-Art (**4**), den Zubehörtyp „Mosaike"
  (**5**) aus

- klicken Sie mit der LMT auf die Schaltfläche „Ordner anlegen..." (**6**):

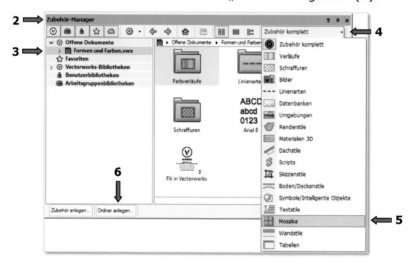

Dadurch öffnet sich das Dialogfenster „Ordner für Mosaiken anlegen" (**7**).
  ◦ geben Sie dem Ordner den Namen „Mosaike" (**8**)
  ◦ bestätigen Sie mit OK (**9**)

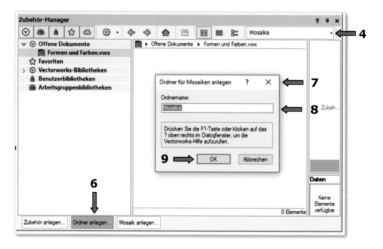

Es wurde ein Ordner namens „Mosaike", in dem Zubehör-Manager, angelegt (**10**).
Dieser wird als einziger in dem Zubehör-Manager angezeigt (**10**)
(das Aufklappmenü „Zubehör-Art"- **4** dient als Filter, nur die ausgewählte Zubehör-
Art wird angezeigt → wie z.B. hier: Mosaike).

- öffnen Sie diesen Ordner mit einem Doppelklick (**11**)
  - klicken Sie auf die Schaltfläche „Mosaik anlegen..." (**12**)

Das Dialogfenster „Einstellungen Mosaik" (**13**) wird geöffnet:

- geben Sie dem neuen Mosaik einen Namen, z.B. „Name:" **Polylinie 4** (**14**)

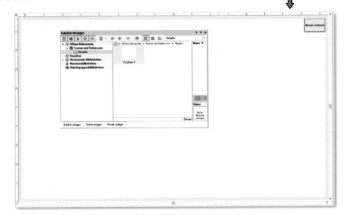

- in dem Gruppenfeld „Maße"
  aktivieren Sie die Option
  „Maßstabsabhängig" (**15**)

- aktivieren Sie die Option
  „Hintergrundfüllung:" (**16**):

- klicken Sie auf den Pfeil rechts (**17**)
  - erstellen Sie eine Farbe aus der Mischung der drei Primärfarben Rot, Grün und
    Blau:
    Rot: 89; Grün: 89; Blau: 160 (**18**)
- bestätigen Sie mit OK (**19**)

Vectorworks wechselt in den „Mosaik bearbeiten" Modus (**20**).
Dort wird das Mosaik aus zwei Kreisen gezeichnet
(beide mit dem Radius 1 mm), wie in Abbildung **21** dargestellt.
Der graue Kreis liegt mit seinem Zentrum auf dem Mittelpunkt 0 (0,0) des
Bearbeitungsmodus.
Alle Maße sind in mm angegeben.

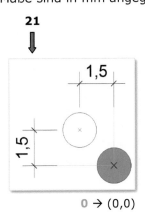

# Ein Mosaikmuster zeichnen

Der erste Kreis **1**

- zeichnen Sie einen Kreis über das Dialogfenster „Objekt anlegen - Kreis" (**22**):
  - Radius: 1 mm (**23**)
  - aktivieren Sie die Option „Nächster Klick" (**24**)
  - bestätigen Sie mit OK

- klicken Sie auf den Mittelpunkt **0** (0,0) des Bearbeitungsmodus (**25**)

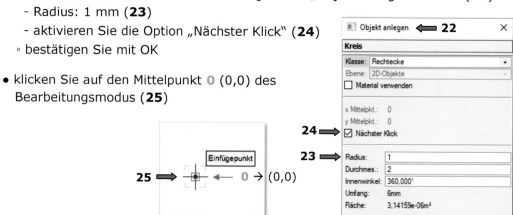

Der erste Kreis und seine 8 Wiederholungen wurden gezeichnet (**26**).
Die Wiederholungen sollen ausgeschaltet werden.

- klicken Sie mit der RMT auf eine leere Stelle in dem Bearbeitungsmodus (**27**):
  - wählen Sie, aus dem nun erscheinenden Kontextmenü, den Befehl *Mosaik-Wiederholungen ein/aus* (**28**) aus

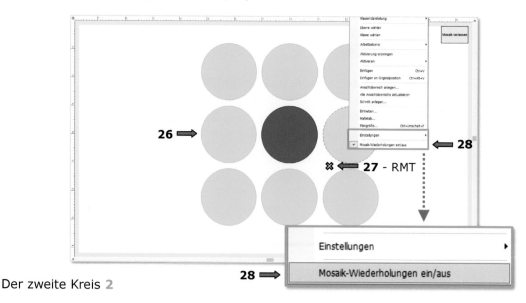

Der zweite Kreis **2**

- kopieren Sie den ersten Kreis mit dem Werkzeug *Verschieben*
  - wählen Sie die zweite - *Duplikate verschieben* (**29**) und die fünfte Methode - *Original erhalten* (**30**) aus
  - die „Anzahl Duplikate:" soll 1 (**31**) betragen

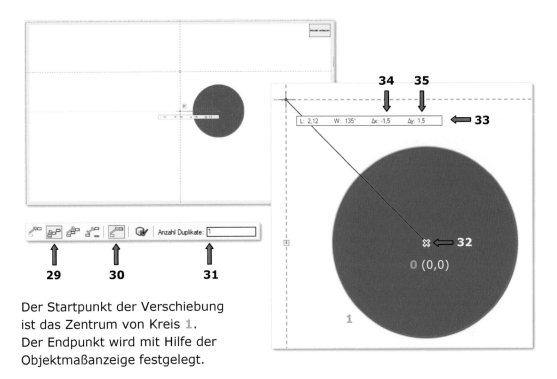

**29    30    31**

Der Startpunkt der Verschiebung
ist das Zentrum von Kreis 1.
Der Endpunkt wird mit Hilfe der
Objektmaßanzeige festgelegt.

• klicken Sie auf den Punkt 0 (**32**) und bewegen Sie den Mauszeiger, ohne zu
  drücken, leicht zur Seite

Die Objektmaßanzeige erscheint (**33**).

  ◦ drücken Sie drei Mal die Tabulatortaste. Der Mauszeiger springt in das dritte
    Eingabefeld:
    - tragen Sie für Δx: (-1,5) (**34**) ein
  ◦ drücken Sie noch einmal die Tabulatortaste → eine senkrechte rot gestrichelte
    Hilfsline erscheint:
    - tragen Sie für Δy: 1,5 (**35**) ein
  ◦ bestätigen Sie mit der Eingabetaste → eine waagerechte rot gestrichelte
    Hilfsline erscheint
  ◦ bestätigen Sie noch einmal mit der Eingabetaste

Der zweite Kreis (2) wurde als
Duplikat vom ersten (1) erstellt.

• ändern Sie ihre Sold-Farbe in der
  Attribute-Palette

- Kreis 1 in Classic 010 (**36**)
- Kreis 2 in Weiß (**37**)

• schalten Sie wieder die Wiederholungen ein (**28**)

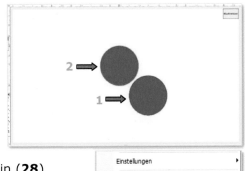

**28** ➡

175

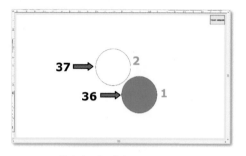

Originalzeichnung

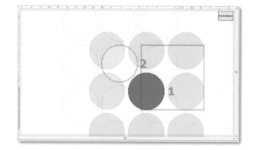

Originalzeichnung + Wiederholungselemente

## Positionieren von Wiederholungselementen

Die Wiederholungselemente von Kreis 2

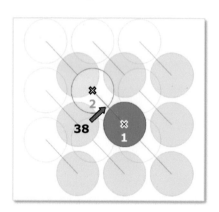

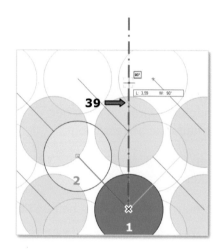

- zeichnen Sie eine Hilfslinie (**38**) von der Mitte von Kreis 1 bis zu der Mitte von Kreis 2

- spiegeln Sie diese Hilfslinie mit dem Werkzeug *Spiegeln* und der ersten Methode - *Original*

Die Spiegelachse (**39**) verläuft senkrecht durch das Zentrum von Kreis 1.

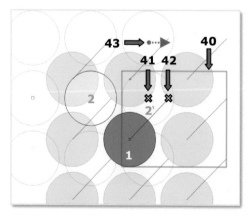

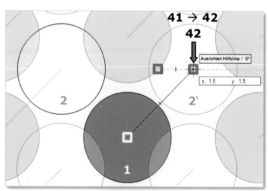

- bewegen Sie den Mauszeiger über die rechte Wiederholungsgruppe, diese wird mit einem roten Rechteck markiert (**40**)
  - in dieser Wiederholungsgruppe, klicken sie mit der LMT, auf das Zentrum (**41**) von Wiederholungskreis **2**'
  - verschieben (**43**) Sie den Wiederholungskreis, mit gedrückter LMT, auf das obere Ende der gespiegelten Hilfslinie (**42**)

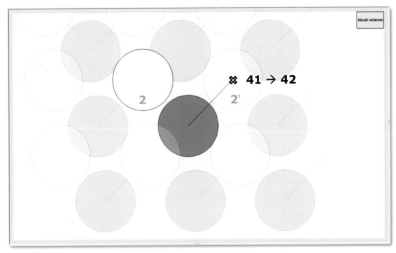

das Ergebnis

Die Wiederholungselemente von Kreis **1**

- spiegeln Sie wieder die Hilfslinie mit dem Werkzeug *Spiegeln* und der ersten Methode - *Original*

Die Spiegelachse (**44**) verläuft waagerecht durch das Zentrum (**45**) von Kreis **2**.

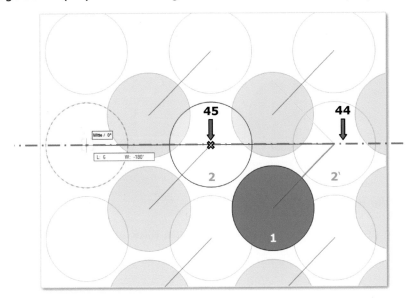

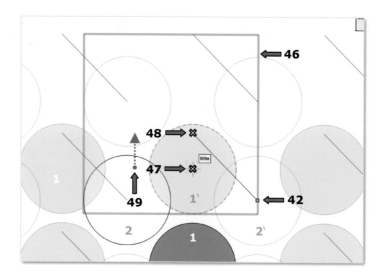

- bewegen Sie den Mauszeiger über die obere Wiederholungsgruppe, diese wird mit einem roten Rechteck markiert (**46**)
  - in dieser Wiederholungsgruppe, klicken sie mit der LMT, auf das Zentrum (**47**) von Wiederholungskreis **1'**
  - verschieben (**49**) Sie den Wiederholungskreis, mit gedrückter LMT, auf das obere Ende der gespiegelten Hilfslinie (**48**)

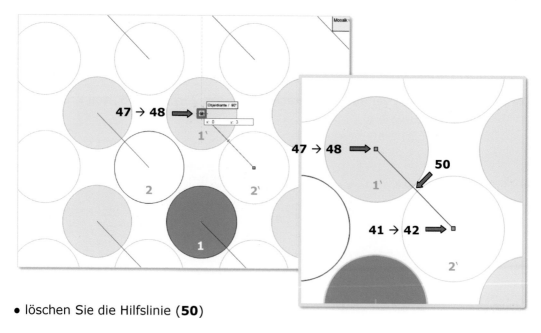

- löschen Sie die Hilfslinie (**50**)

- verlassen sie den Bearbeitungsmodus mit einem Klick auf die Schaltfläche „Mosaik verlassen" (**51**)

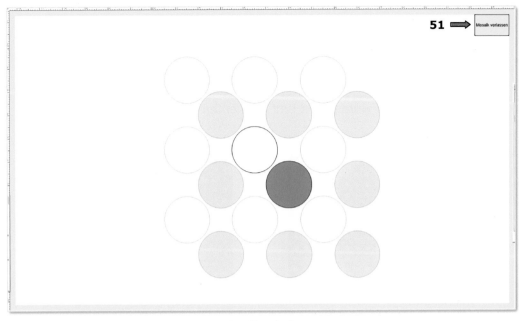

das Ergebnis

Das neue Mosaik **Polylinie 4** (**52**) wurde in dem Ordner „Mosaike" (**55**) angelegt (in dem Zubehör-Manager – **53**, in der Datei „Formen und Farben.vwx" - **54**)

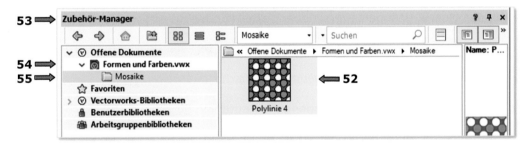

## Das Mosaik zuweisen

Das Mosaik **Polylinie 4** soll dem 2D-Objekt <u>Polylinie 4</u> zugewiesen werden (mit einem Doppelklick auf das Symbol **Polylinie 4** - **57**).

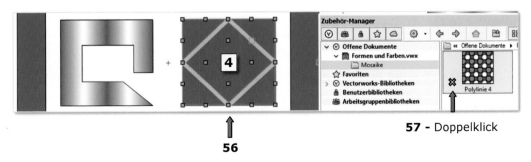

**57** - Doppelklick

Das 2D-Objekt <u>Polylinie **4**</u> besteht aus fünf Polylinien.
Allen fünf soll die Füllung → Mosaik **Polylinie 4 (52)** zugewiesen werden.

- aktivieren Sie alle Elemente von <u>Polylinie **4**</u> (**56**)
  - doppelklicken Sie (**57**) auf das Symbol **Polylinie 4**

Das Mosaik **Polylinie 4** wurde allen fünf Elementen von <u>Polylinie **4**</u> zugewiesen (**58**).

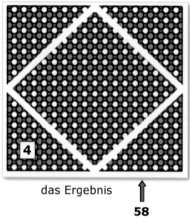
das Ergebnis

**58**

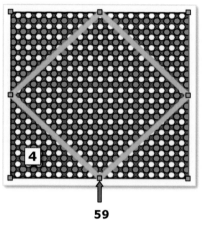

**59**

## Das Mosaik bearbeiten

Mit dem Werkzeug *Füllung und Textur bearbeiten* 🔲 aus der Konstruktion-Palette, kann das Mosaik geändert (verschoben, skaliert oder rotiert) werden.

Das Mosaik in dem mittleren Element/der Raute (**59**) soll bearbeitet werden.

- aktivieren Sie das Werkzeug *Füllung und Textur bearbeiten* 🔲

- klicken Sie auf das mittlere Element/die Raute von <u>Polylinie **4**</u> (**59**)

Es erscheint ein Referenzrechteck (**60**), mit dessen Hilfe Sie die Größe, Position und den Winkel des Mosaiks bearbeiten können:

  - ziehen Sie den rechten oberen Modifikationspunkt (= Umformenzeiger) (**61**) nach oben rechts
  - in die nun erscheinende Objektmaßanzeige tragen Sie folgendes ein:
    Δx: 7 (**62**)
    Δy: 7 (**63**),
    (wie auf Abbildung **64** dargestellt)
  - verschieben (**65**) Sie das Referenzrechteck (**60**)
    - klicken Sie mit der LMT auf dessen linken unteren Modifikationspunkt 1, (siehe Abbildung **66**)
    - halten Sie den Mauszeiger gedrückt und
    - ziehen Sie ihn bis zur unteren Ecke 2 der aktiven Polylinie (siehe Abbildung **67**)
    - lassen Sie den Mauszeiger los

180

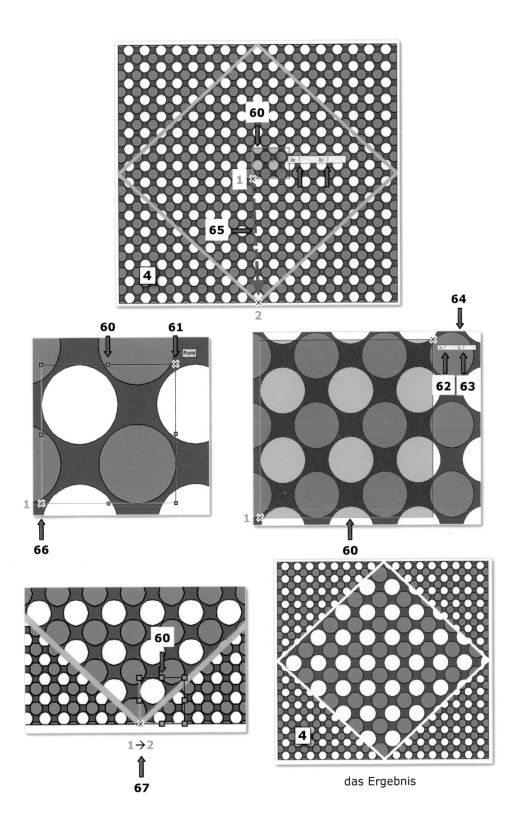

das Ergebnis

## 3.8 Das Gesamtergebnis

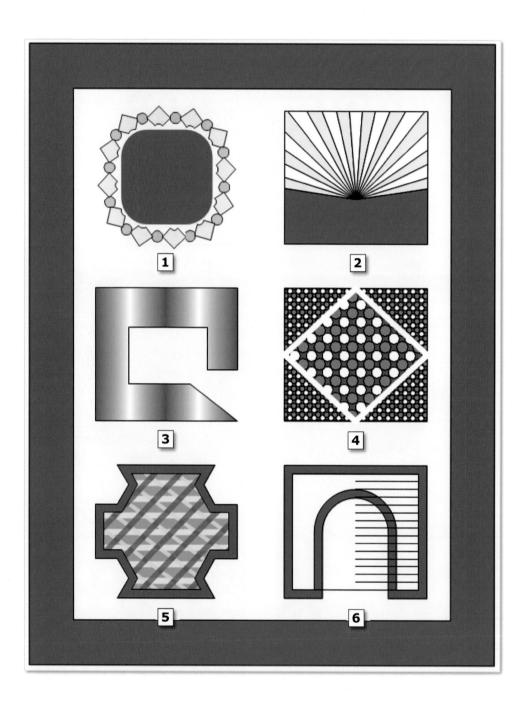

# 4. Die Vitrine

INHALT:

**Die Werkzeuge**
- *Doppellinie*
- *Spiegeln*
- *Versetzen*
- *Kreisbogen*
- *Parallele*
- *Umformen*
- *Polygon*, Methode -
  *Aus umschließenden Objekten*

- Ein neues Dokument anlegen
- Den Maßstab einstellen
- Die Einheiten einstellen
- Eigenen Bemaßungsstandard
  erstellen
- Eine neue Ebene erstellen
- Eine neue Klasse erstellen
- Die Klassen bearbeiten
- Die Klassestilen zuweisen
- Navigationspalette
- Eigenen Bemaßungsstandard
  erstellen
- Navigationspalette –
  Kopfzeile „STATUS"
- Layoutebenen
- Ansichtsbereiche
- Plankopf

**Die Zeichenhilfen**
- Zeigerfang-Funktionen

**Die Befehle**
- *Fläche zusammenfügen*
- *Schnittfläche löschen*
- *Ausrichten*
- *Verbinden*
- *Gruppieren*
- *Gruppe bearbeiten*

Springer Fachmedien Wiesbaden GmbH, ein Teil von Springer Nature 2021
A. Milinović, *Vectorworks 2021*, https://doi.org/10.1007/978-3-658-31902-1_4

# Die Vitrine

Aufgabe:

Zeichnen Sie eine Vitrine:
- sie soll 1900 mm hoch und 800 mm breit sein
- die konstruktiven Elemente der Vitrine, die Seiten und der Oberboden der Vitrine, sind 24 mm dick
- die Innenelemente der Vitrine (die fünf Mittelböden) sind 19 mm dick
- der Türflügelrahmen soll 50 mm breit sein
- die restlichen Maße (in mm) lesen Sie von Abbildung **1** unten ab
- die Vitrine hat zwei geschwungene Abdeckplatten
- erstellen Sie einen eigenen Bemaßungsstandard und bemaßen Sie die Vitrine
- bereiten Sie den Plan für den Druck vor
- erstellen Sie dekorative Gegenstände
- fangen Sie zuerst mit den Attributen (**3**), welche unten in der Attribute-Palette (**2**) angezeigt werden, an zu zeichnen
- die endgültigen Attribute werden Sie den Objekten, später, über die Klassen zuweisen

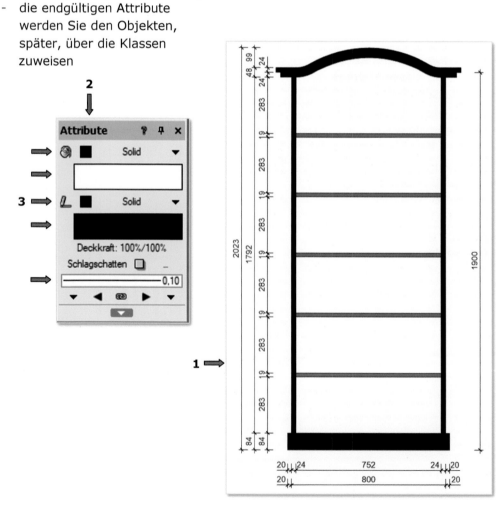

Anleitung:

# Ein neues Dokument anlegen

Versichern Sie sich, dass automatisches Sichern aktiviert ist (siehe Seite 9 f.)

**Ein neues Dokument anlegen**, als Vorlage wählen Sie die Option
„1_Leeres Dokument.sta" aus:

- gehen Sie zu dem Befehl in der Menüzeile:
  *Datei – Neu… – Kopie von Vorgabe öffnen – 1_Leeres Dokument.sta*

**Den Maßstab** auf 1:10 **einstellen**

- gehen Sie zu dem Befehl in der Menüzeile:
  *Datei – Dokument Einstellungen – Maßstab…*
  - in dem nun erscheinenden Dialogfenster „Maßstab" wählen Sie den Maßstab
    1:10 aus

**Die Einheit** auf mm **einstellen**

- gehen Sie zu dem Befehl in der Menüzeile:
  *Datei – Dokument Einstellungen – Einheiten…*
  - in dem nun erscheinenden Dialogfenster „Einheiten" öffnen Sie die Registerkarte
    „Bemaßungen:"
    - in dem Gruppenfeld „Längen – Einheit" wählen Sie, im Aufklappmenü, die
      gewünschte Einheit aus, „Einheiten:" Millimeter

# Einen eigenen Bemaßungsstandard erstellen

**Bemaßungsstandards**
Alle Eigenschaften einer Bemaßung wie Pfeilart, Abstand des Bemaßungstextes von der Maßlinie oder Länge der Bemaßungshilfslinien sind als ein Bemaßungsstandard abgespeichert. Ein Bemaßungsstandard ist also die Beschreibung, wie eine Maßlinie aussehen soll. In Vectorworks können Sie zwischen neun vordefinierten Standards wählen, die nicht verändert werden können. Sie können aber zusätzlich beliebig viele eigene Standards definieren. Vectorworks enthält folgende vordefinierte Bemaßungsstandards: „Arch"-Architektur Standard, „ASME"-American Society of Mechanical Engineers, „BSI"-British Standards Institutions, „DIN"-Deutsches Institut für Normung, „ISO"-International Organization for Standardisation, „SIA II"-Schweizerischer Ingenieur- und Architekten-Verein (feste Maßhilfslinienlänge), „SIA"-Schweizerischer Ingenieur- und Architekten-Verein," Nebeneinander"-DIN (Maßzahlen in zwei Einheiten), „Übereinander"-DIN
(Maßzahlen in zwei Einheiten) [...]
[...] **Eigene Bemaßungsstandards**
Die Definition eines Bemaßungsstandards erfolgt über **Datei > Dokument Einstellungen > Dokument > Bemaßung**. Um selbst einen Standard zu definieren, klicken Sie dort auf **Eigene Standards**.
Im erscheinenden Dialogfenster „Bemaßungsstandards" können Sie neue Bemaßungsstandards definieren, bestehende umbenennen, bearbeiten, löschen etc.
[...] (siehe Vectorworks-Hilfe [1])

Die ausführliche Beschreibung des Befehls/des Werkzeuges finden Sie in Vectorworks Onlinehilfe: Menü *Hilfe – Vectorworks-Hilfe* (siehe Seite 27 ff.)

**Einen eigenen Bemaßungsstandard erstellen:**

- gehen Sie zu dem Befehl in der Menüzeile:
  *Datei – Dokument Einstellungen* (**1**) *– Dokument...* (**2**)

- in dem nun erscheinenden Dialogfenster „Einstellungen Dokument" (**3**) öffnen Sie die Registerkarte „Bemaßung" (**4**)

- kontrollieren Sie zuerst, ob die Option „Bemaßung der Klasse `Bemaßung` zuweisen" (**5**) aktiv ist

Damit wird jede Bemaßung automatisch in die Klasse „Bemaßung" abgelegt.

- in dem Dialogfenster wählen Sie, in dem Gruppenfeld „Bemaßungsstandard" (**6**), zuerst einen vordefinierten Bemaßungsstandard als Vorlage, z.B. „Arch US" (**7**), aus und klicken Sie dann auf die Schaltfläche „Eigene Standards..." (**8**)

- klicken Sie auf die Schaltfläche „Neu..." (**9**)

- benennen Sie diesen Standard: „M 1:10" (**10**)

- bestätigen Sie mit OK

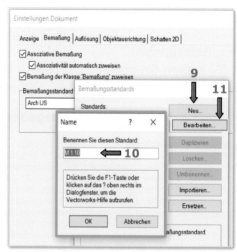

- der gerade erstellte Bemaßungsstandard „M 1:10" (**10**) ist noch markiert, klicken Sie auf die Schaltfläche „Bearbeiten..." (**11**)

- in dem Dialogfenster „Einstellungen Bemaßungsstandard" (**12**) nehmen Sie folgende Einstellungen vor:
  - markieren Sie die Option „Feste Hilfslinienlänge" (**13**)
  - ändern Sie den unteren Teil der Hilfslinie (**14**) auf 3,00
  - wählen Sie den Textstil: „Arial 12" (**15**) aus
  - ändern Sie die restlichen Zahlen, wie in Abbildung **16**, auf der nächsten Seite gezeigt

- wählen Sie die folgenden Optionen für die Linienendstrichart aus:

◦ öffnen Sie das Aufklappmenü „Linear" (**17**)
- markieren Sie den Querstrich (**18**)

Die Bemaßungskette wird jetzt mit dem Endzeichen - Querstrich erstellt.

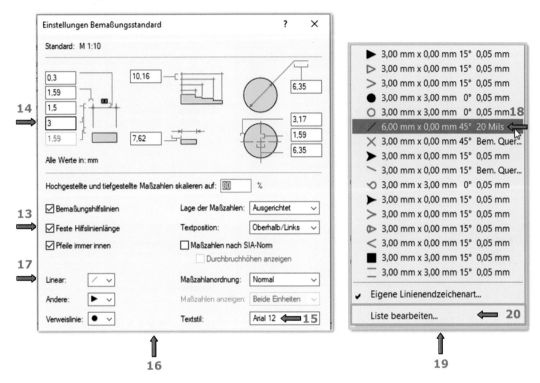

◦ ändern Sie die Länge des Querstriches, indem Sie noch einmal auf das
Aufklappmenü (**17**) klicken

Dadurch öffnet sich wieder das Einblendmenü mit den Linienendzeichenarten (**19**),
in welchem Sie den Querstrich bearbeiten können:

- wählen Sie den Eintrag „Liste bearbeiten" (**20**) aus
Im erscheinenden Dialogfenster „Linienendzeichenarten" (**21**) wird die Liste
„Aktuelle Linienendzeichenarten" angezeigt.
- wählen Sie das Endzeichen für die Bemaßungskette - Querstrich (**22**) aus und
klicken Sie auf die Schaltfläche „Bearbeiten…" (**23**)
- es öffnet sich das Dialogfenster „Linienendzeichenart bearbeiten" (**24**)

• in dem Dialogfenster „Linienendzeichenart bearbeiten" (**24**), nehmen Sie die
folgenden Einstellungen vor:
◦ in dem Gruppenfeld „Einstellungen" (**25**):
- „Grundform:" Querstrich (**26**), wenn nicht schon vorhanden
- „Länge:" 2 mm (**27**)
◦ in dem Gruppenfeld „Liniendicke" (**28**):
- „Eigene Liniendicke:" 0,40 mm (**29**)

◦ schließen Sie alle Dialogfenster (bestätigen Sie alle mit OK)

Sie haben einen eigenen Bemaßungsstandard M 1:10 erstellt.

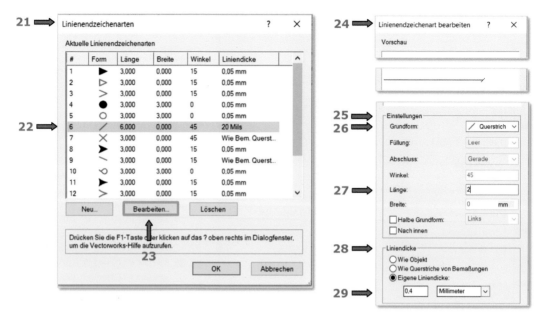

**Eine neue Ebene** (**1**), mit dem Namen „Vitrine" und **vier neue Klassen** (**2**) sollen erstellt werden.

1.  „Konstruktive Elemente"
2.  „Innen Elemente"
3.  Eine Klassengruppe „Tür" mit zwei Unterklassen:
    [indem Sie „-" („Minuszeichen"), ohne Leerzeichen, hinter den Gruppennamen eintragen]:
3.1 „Flügelrahmen" → (Schreibweise „Tür-Flügelrahmen")
3.2 „Glas" → (Schreibweise „Tür-Glas")
4.  „Dekorative Gegenstände"

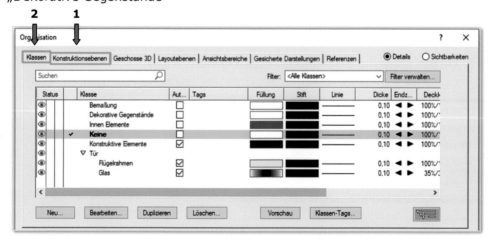

# Bearbeiten von Klassen

- wählen Sie, bei jeder Klasse, in dem Dialogfenster „Klasse bearbeiten" (**3**)
  1. die Registerkarte „Attribute" (**4**) und dann
  2. die Option „Automatisch zuweisen" (**6**), in dem Gruppenfeld „Attribute" (**5**), aus

„Der Befehl überträgt nicht nur die **Attribute** von einem Objekt auf eine Klasse, sondern [...] neu gezeichnete Objekte werden **automatisch** mit diesen Attributen angelegt, wenn die entsprechende Klasse aktiv ist" (siehe Vectorworks-Hilfe [1])

- bestimmen Sie die Klassenattribute für jede Klasse, wie unten angegeben:

1. „Konstruktive Elemente", nehmen Sie für die „Füllung:" (**7**)  Solid -Farbe: Classic 057
2. „Innen Elemente", nehmen Sie für die „Füllung:" (**7**) Solid - Farbe: Classic 053
3. „Tür":
3.1. „Flügelrahmen", die „Füllung:" (**7**), Solid - Farbe: Classic 046
3.2. „Glas", die „Füllung:" (**7**), Verlauf (**8**) - **Weiß-Schwarz-Weiß** (**9**) und setzen Sie die „Deckkraft:" (**10**) auf 35% (**11**)
4. „Dekorative Gegenstände" - bei dieser Klasse schalten Sie die Option „Automatisch zuweisen" **nicht** ein, die Objekte werden unterschiedliche Attribute erhalten

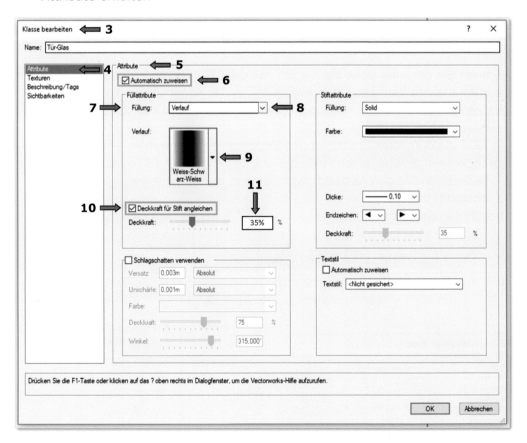

## 4.1 Die Vitrine – Korpus; Seiten, Ober-, Mittel- und Unterboden

(siehe auch Suhner, 2010, S 177-188) [2]

## 1. Die linke Seite der Vitrine

Zeichnen Sie zuerst alles auf der Ebene „Vitrine" und in der Klasse „Keine"
(diese beiden müssen aktiv sein).

**WICHTIG**: In der Zeigerfang-Palette müssen die Fangmodi
*An Objekt ausrichten* und *An Winkel ausrichten*
eingeschaltet sein.

### Doppellinie

**Doppellinie**
**Werkzeugpalette „Konstruktion"**
Mit dem Werkzeug **Doppellinie** werden parallele Linien gezeichnet [...]
Kurzanleitung
1. Legen Sie fest, ob Sie die Doppellinie in bestimmten oder beliebigen Winkeln (0°, 30°, 45°, 60° etc.) zeichnen wollen (erste Methodengruppe) und wo die Linien in Bezug auf die Leitlinie, die Sie mit der Maus ziehen, gezeichnet werden sollen (zweite Methodengruppe).
2. Geben Sie unter **Abstand** in der Methodenzeile den gewünschten Abstand der parallelen Linien voneinander ein.
3. Bestimmen Sie ggf. im Dialogfenster „Einstellungen Doppellinien" (Öffnen über siebtes Methodensymbol), ob Sie eine Linie oder ein Polygon zeichnen wollen und ob Schalen (d. h. weitere Linien oder Polygone zwischen den Linien) angelegt werden sollen. Haben Sie bisher noch keine Doppellinien gezeichnet, öffnet sich dieses Fenster automatisch.
4. Klicken Sie an die Stelle, an welcher der Anfangspunkt der linken Linie liegen soll und zeichnen Sie die Doppellinie bei gedrückter Maustaste in der gewünschten Länge und mit dem gewünschten Winkel.
(siehe Vectorworks-Hilfe [1])

- zeichnen Sie die linke Seite der Vitrine mit dem Werkzeug *Doppellinie* :
  - wählen Sie das Werkzeug *Doppellinie* in der Konstruktion-Palette aus und klicken Sie dann, in der Methodenzeile, auf das Symbol - *Doppellinie Werkzeug Einstellungen* (**1**)
  - in dem Dialogfenster „Einstellungen Doppellinien" (**2**) wählen Sie, in dem Gruppenfeld „Einstellungen" (**4**), die Option „Polygone" (**5**) aus und
    - bestimmen Sie den Abstand zwischen den beiden parallelen Linien
      Abstand: 24 mm (**3**)
  - bestätigen Sie mit OK

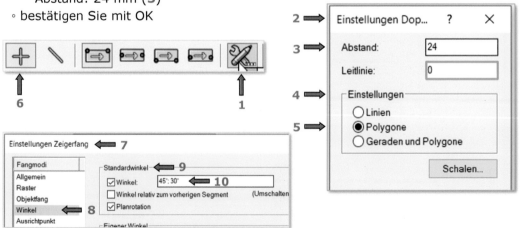

- mit der ersten Methode (**6**), in der Methodenzeile, bestimmen Sie in welchem Winkel Sie zeichnen wollen

Dieser hängt von den Einstellungen in dem Dialogfenster „Einstellungen Zeigerfang" (**7**), in der Zeigerfang-Palette, ab.
Bei der Fangmodi-Option „Winkel" (**8**), in dem Gruppenfeld „Standardwinkel" (**9**) und in dem Eingabefeld „Winkel:" (**10**) kann er bestimmt werden:
-   in diesem Beispiel ist das Zeichnen in 0°, 30°, 45° Schritten möglich

Sie können eine Doppellinie auf drei Arten zeichnen (auch wie eine normale Linie):

**I**     eine Doppellinie durch zwei Punkte bestimmen (mit zwei LMT-Klicks)

**II**    eine Doppellinie mit der LMT, auf einer gewünschten Stelle (einem Startpunkt) beginnen und dann, in die nun erscheinende Objektmaßanzeige (**11**), die Länge (**12**) und den Winkel (**13**) der Doppellinie zu der x-Achse eintragen (springen Sie von einer Eingabe zu der anderen durch das Drücken der Tabulatortaste)

11 ➡ | L: 1900 | W: 90˙ |

⬆          ⬆
**12**        **13**

**III**   eine Doppellinie über das Dialogfenster anlegen:

- doppelklicken Sie auf das Werkzeug *Doppellinie* 🖊 in der Konstruktion-Palette

- das Dialogfenster „Doppellinie" (**14**) wird geöffnet:
  ◦ in dem Gruppenfeld „Größe" (**15**) wählen Sie die Option „Kartesisch" (**16**) aus:
  Δx: 0;
  Δy: 1900 mm (**17**)

Eine Länge kann über **kartesische Koordinaten** (Δx-, Δy-Länge) oder mit **polaren Koordinaten** (Streckenlänge und Winkel) eingegeben werden.

- in dem Gruppenfeld „Position" (**18**) wählen Sie die Option „Nächster Klick" (**19**) aus

„Aktivieren Sie diese Option, wird der Anfangspunkt der Doppellinien mit dem „Nächsten Klick" festgelegt." (siehe Vectorworks-Hilfe [1])

- bestätigen Sie das Dialogfenster mit OK

- klicken Sie an die Stelle auf dem Plan (**20**), an welcher der Startpunkt (**1**) der Doppellinie liegen soll

Die Doppellinie wird an dieser Stelle (**20**) platziert
(durch die eingeschaltete Option „Nächster Klick" - **19**).

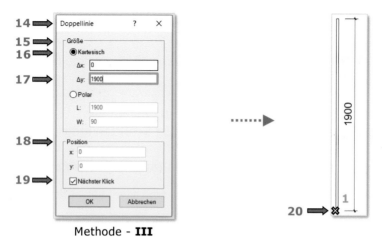

Methode - **III**

## 2. Der Oberboden (die Abdeckplatte)

- diesen zeichnen Sie auch mit dem Werkzeug *Doppellinie*
  - bestimmen Sie den Abstand: 24 mm (**2**)

Jetzt ist aber wichtig, dass die Leitlinie richtig liegt d.h., dass der Oberboden nach oben bündig (**3**), zu der oberen Seite der Vitrine, ausgerichtet ist:
  - ◦ wählen Sie, in der zweiten Methodengruppe, die erste Methode –
    *Linker Rand* (**1**) aus

(mit der Tastaturtaste – Buchstabe **I** können Sie die Position der Leitlinie während des Zeichnens wechseln → siehe Seite 25).

- klicken Sie auf die rechte obere Ecke (**4**) der eben gezeichneten linken Seite der Vitrine (= der Anfangspunkt der Doppellinie)

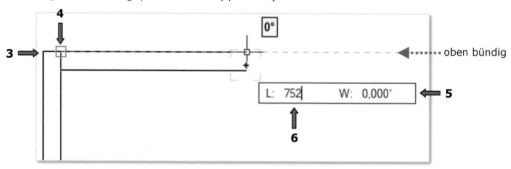

  - ◦ fahren Sie mit der Maus (ohne zu klicken) nach rechts
Die Objektmaßanzeige (**5**) öffnet sich.
    - ◦ tragen Sie in die nun erscheinende Objektmaßanzeige den Wert für die Länge
      L: 752 mm (**6**) ein
    - ◦ bestätigen Sie zweimal

Die erste Bestätigung ist für die eingetragene Länge (752 mm) und die zweite
Bestätigung für den Winkel (0,00°).

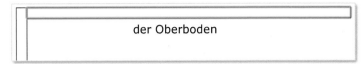

der Oberboden

## 3.  Die rechte Seite der Vitrine

**Spiegeln**

• aktivieren Sie die linke Seite der Vitrine

• wählen Sie das Werkzeug *Spiegeln* 🔀 in der Konstruktion-Palette und in der
  Methodenzeile die zweite Methode - *Duplikat* 🔀 🔀 aus
Sie werden jetzt aufgefordert die Spiegelachse zu zeichnen:
  ◦ klicken Sie zuerst auf den Mittelpunkt des Oberbodens (der Abdeckplatte) (**1**)
  ◦ fahren Sie dann bei gedrückter Umschalttaste ⬆ senkrecht nach unten (oder
    nach oben) (**2**)
  ◦ klicken Sie irgendwo auf die neuerschienene grün gestrichelte Mittelachse (**3**),
    dadurch wird die Spiegelachse definiert

Die rechte Seite der Vitrine ist fertig (**4**).

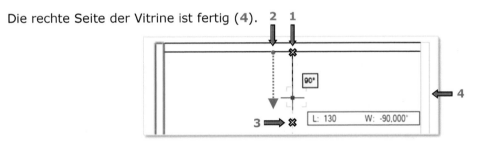

## 4.  Der Unterboden

• spiegeln Sie den Oberboden (mit der zweiten Methode - *Duplikat* 🔀 🔀 )

Die Spiegelachse (**1**) sollte durch die Mitten (**2**) von beiden Seiten verlaufen.

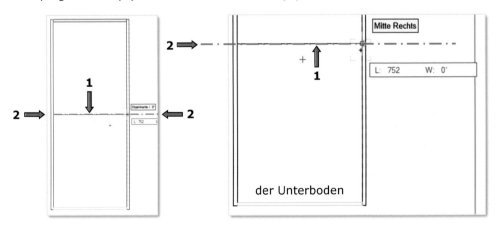

der Unterboden

# Den Unterboden über die Infopalette umformen

- aktivieren Sie den Unterboden (die Bodenplatte)

- fixieren Sie ihn, in der schematischen Darstellung in der Info-Objekt-Palette, unten mittig (**3**)

- addieren Sie, auch in der Info-Objekt-Palette:
  - dem Δx-Wert (Länge des Rechtecks) 88 mm dazu (**4**), (= Δx: 840 mm)
  - dem Δy-Wert (Breite des Rechtecks) 60 mm dazu (**5**), (= Δy: 84 mm)

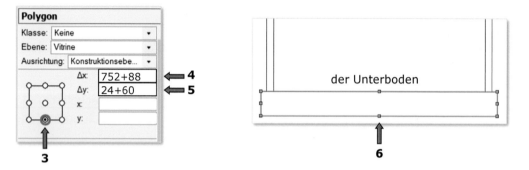

- markieren Sie den Unterboden (**6**) und die beiden Seiten der Vitrine (**7**)
  - die Seiten sollen im Hintergrund angeordnet sein – (**8**),
    falls nicht, markieren Sie diese und gehen Sie zu dem Befehl in der Menüzeile:
    *Ändern – Anordnen – In den Hintergrund*

- danach gehen Sie zu dem Befehl in der Menüzeile: *Ändern – Schnittfläche löschen*

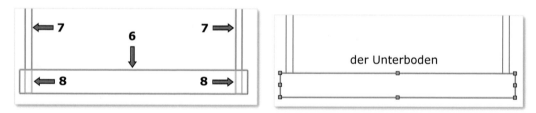

# 5. Mittelböden

Die Vitrine soll fünf Mittelböden mit der Dicke 19 mm bekommen.

- benutzen Sie wieder das Werkzeug *Doppellinie*
  - in der Methodenzeile geben Sie für den Abstand zwischen den Linien,
    Abstand: 19 mm, ein

- zeichnen Sie den ersten Mittelboden 1, egal auf welche Höhe, zwischen die linke und die rechte Seite der Vitrine (**1**) ein

# Versetzen

- den nächsten Mittelboden **2** und die weiteren drei (**3**,**4**,**5**) versetzen Sie mit dem Werkzeug aus der Konstruktion-Palette *Versetzen* (**2**) und der zweiten Methode - *Duplikat versetzen* (**3**)
  - in der Methodenzeile wählen Sie die dritte Methode - *Einstellungen Versetzen* (**4**) aus

Es öffnet sich das Dialogfenster „Punkt festlegen" (**5**):
  - als Standardpunkt (**6**) wählen Sie den linken oberen Punkt (**7**) aus
  - bestätigen Sie mit OK

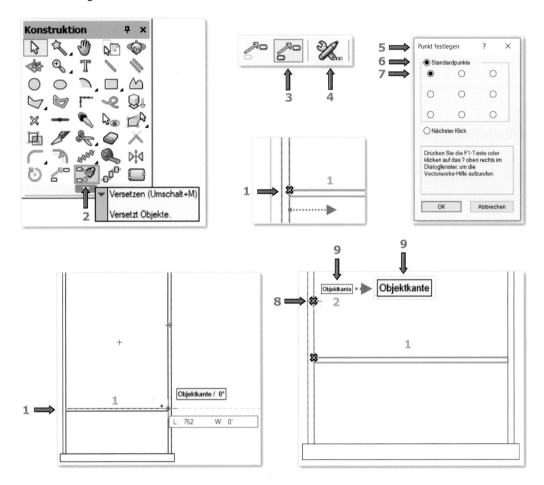

- klicken Sie mit der LMT auf die rechte Kante der linken Seite der Vitrine (**8**), an der Stelle wo der Intelligente Zeiger den Text „Objektkante" (**9**) einblendet

Der Mittelboden **1** wurde als eine Kopie auf diese Stelle (→ Mittelboden **2**) versetzt (achten Sie darauf, dass der Zeigerfang-Modus *An Objekt ausrichten* aktiv ist).

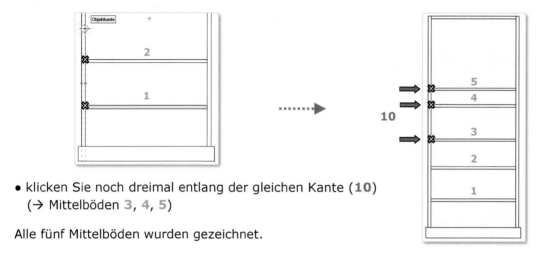

- klicken Sie noch dreimal entlang der gleichen Kante (**10**)
  (→ Mittelböden **3**, **4**, **5**)

Alle fünf Mittelböden wurden gezeichnet.

Sie müssen nur noch gleichmäßig zwischen dem Oberboden und dem Unterboden verteilt werden.

## Ausrichten

Zuerst müssen alle Böden (Ober-, Unter- und Mittelböden) aktiviert werden. Der Oberboden und der Unterboden sind Außenelemente, zwischen ihnen werden die Innenelemente (die Mittelböden) gleichmäßig verteilt.

**Aktivieren**
„**Alt**-Taste" + Aktivieren
„Halten Sie die Alttaste gedrückt, während Sie den Aktivierrahmen aufspannen, werden alle Objekte aktiviert, die sich ganz oder teilweise im Aktivierrahmen befinden". [...] (siehe Vectorworks-Hilfe [1])

- aktivieren Sie alle Böden mit dem Werkzeug *Aktivieren*:
  drücken Sie gleichzeitig die **LMT** und die **Alt-Taste**, spannen Sie senkrecht (und mittig) einen Aktivierrahmen über alle Böden auf (**11**)

Alle Mittelböden, Oberboden und Unterboden werden aktiviert (**12**).

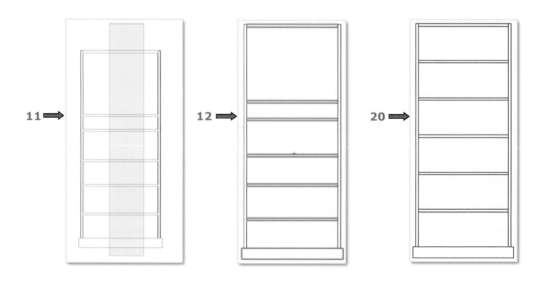

Verteilen Sie jetzt alle Mittelböden gleichmäßig zwischen dem Oberboden und dem Unterboden:

- gehen Sie zu dem Befehl in der Menüzeile:
  *Ändern* (**13**) – *Ausrichten* (**14**) – *2D Ausrichten…* (**15**)
  - in dem Dialogfenster „2D Ausrichten und verteilen" (**16**), in dem Bereich oben rechts (**17**) (zuständig für senkrechte Ausrichtung), aktivieren Sie die Optionen „Verteilen" (**18**) und „Abstand" (**19**)
- (→ die Objekte werden mit dem gleichen Abstand, zwischen den äußeren Elementen, verteilt)
  - bestätigen Sie mit OK

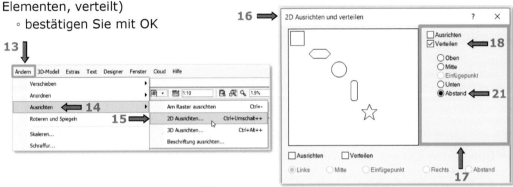

Alle Mittelböden werden gleichmäßig zwischen den Unterboden und Oberboden verteilt (**20**).

## 6. Den Oberboden bearbeiten

Die gerade Form des Oberbodens soll in eine Bogenform umgewandelt werden.

- in der Zeigerfang-Palette müssen die Fangmodi *An Objekt ausrichten*, *An Winkel ausrichten* und *An Schnittpunkt ausrichten* eingeschaltet sein

- aktivieren Sie den Oberboden (**1**)

- fixieren Sie ihn, in der Info-Objekt–Palette in der schematischen Darstellung, mittig (**2**) und addieren Sie 160 mm zu dem Δx-Wert dazu (**3**)
  (= Δx: 912 mm)

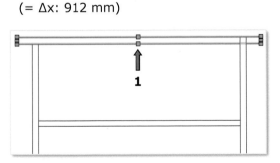

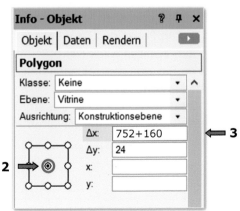

- aktivieren Sie den eben geänderten Oberboden (**1**) (er muss im Vordergrund angeordnet sein) und die beiden Seiten der Vitrine (**4**).

Schneiden Sie die gemeinsame Schnittfläche aus:

- gehen Sie in der Menüzeile zu: *Ändern – Schnittfläche löschen*

## Kreisbogen

**Kreisbogen**
[...] **Definiert durch Tangente und Punkt** 
Mit dieser Methode lässt sich ein Kreisbogen zeichnen, der zunächst tangential an eine Linie oder eine Objektkante gelegt wird. Der erste Mausklick bestimmt den Anfangspunkt. Ziehen Sie dann die Maus in die Richtung, die die Tangente des Bogens bilden soll, und lassen Sie die Maustaste los. Ein weiterer Klick definiert dann den Endpunkt des Kreisbogens [...]
(siehe Vectorworks-Hilfe [1])

Der Oberboden soll mit dem Werkzeug *Kreisbogen* umgeformt werden.

Um die Punkte des Kreisbogens zu bestimmen, benötigen Sie zwei Hilfslinien.

- zeichnen Sie die erste Hilfslinie (**5**) mit dem Werkzeug *Linie* von der Mitte der oberen Seite des Oberbodens senkrecht nach oben, mit der Länge: 75 mm

- zeichnen Sie die zweite Hilfslinie (**6**), indem Sie das obere Ende (**1**) der ersten Hilfslinie mit der rechten oberen Ecke (**2**) der linken Seite der Vitrine verbinden

 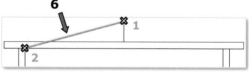

- zeichnen Sie jetzt einen Kreisbogen (**K1**) mit dem Werkzeug *Kreisbogen* aus der Konstruktion-Palette, wählen Sie die dritte Methode – *Definiert durch Tangente und Punkt* aus:
  - mit dem ersten Klick (**3**) bestimmen Sie den ersten Punkt des Kreisbogens und den ersten Punkt der Tangente (= das obere Ende der senkrechten Hilfslinie → **1**)
  - mit dem zweiten Klick (**4**) bestimmen Sie den zweiten Punkt der Tangente (fahren Sie waagerecht nach links und klicken Sie auf eine Stelle der rot gestrichelten Linie)
  - mit dem dritten Klick (**5**) bestimmen Sie den zweiten Punkt des Kreisbogens, (= der Schnittpunkt der zweiten Hilfslinie und der oberen Seite des Oberbodens)

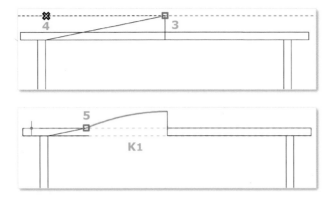

- zeichnen Sie den zweiten Kreisbogen (K2), mit der dritten Methode –
  *Definiert durch Tangente und Punkt* 🔧 :
  - der erste Punkt (= Klick) (6) liegt auf der rechten oberen Ecke der linken Seite
    der Vitrine
  - der zweite Punkt (= Klick) (7) bestimmt die Richtung (waagerecht) der
    Tangente
    (fahren Sie mit dem Mauszeiger waagerecht nach rechts und klicken Sie auf die
    untere Seite des Oberbodens)
  - der letzte (dritte) Klick (5) bestimmt den zweiten Punkt des Kreisbogens
    (klicken Sie auf das linke Ende des zuerst gezeichneten Kreisbogens K1 - 7)

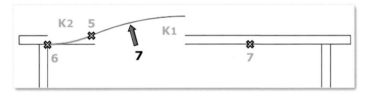

## Verbinden

- aktivieren Sie beide Kreisbögen (7+8) und verbinden Sie diese mit dem Befehl,
  in der Menüzeile: *Ändern – Verbinden* (→ das Ergebnis 9)

**Verbinden**
**Menü „Ändern"**
Wählen Sie diesen Befehl, werden die aktivierten Objekte in ein einziges zusammenhängendes Objekt
umgewandelt. Mit 2D-Objekten entstehen bei diesem Vorgang Polygone bei geraden 2D-Objekten, Polylinien bei
runden 2D-Objekten [...]
[...] Die Objekte, die zusammengefügt werden sollen, müssen einen Pfad darstellen (ausgenommen davon sind
Subdivision-Objekte). Das heißt, der Endpunkt eines Objekts muss exakt auf dem Anfangspunkt des nächsten
Objekts liegen. Weisen zwei Objekte auch nur eine kleine Unterbrechung auf oder kreuzen sich, können sie nicht
verbunden werden. Auch bei Verzweigungen können Objekte nicht verbunden werden. Es darf nur ein
Anfangspunkt von einem Objekt auf einem Endpunkt des anderen liegen [...]
(siehe Vectorworks-Hilfe [1])

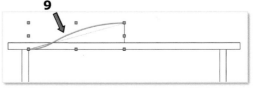

- in der Attribute-Palette ändern Sie die Füllung der gezeichneten Polylinie in „Leer" (**10**)

- löschen Sie beide Hilfslinien (**11**+**12**)

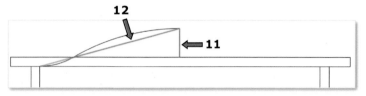

## Parallele

- aktivieren Sie die eben konstruierte Polylinie (**9**) und erstellen Sie aus ihr zwei Parallelen mit dem Werkzeug *Parallele* , aus der Konstruktion-Palette, mit einem Abstand von 24 mm:
  - ◦ wählen Sie die erste Methode - *Mit bestimmten Abstand* (**13**) und die dritte Methode - *Originalobjekt behalten* (**14**) aus,
  - ◦ geben Sie für den Abstand: 24 mm (**15**) ein
  - ◦ klicken Sie zweimal nach oben, um die Parallelen dort zu erstellen (**16**)

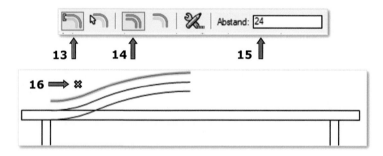

- schließen Sie die Seiten zwischen der Polylinien einzeln, mit dem Werkzeug *Linie*, ab (**17**, **18**, **19**, **20**)

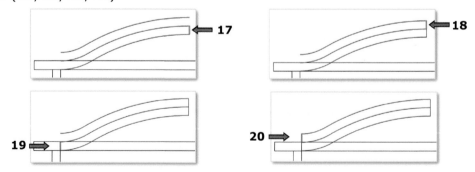

- kopieren Sie die mittlere Polylinie (**21**) und legen Sie diese an der Seite ab (**22**)

Diese Polylinie werden Sie später brauchen, um den zweiten geschwungenen Oberboden als geschlossene Polylinie zu zeichnen.

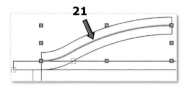

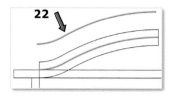

- aktivieren Sie die unteren zwei Polylinien und die zwei unteren seitlichen Linien (**23**)

- verbinden Sie diese vier aktivierten Objekte zu einer geschlossenen Polylinie (**24**), mit dem Befehl in der Menüzeile: *Ändern - Verbinden*

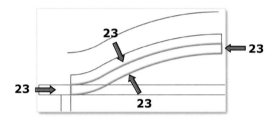

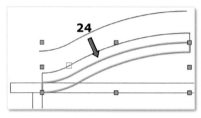

- verschieben Sie die kopierte mittlere Polylinie (**22**) zurück, auf ihre ursprüngliche Stelle

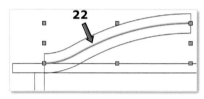

- aktivieren Sie diese Polylinie (**22**), die oberste Polylinie und die zwei seitlichen oberen kurzen Linien (**25**)

- verbinden Sie diese vier aktivierten Objekte zu einer geschlossenen Polylinie (**26**) mit dem Befehl in der Menüzeile: *Ändern - Verbinden*

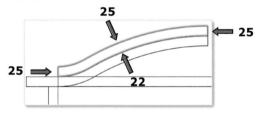

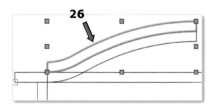

## Umformen

**Umformen** [...]
[...] Dazu müssen Sie nur die entsprechenden Modifikationspunkte packen und verschieben [...]"
(siehe Vectorworks-Hilfe **¹**)

- verkleinern Sie den zuerst gezeichneten geraden Oberboden (**27**) mit dem Werkzeug *Umformen* 🖉 in der Konstruktion-Palette:
  ◦ aktivieren Sie den geraden Oberboden (**27**) und entweder wählen Sie das Werkzeug *Umformen* in der Konstruktion-Palette aus oder klicken Sie zweimal auf den geraden Oberboden:
  ◦ wählen Sie die zweite Methode - *Kante parallel verschieben* 🖾 aus

◦ drücken Sie auf den unteren rechten Modifikationspunkt (**8**) des Oberbodens
◦ ziehen Sie den Mauszeiger, mit der gedrückten LMT, nach links (**28**) bis zur rechten Kante (**9**) der linken Seite der Vitrine

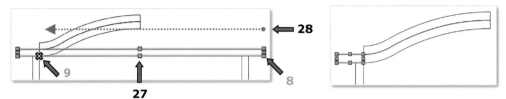

- kopieren Sie dieses Rechteck nach oben (um 24 mm) (**29**)

- vergrößern Sie es in der Info-Objekt–Palette:
  ◦ fixieren Sie eine der rechten Ecken des Rechtecks (**30**) in der schematischen Darstellung
  ◦ addieren Sie, auch in der Info-Objekt-Palette:
  zu dem Δx-Wert (= die Länge des Rechtecks) 24 mm dazu (**31**)
  (= Δx: 104 mm)

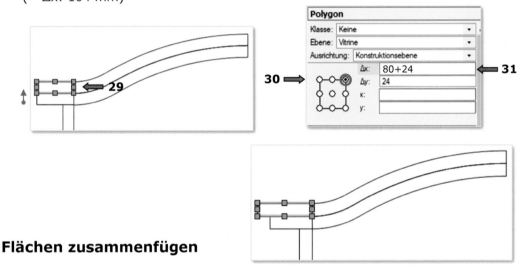

# Flächen zusammenfügen

Fügen Sie die Flächen des oberen Rechtecks (**32**) und der oberen Polylinie (**33**) zusammen:
- aktivieren Sie das Rechteck (**32**) und die benachbarte Polylinie (**33**)

- gehen Sie in der Menüzeile zu dem Befehl: *Ändern – Flächen zusammenfügen*

Die zwei Flächen verschmelzen zu einer einzigen Fläche/Polylinie (**34**).

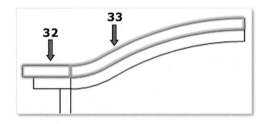

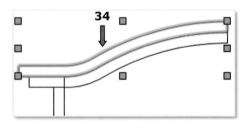

- wiederholen Sie dies bei dem unteren Rechteck (**35**) und der unteren Polylinie (**36**)

Die zwei unteren Flächen verschmelzen ebenfalls zu einer einzigen Fläche/Polylinie (**37**).

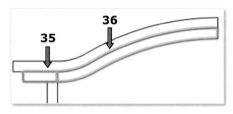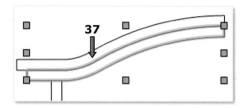

- aktivieren Sie beide Polylinien (**34+37**) und spiegeln Sie diese mit dem Werkzeug *Spiegeln* ⋈ :
  - in der Methodenzeile wählen Sie die zweite Methode - *Duplikat* ⋈ ⋈ aus
  - die Spiegelachse (**38**) soll mittig, zwischen den zwei Seiten der Vitrine, verlaufen:
    - klicken Sie zuerst auf die rechte obere Ecke (**10**) einer der Polylinien (z.B. **34**)
    - ziehen Sie eine Leitlinie senkrecht nach unten - klicken Sie auf einen Punkt der neuerschienenen blau gestrichelten Achse (**11**) - dadurch wird die Spiegelachse definiert (**38**)

Am Anfang der Übung haben Sie den Fangmodus *An Winkel ausrichten* eingeschaltet, d.h. sobald sich der Mauszeiger einem Winkel von 90° gegenüber der x-Achse nähert, erscheint eine gestrichelte Leitlinie. Der Mauszeiger rastet ein, es ist nur noch eine senkrechte Bewegung möglich.
Falls Sie diesen Fangmodus nicht eingeschaltet haben, können Sie, während des Zeichnens, die **Umschalttaste ⇧ gedrückt halten**. Eine Leitlinie, im vorher eingegebenen Winkeln, erscheint.

Die rechte Seite des neuen Oberbodens ist fertig (**39**).

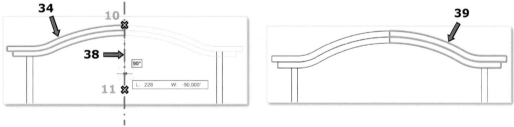

Fügen Sie die Flächen der zwei oberen Polylinien (Polylinie - **40** und ihr gespiegeltes Abbild **41**) zusammen:

- aktivieren Sie beide Polylinien (**40+41**)

- gehen Sie in der Menüzeile zu dem Befehl: *Ändern – Flächen zusammenfügen*

Die zwei oberen Polylinien vereinen sich zu einer einzigen Polylinie (**42**).

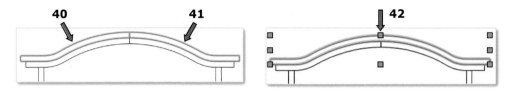

- wiederholen Sie dies bei den zwei unteren Polylinien (**43**+**44**)

Diese zwei unteren Polylinien vereinen sich ebenfalls zu einer einzigen Polylinie (**45**).

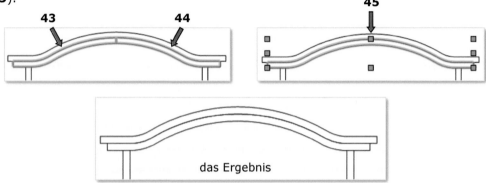

das Ergebnis

## 4.2 Vitrine – Türen

Die Türen werden zwischen dem Unterboden und dem Oberboden eingesetzt.

## 1. Die linke Tür

- zeichnen Sie zuerst eine senkrechte Hilfslinie/Symmetrieachse (**1**) zwischen den mittleren Punkten des Ober- und Unterbodens

- den ersten Teil der Tür zeichnen Sie mit dem Werkzeug *Rechteck* 🔲 (**2**) und mit der ersten Methode - *Definiert durch Diagonale* 🔲 , und zwar von der linken oberen Ecke der linken Seite der Vitrine (**1**) bis zu dem Mittelpunkt der oberen Seite des Unterbodens (**2**)

### Polygon, die Methode - Aus umschließenden Objekten

**Polygon** [...]
**[...] Aus umschließenden Objekten**
Mit der zweiten Methode können Sie aus geschlossenen Flächen, die von einem oder mehreren Objekten (Linien, Rechtecke, Polylinien, Polygone) umgrenzt werden, Polygone erzeugen. Ist eines der Objekte rund (Kreis, Kreisbogen) oder enthält es Löcher, wird eine Polylinie erzeugt. Klicken Sie dazu mit dem Fülleimer-Symbol in die Fläche, die erzeugt werden soll. Vectorworks legt daraufhin ein Polygon mit den gerade in der Attributpalette gewählten Einstellungen an [...]
⊙ Sie können auch mit **Ändern > Fläche anlegen** aus von Objektkanten umschlossenen Flächen Polygone anlegen [...] (siehe Vectorworks-Hilfe [1])

Der zweite Teil der Tür ist die Polylinie unter dem geschwungenen Oberboden (**4**).

- wählen Sie das Werkzeug *Polygon* in der Konstruktion-Palette und die zweite Methode - *Aus umschließenden Objekten* aus:

○ klicken Sie mit dem Fülleimer-Symbol 🪣 in die Fläche (**3**)

Es wurde eine Polylinie erzeugt (**4**).

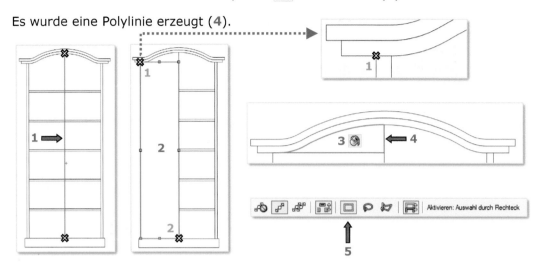

● aktivieren Sie die zuerst gezeichnete Hilfslinie (**1**), mit dem Werkzeug *Aktivieren* und mit der Methode - *Auswahl durch Rechteck* (**5**), und löschen Sie diese

● fügen Sie die Flächen des Rechtecks (**2**) und der Polylinie (**4**) zusammen:
  ○ aktivieren Sie das Rechteck (**2**) und die Polylinie (**4**)
  ○ gehen Sie, in der Menüzeile, zu dem Befehl:
    *Ändern – Flächen zusammenfügen*

Sie haben eine neue Polylinie erstellt → die Türfläche (**6**).

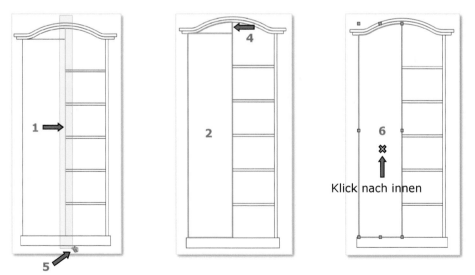

Klick nach innen

● die Polylinie (**6**) bleibt aktiv, zeichnen Sie zu dieser Linie eine Parallele (nach innen), mit dem Werkzeug *Parallele* 🖊 aus der Konstruktion-Palette:
  ○ aktivieren Sie die erste Methode - *Mit bestimmten Abstand* (**7**) und die dritte Methode - *Originalobjekt behalten* (**8**)

◦ der Abstand soll 50 mm (**9**) betragen

↑7    ↑8    ↑9

◦ klicken Sie innerhalb der Fläche der Polylinie (**6**)
  (auf dieser Seite soll die Parallele erzeugt werden)

Die parallele Polylinie wird gezeichnet → die Glasfläche der Tür (**10**).

- aktivieren Sie die beiden Polylinien:
  die äußere Polylinie (**6**) /die Türfläche
  und die innere Polylinie (**10**) /
  die Glasfläche

- gehen Sie in der Menüzeile zu dem
  Befehl: *Ändern – Schnittfläche löschen*

- die Glasfläche (**10**) hat die Türfläche (**6**)
  ausgeschnitten (→ und einen Türflügelrahmen
  erzeugt, die Glasfläche ist erhalten geblieben)

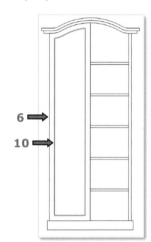

## 2.  Die rechte Tür

- aktivieren Sie beide Polylinien (Flügelrahmen und Glasfläche) (**11**)

- spiegeln Sie beide, mit dem Werkzeug *Spiegeln* und mit der zweiten Methode
  - *Duplikat*, auf die rechte Seite der Vitrine

Die Spiegelachse (**12**) soll senkrecht durch die Mitte der Vitrine verlaufen.

das Ergebnis

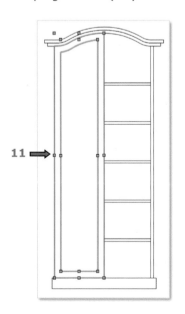

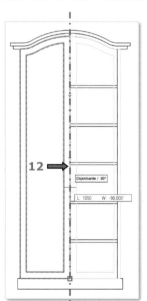

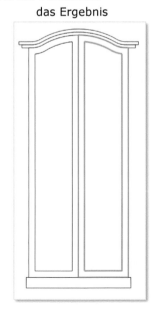

In der nächsten Übung werden die Klassenattribute den beiden Türflügeln zugewiesen.

## 4.3 Klassenstile zuweisen

**Klassenstile zuweisen**
Mit Klassenattributen, den sogenannten „Klassenstilen", lassen sich Objekte automatisch aufgrund ihrer Klasse mit bestimmten Attributen darstellen (Füllung, Farbe, Liniendicke, -art usw., siehe unten). So können Sie z. B. eine Klasse „Haustechnik-Heizung" anlegen, die jedes Objekt, das sich darin befindet, automatisch mit einer roten Füllung ausstattet. Klassenstile werden in der Attributpalette mit einem gebogenen Pfeil angezeigt.
Mit Klassenstilen können Sie ein ganzes Set von Attributen, z. B. eine Liniendicke, eine Stiftfarbe und eine Füllung unter einer Klasse abspeichern. Dieses Prinzip ist mit den sogenannten „Stilvorlagen" oder „Formatvorlagen" in einem Textverarbeitungs- oder Desktoppublishingprogramm vergleichbar. Die Vorteile liegen auf der Hand: Das Erscheinungsbild (Liniendicke, Farbe etc.) einer bestimmten Art von Objekten (Bemaßungen, Achsen usw.) muss nur einmal, nämlich in der Klasse, in der sie abgelegt werden, definiert werden. Zudem wirken sich Änderungen, die an den Klassenattributen vorgenommen werden, unmittelbar auf sämtliche Objekte aus, die in dieser Klasse abgelegt sind. Die Einstellungen des Klassenstils können im Dialogfenster „Klasse bearbeiten" (**Extras > Organisation > Klassen > Bearbeiten**) geändert werden.
Wollen Sie einem Objekt den Stil seiner Klasse zuweisen, müssen Sie zunächst im Dialogfenster „Klasse bearbeiten" die gewünschten Klassenattribute festlegen. Soll ein Objekt z. B. eine Füllung im Stil und in der Farbe seiner Klasse erhalten, müssen Sie es zuerst aktivieren. Dann wählen Sie in der Attributpalette **Füllung > Klassenstil** und **Farbe > Klassenfarbe**. Das Objekt erhält daraufhin die Füll- und Farbeigenschaften seiner Klasse.
Haben Sie im Dialogfenster „Klasse bearbeiten" die Option **Automatisch zuweisen** eingeschaltet, werden Objekte, die Sie zeichnen, während diese Klasse aktiv ist, oder die neu in dieser Klasse abgelegt werden, sofort mit dem Klassenstil ausgestattet. Übertragen Sie ein Objekt von einer Klasse in eine andere, öffnet sich das Dialogfenster „Klassenattribute allen Objekten zuweisen?". Bestimmen Sie dort, ob diese übertragenen Objekte die Klassenattribute der neuen Klasse übernehmen sollen oder nicht [...] (siehe Vectorworks-Hilfe [1])

Sie haben bereits alle Klassen erstellt, in jeder Klasse bestimmte Attribute festgelegt und die automatische Zuweisung eingeschaltet.
Bis jetzt haben Sie nur in der Klasse „Keine" gezeichnet d.h. alle gezeichneten Objekte liegen in der Klasse „Keine".
In dieser Übung werden Sie die gezeichneten Objekte den entsprechenden Klassen zuweisen. Bevor die aktiven Objekte einer neuen Klasse zugewiesen werden, werden Sie gefragt ob diese Objekte die vorgegebene Klassenattribute jeweiliger Klasse übernehmen sollen.

## Die Klasse der Tür wechseln

**Infopalette**
[...] **„Klasse"** – Dieses Einblendmenü zeigt an, in welcher Klasse das Objekt abgelegt ist, dessen Maße im Augenblick in der Infopalette angezeigt werden. Wollen Sie dieses Objekt einer anderen Klasse zuweisen, wählen Sie in diesem Einblendmenü einfach die gewünschte aus [...] (siehe Vectorworks-Hilfe [1])

- aktivieren Sie die Flügelrahmen von beiden Türen (**1**) und ändern Sie, in der Info-Objekt-Palette (**2**), deren Klasse „Keine" (**3**) in Klasse „Tür-Flügelrahmen" (**4**) um

Sie werden gefragt, ob allen aktivierten Objekten die Attribute der Klasse zugewiesen werden sollen.

   ◦ antworten Sie mit „Ja" (**5**)

Die Flügelrahmen der beiden Türen haben die Attribute der Klasse „Tür-Flügelrahmen" erhalten (Füllung: Solid-Farbe: Classic 046) (→ das Ergebnis **6**).

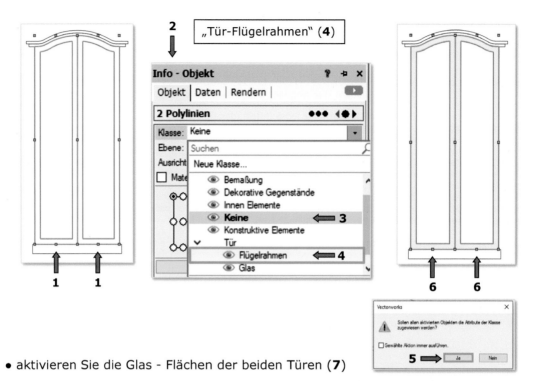

„Tür-Flügelrahmen" (**4**)

- aktivieren Sie die Glas - Flächen der beiden Türen (**7**)

- ändern Sie, in der Info-Objekt-Palette, die Klasse „Keine" (**3**) in die „Klasse:" Tür-Glas (**8**) um

Die Glasflächen der beiden Türen haben die Attribute der Klasse „Tür-Glas" erhalten (Füllung: Verlauf: **Weiß-Schwarz-Weiß** und die „Deckkraft:" 35%) (**9**)

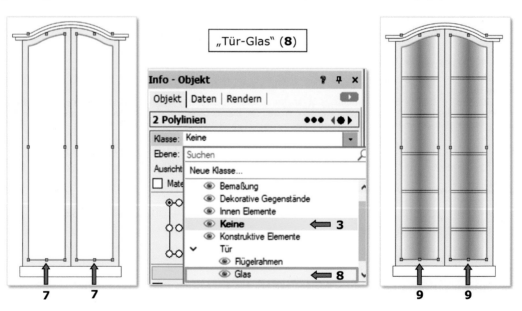

„Tür-Glas" (**8**)

# Die Klasse „Konstruktive Elemente" zuweisen

## Klassendarstellung

**Klassendarstellung**
[...] Mit den fünf Befehlen des Untermenüs **Ansicht > Klassendarstellung** können Sie bestimmen, wie alle Objekte, die nicht in der aktiven Klasse abgelegt sind, auf dem Bildschirm und im Druck dargestellt werden. Die Darstellung der aktiven Klasse wird von Ihrer Wahl nicht beeinflusst. Welche Klasse aktiv ist, können Sie der Darstellungszeile entnehmen [...]
[...] **Grau und ausrichten** zeigt nur die Objekte der aktiven Klassen normal, alle anderen Klassen werden grau dargestellt. Objekte, die auf der aktiven Konstruktionsebene angelegt und bearbeitet werden, können an den Objekten in grauen Klassen ausgerichtet werden. Objekte in nicht aktiven Klassen können nicht aktiviert und bearbeitet werden [...] (siehe Vectorworks-Hilfe [1])

Um sicher zu sein, dass die zwei Türen nicht weiter bei der Arbeit stören, müssen Sie die „Tür-" Klassen so einstellen, dass sie „nicht aktiviert und nicht bearbeitet" werden können.
In der Navigation-Palette (**1**) bestimmen Sie die Klassendarstellung.

- in der Registerkarte „Navigation-Klassen" wählen Sie bei dem Aufklappmenü „Darstellung:" (**2**) die Option „Grau und ausrichten" (**3**) aus

Damit erreichen Sie, dass nur die Objekte der aktiven Klasse „Keine" (**4**) normal angezeigt und bearbeitet werden können (die aktive Klasse ist mit einem Häkchen markiert und fett gedruckt dargestellt).
Objekte aus anderen Klassen werden grau dargestellt und können nicht aktiviert oder bearbeitet werden.

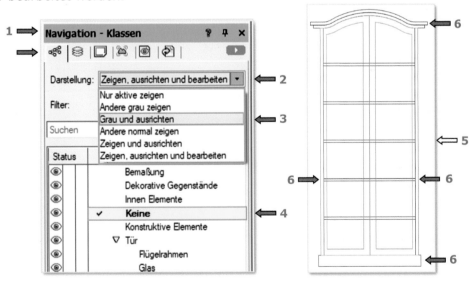

Die Türen, die der Klasse „Tür-" zugewiesen wurden, werden auch grau dargestellt und können nicht bearbeitet werden (**5**).

Die Klasse „Keine" ist aktiv, alle Objekte aus dieser Klasse werden normal angezeigt und können bearbeitet werden (**6**).

- aktivieren Sie den Unterboden, die beiden Seiten der Vitrine und die zwei Oberböden (**7**) - fünf Objekte (→ Kontrolle in der Info-Objekt-Palette - **8**)

- ändern Sie in der Info-Objekt-Palette deren Klasse „Keine" (**9**) in Klasse: „Konstruktive Elemente" (**10**) um

Sie werden gefragt, ob allen aktivierten Objekten die Attribute der Klasse zugewiesen werden sollen.
  ◦ antworten Sie mit „Ja"

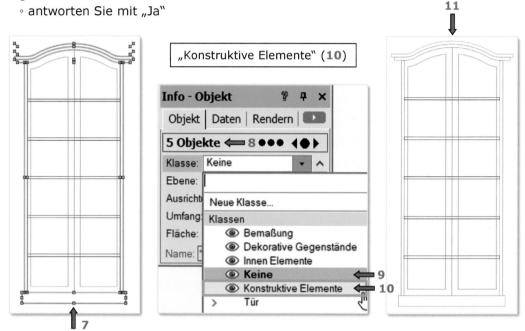

„Konstruktive Elemente" (**10**)

**7**

Dem Unterboden, den beiden Seiten der Vitrine und den zwei Oberböden wurden die Attribute der Klasse „Konstruktive Elemente" zugewiesen (Füllung:  Solid-die Farbe: Classic 057).

Diese Objekte, die sich jetzt in der Klasse „Konstruktive Elemente" befinden, werden grau (**11**) dargestellt.
Nur die Objekte aus der Klasse „Keine" bleiben sichtbar und bearbeitbar (alle Mittelböden) (**12**)

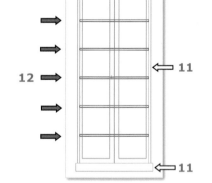

## Die Klasse der Mittelböden wechseln

Weisen Sie den allen fünf Mittelböden zu der Klasse „Innen Elemente" zu:

- aktivieren Sie alle Mittelböden (**1**) → fünf Objekte/Polygone (**2**)

- ändern Sie in der Info-Objekt-Palette, deren Klasse „Keine" (**3**) in die Klasse „Innen Elemente" (**4**) um

Den Mittelböden wurden die Attribute der Klasse „Innen Elemente" zugewiesen (Füllung: Solid - Farbe: Classic 053).

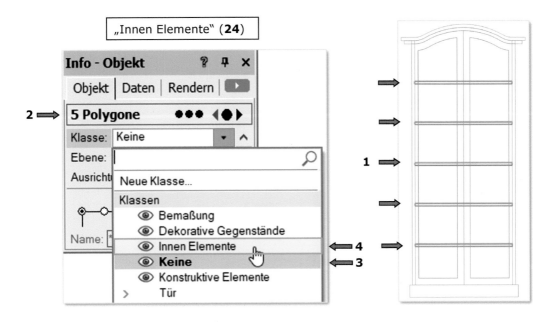

# Klasse - Status „Zeigen, ausrichten und bearbeiten"

**Die Navigationspalette** [...]

[...] „**Status**" – In diesen drei ersten Spalten kann der Sichtbarkeitsstatus der Klassen/Konstruktionsebenen bzw. der darin befindlichen Objekte bestimmt werden. Klicken Sie mit der Maus in die erste Spalte „Sichtbar", sind die Objekte dieser Klasse bzw. Konstruktionsebene in der Zeichnung also voll sichtbar. Ein Klick in die zweite Spalte „Unsichtbar" blendet die Objekte in dieser Klasse aus und zeigt sie auf einer Konstruktionsebene nur an, wenn diese die aktive ist. Die dritte Spalte „Grau" stellt alle Objekte in der Klasse bzw. Konstruktionsebene mit grauen Kanten ohne Füllungen dar. Eine aktive Klasse bzw. Konstruktionsebene wird unabhängig von ihrem Sichtbarkeitsstatus immer normal abgebildet. Auf die Objekte einer grauen Konstruktionsebene können Sie nur zugreifen, wenn sie die aktive ist.

TIPP: Unsichtbare Klassen und Konstruktionsebenen werden auch beim Drucken nicht ausgedruckt, Objekte in grauen Klassen werden ebenfalls grau gedruckt. So können Sie denselben Plan in den verschiedensten Varianten ausdrucken (z. B. einmal mit Bemaßung und einmal ohne Bemaßung) [...]

(siehe Vectorworks-Hilfe [1])

[...] **Zeigen, ausrichten und bearbeiten** zeigt alle Klassen entsprechend ihre jeweilige Einstellung im Dialogfenster „Organisation" an. Objekte, die in der aktiven Klasse angelegt oder bearbeitet werden, können an den Objekten der anderen sichtbaren Klassen ausgerichtet werden. Alle Objekte in sichtbaren Klassen können außerdem aktiviert und bearbeitet werden, beispielsweise können Sie sie löschen. [...]

(siehe Vectorworks-Hilfe [1])

Jetzt sind keine Objekte mehr in der Klasse „Keine".

Da die Klasse „Keine" (**3**) noch aktiv ist und in der Navigation-Klassen-Palette, bei der Einstellung „Darstellung:", „Grau und ausrichten" ausgewählt wurde, sind alle Elemente der Vitrine grau dargestellt (**5**).

- um diese Elemente wieder sichtbar anzuzeigen, wählen Sie in der Navigation-Klassen-Palette, bei der Einstellung „Darstellung:" (**6**) die Option „Zeigen, ausrichten und bearbeiten" (**7**) aus

das Ergebnis

# 4.4 Bemaßung

**Bemaßungen**
**Werkzeuggruppe „Bemaßung/Beschriftung"**
In der Werkzeuggruppe „Bemaßung/Beschriftung" finden Sie alle Werkzeuge, mit denen Bemaßungen angelegt werden können und mit denen sich Winkel oder Strecken messen lassen[...]
[...]**Grundregeln**
Alle Bemaßungen werden in der zuletzt aktivierten Liniendicke und mit den zuletzt aktivierten Textattributen gezeichnet. Ist also die Schrift Helvetica in der Größe 10 Punkte aktiviert und wurde die Liniendicke 0,2 mm gewählt, wird der Bemaßungstext in dieser Schrift und Schriftgröße geschrieben und die Bemaßungslinie, die Bemaßungshilfslinien und die Linienendzeichen (außer Schrägstrichen) werden in der Strichstärke 0,2 mm gezeichnet. Alle diese Einstellungen können auch nachträglich durch Aktivieren der entsprechenden Bemaßung und Wählen der gewünschten Befehle verändert werden.
ⓘ Eine Ausnahme ist die Liniendicke der als Linienendzeichen verwendeten Schrägstriche. Diese wird unabhängig von der Liniendicke der restlichen Bemaßungsbestandteile unter **Datei > Dokument Einstellungen > Dokument > Bemaßung**.

Sämtliche Bestandteile einer Bemaßung – also die Bemaßungslinie, die Bemaßungshilfslinien sowie die Maßzahl werden automatisch in der Klasse „Bemaßung" abgelegt. Sie können Bemaßungen jedoch auch in der gerade aktiven Klasse ablegen. Dazu müssen Sie unter **Datei > Dokument Einstellungen > Dokument > Bemaßung** die entsprechende Option ausschalten. Wollen Sie die gesamte Bemaßung eines Plans mit einem Befehl unsichtbar machen, müssen Sie unter **Extras > Organisation > Klassen** einstellen, welche Klassen Sie sichtbar bzw. unsichtbar machen möchten […]

[…] **Horizontale und vertikale Bemaßung**
Mit dem Werkzeug **Bemaßung horizontal und vertikal** ⊢⋅⊣ (Werkzeuggruppe „Bemaßung/Beschriftung") können Sie eine Bemaßung anlegen, die den horizontalen oder den vertikalen Abstand zwischen zwei Punkten anzeigt. Je nachdem, welche Methode Sie wählen, wird eine einzelne horizontale oder vertikale Bemaßung oder eine Ketten-, Referenzachsen-, Koten- oder Objektbemaßung erstellt […]

[…] **Kettenbemaßung** ⊢⊢⊣
Mit dieser Methode können Sie mehrere Bemaßungen anlegen, die den horizontalen oder den vertikalen Abstand zwischen beliebig vielen Punkten anzeigen.
1. Ziehen Sie eine Linie zwischen den ersten beiden zu bemaßenden Punkten.
2. Lassen Sie die Maustaste los und verschieben Sie den Zeiger, bis die Maßlinie den gewünschten Abstand aufweist (die Bemaßung wird dabei schon gestrichelt angezeigt) und klicken Sie einmal. Der Zeiger wird zu einem Fadenkreuz.
3. Verschieben Sie ihn bis zum nächsten Punkt und klicken Sie dort.
4. Fahren Sie so fort, bis alle gewünschten Punkte bemaßt sind. Auf den letzten Punkt müssen Sie doppelklicken, und die Bemaßung wird angezeigt […] (siehe Vectorworks-Hilfe [1])

**Bemaßen** Sie jetzt die Inneneinteilung der Vitrine, wie unten beschrieben:

• da Sie die Inneneinteilung der Vitrine bemaßen sollen, müssen die beiden Türen der Vitrine ausgeblendet sein:
  ◦ in der Navigation-Klassen-Palette (**1**), unter „Status" (→ Sichtbarkeitsspalten) (**2**), klicken Sie bei der Tür-Klasse (**3**) in die zweite Spalte „Unsichtbar" ⊠ (**4**)

Die Türen werden ausgeblendet und stören nicht weiter bei der Bemaßung.

Die Bemaßungen legen Sie, mit dem Werkzeug *Bemaßung horizontal und vertikal* (**6**) aus der Werkzeuggruppe **Bemaßung/Beschriftung** (**5**), an:

• in der Methodenzeile wählen Sie die zweite Methode - *Kettenbemaßung* (**7**) aus
  ◦ in dem Aufklappmenü für Bemaßung „Standard:" (**8**), wählen Sie den Bemaßungsstil „M 1:10" (**9**) aus, den Sie am Anfang der Übung „Vitrine" erstellt haben (siehe Seite 185 f.)

Die Bemaßung wird der Klasse: „Bemaßung" automatisch zugewiesen (durch die aktivierte Option „Bemaßung der Klasse `Bemaßung` zuweisen" in: *Datei – Dokument Einstellungen – Dokument – Bemaßung*)

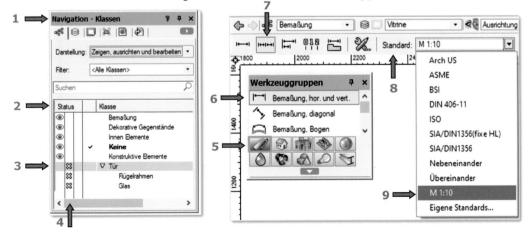

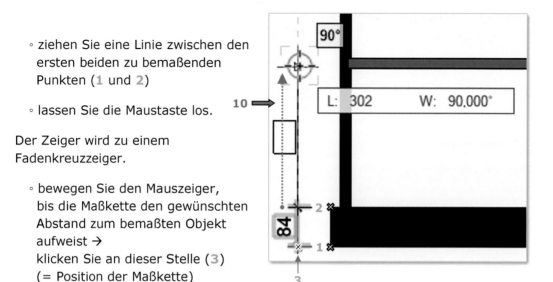

- ziehen Sie eine Linie zwischen den ersten beiden zu bemaßenden Punkten (**1** und **2**)

- lassen Sie die Maustaste los.

Der Zeiger wird zu einem Fadenkreuzzeiger.

- bewegen Sie den Mauszeiger, bis die Maßkette den gewünschten Abstand zum bemaßten Objekt aufweist → klicken Sie an dieser Stelle (**3**) (= Position der Maßkette)

- fahren Sie so mit dem Bemaßen fort, bis alle gewünschten Punkte (**10**) bemaßt sind

- auf den letzten Punkt müssen Sie doppelklicken, um das Bemaßen abzuschließen

Die Bemaßung wird angezeigt (**11**).

- vervollständigen Sie die Bemaßung (**12**)

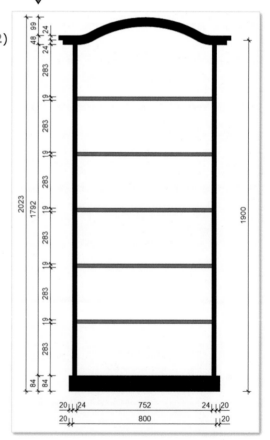

## 4.5  Die Projektpräsentation - Layoutebenen und Ansichtsbereiche

**Layoutebenen**
**Ebenen**
Ohne Einteilung der Elemente einer Zeichnung auf verschiedene Ebenen würde eine sinnvolle Handhabung komplexer Pläne unmöglich. Ebenen strukturieren den Inhalt von Plänen nach bestimmten Kriterien und stellen ein wichtiges Mittel zum Ordnen eines Plans dar. Jedes Objekt, das angelegt wird, befindet sich automatisch auf einer Ebene, daher existiert in jedem neuen Vectorworks-Dokument mindestens eine Ebene.
In Vectorworks gibt es zwei Arten von Ebenen: Konstruktionsebenen und Layoutebenen. Auf den Konstruktionsebenen zeichnen und modellieren Sie Objekte. **Layoutebenen** dienen der Präsentation von Plänen und können sowohl Objekte als auch Ansichtsbereiche enthalten. Damit sie besser voneinander unterschieden werden können, werden Konstruktionsebenen mit einem dünnen Rahmen und Layoutebenen mit einem breiten grauen Rahmen angezeigt.
**Layoutebenen**
Layoutebenen werden immer in der Ansicht „2D-Plan" und im Maßstab 1:1 angelegt. Im Gegensatz zu Konstruktionsebenen sind sie immer nur allein sichtbar. Auf den Layoutebenen werden die Ansichtsbereiche angezeigt. Ansichtsbereiche dienen dazu, ein Modell auf einer Ebene in verschiedenen Ausschnitten anzuzeigen, die unterschiedliche Maßstäbe, Ansichten, Darstellungsarten oder Perspektiven aufweisen können [...]
(siehe Vectorworks-Hilfe [1])

**Ansichtsbereiche**
**Ansichtsbereich-Typen**
Ansichtsbereiche sind Verknüpfungen, die beliebige Ausschnitte einer Zeichnung zeigen. Änderungen in der Zeichnung werden automatisch auf den Ansichtsbereich übertragen. [...]
[...] **Ansichtsbereiche auf Layoutebenen**: Diese Ansichtsbereiche dienen in erster Linie dazu, attraktive Präsentationen für Kunden oder Wettbewerbe zu erstellen. Mit ihrer Hilfe lässt sich ein Modell auf einer Ebene gleichzeitig als Ganzes und in Details aus verschiedenen Blickwinkeln, in unterschiedlichen Maßstäben, Darstellungsarten oder Perspektiven anzeigen [...]
[...] In einem Ansichtsbereich kann entweder die gesamte Zeichnung oder nur ein Ausschnitt davon angezeigt werden. Ausschnitte werden mit sogenannten Begrenzungen erzeugt, die jede beliebige zweidimensionale Form (Rechtecke, Kreise, Polygone) aufweisen können. Dabei wird jedoch nicht die gesamte Zeichnung bzw. ihr Ausschnitt in den Ansichtsbereich hineinkopiert, sondern die benötigten Teile der Zeichnung in den Ansichtsbereich hineinreferenziert und dort in der dem Ansichtsbereich zugewiesenen Ansicht, Darstellungsart usw. angezeigt. Dadurch wird es möglich, dass Änderungen an der Originalzeichnung auf der Konstruktionsebene sofort im Ansichtsbereich zu sehen sind. [...]
**Ansichtsbereiche auf Layoutebenen anlegen**
Eine Layoutebene kann einen oder mehrere Ansichtsbereiche enthalten. Sie können auf einer Layoutebene zusätzlich zu den Ansichtsbereichen beliebig Text, Bemaßungen und 2D-Objekte zeichnen. Ansichtsbereiche, die auf Layoutebenen angelegt wurden, lassen sich nicht nachträglich auf eine Konstruktionsebene einfügen. [...]
(siehe Vectorworks-Hilfe [1])

**Plankopf**
**Plankopf hinzufügen**
Mit dem Werkzeug **Plankopf** ☐ werden sowohl das Layout des Planrahmens und des Plankopfs gestaltet als auch die für den Plankopf, die Planrevision, Ausgaben usw. benötigten Daten verwaltet.
In den Vectorworks-Bibliotheken finden Sie einige Vorgaben für Plankopf-Stile. Sie können aber auch selbst individuelle Planköpfe mit Hilfe der Plankopf-Einstellungen und der veränderbaren Plankopf-Layoutgruppe erzeugen. Diese eigenen Planköpfe lassen sich auch als Stile sichern und in anderen Dateien verwenden.
Mit einem Plankopf-Stil können Sie feste Werte für bestimmte Einstellungen für alle Instanzen definieren, die den Stil verwenden, aber weiterhin die anderen Einstellungen für jede Instanz des Plankopfs bearbeiten. Haben Sie einen Plankopf-Stil erzeugt, können Sie diesen im Dialogfenster „Einstellungen Plankopf" wählen [...]
Ein Plankopf wird folgendermaßen auf einer Ebene platziert:
1. Aktivieren Sie das Werkzeug **Plankopf** (Werkzeuggruppe „Bemaßung/Beschriftung").
2. Führen Sie einen der folgenden Schritte durch:
• Wollen Sie einen bestehenden Plankopf aus den Zubehörbibliotheken verwenden, wählen Sie unter **Objekt-Vorgabe** in der Methodenzeile im Zubehör-Auswahlmenü das gewünschte Zubehör.
• Wollen Sie einen eigenen Plankopf anlegen, klicken Sie in der Methodenzeile auf **Einstellungen**. Wählen Sie im Dialogfenster „Einstellungen Planrahmen" den gewünschten Stil und/oder nehmen Sie die Vorgabeeinstellungen für die Plangröße vor. Für viele Standard-Zeichnungsformate sind diese Einstellungen bereits über den Stil definiert.
3. Klicken Sie in die Zeichnung, um den Plankopf zu platzieren und klicken Sie ein zweites Mal, um seinen Winkel zu definieren. Ein Plankopf-Objekt wird in die Zeichnung eingesetzt.
4. Klicken Sie in der Infopalette auf **Einstellungen**, um zusätzliche Einstellungen für das aktivierte Objekt vorzunehmen.

(siehe Vectorworks-Hilfe [1])

# Die Layoutebene, den Ansichtsbereich anlegen

In Vectorworks dienen **Layoutebenen** der Präsentation von Plänen.
Um das Abbild des kompletten Modells oder dessen Ausschnitte auf die
Layoutebene zu übertragen, müssen Sie in Vectorworks einen oder mehrere
**Ansichtsbereiche** erzeugen.

„[...] In einem Ansichtsbereich kann entweder die gesamte Zeichnung oder nur ein Ausschnitt davon angezeigt
werden [...]" (siehe Vectorworks-Hilfe ¹)

- wählen Sie den Befehl in der Menüzeile aus:
  *Ansicht* (**1**) - *Ansichtsbereich anlegen...* (**2**)

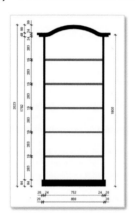

- ∘ in dem zu öffnenden Dialogfenster „Ansichtsbereich anlegen" (**3**) klicken Sie auf
  das Einblendmenü „Ebene:" (**4**) und wählen die Option „Neue Layoutebene..."
  (**5**) aus
  - im nun erscheinenden Dialogfenster „Neue Layoutebene" (**6**)
    markieren Sie die Option „Neue Layoutebene anlegen" (**7**) und benennen
    Sie den Layoutplan in dem Eingabefeld „Titel:" (**8**) Vitrine
- ∘ bestätigen Sie mit OK

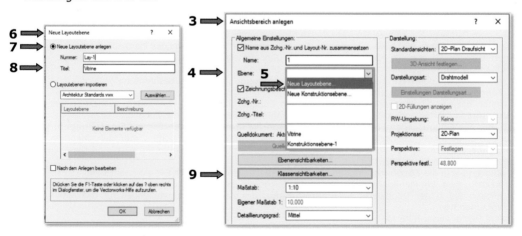

Das Dialogfenster „Neue Layoutebene" (**6**) wird geschlossen und Sie können die restlichen Eingaben in dem Dialogfenster „Ansichtsbereich anlegen" (**3**) eintragen:

• klicken Sie auf die Schaltfläche „Klassensichtbarkeiten" (**9**)

Es öffnet sich das Dialogfenster „Klassensichtbarkeiten des Ansichtsbereichs/Schnitts" (**10**).
Hier können Sie die Klassen „Bemaßung" und „Keine" ausblenden
(in der Klasse „Keine" befinden sich keine Objekte mehr):

  ◦ in den Statusspalten, unter dem „Status" (**11**) klicken Sie bei den Klassen
    „Bemaßung" (**13**) und „Keine" (**14**) in die zweite Spalte „Unsichtbar" (**12**)
  ◦ bestätigen Sie mit OK

Diese Klassen werden in dem Ansichtsbereich nicht angezeigt.

  ◦ bestätigen Sie das Dialogfenster „Ansichtsbereich anlegen" (**3**) mit OK

Sobald Sie das Dialogfenster schließen, wird der Ansichtsbereich auf der gewählten Layoutebene „Vitrine" (**15**) angelegt und Vectorworks wechselt von der Konstruktionsebene zur Layoutebene (**16**).

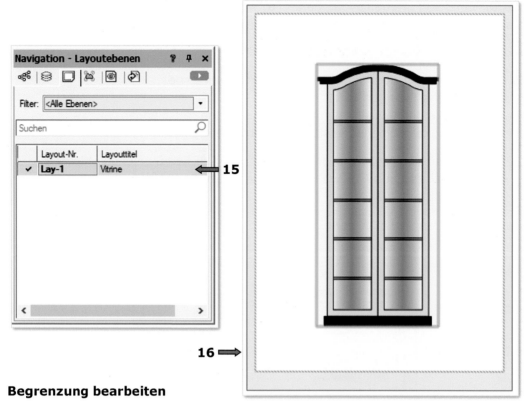

## Begrenzung bearbeiten

Anmerkung:

Falls Sie auf der Konstruktionsebene außerhalb des Zeichenblattes noch einige Objekte gezeichnet haben (**17**), werden sich diese auch in diesem Ansichtsbereich befinden.

Um nur die Vitrine im Ansichtsbereich angezeigt zu bekommen, müssen Sie auf der Konstruktionsebene um die Vitrine ein Rechteck zeichnen und aktivieren. Es soll mit dem Attribut „Füllung:" Leer gezeichnet werden (**18**).

Dieses Rechteck wird, wie ein Fenster, die Sicht auf die Zeichenfläche eingrenzen und nur den, durch das Rechteck, sichtbaren Ausschnitt auf den Arbeitsbereich übertragen.

Erst dann gehen Sie zu dem Befehl *Ansichtsbereich anlegen* (**2**). Sie werden gefragt, ob das aktive Objekt als eine Begrenzung benutzt werden soll
  ◦ antworten Sie mit „Ja" (**19**)

Vectorworks erstellt einen Ansichtsbereich, in welchem nur Objekte, die innerhalb des aktiven Rechtecks liegen (hier Vitrine), zu sehen sind.

In 3D-Ansichten müssen Sie diese Begrenzung, in Form eines Rechtecks, Kreises oder Polygons, in „Ausrichtung Bildschirmebene" (**20**) zeichnen.

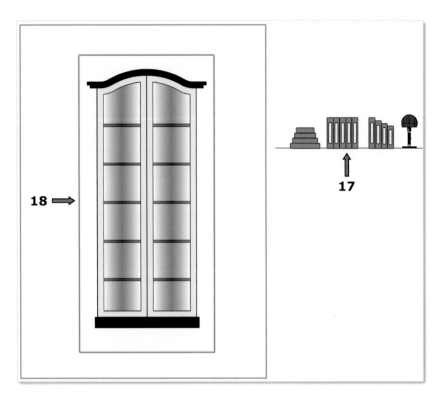

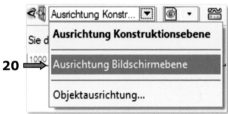

## Plangröße

- ändern Sie die Plangröße in der Layoutebene auf **A3** Querformat:
  - ◦ klicken Sie mit der RMT, in der Liste, auf „Lay-1" (**21**)
  - ◦ in dem nun erscheinenden Kontextmenü wählen Sie den Befehl *Bearbeiten…* (**22**) aus:
    - das Dialogfenster „Layoutebene bearbeiten" (**23**) wird geöffnet
    - klicken Sie auf die Schaltfläche „Plangröße…" (**24**)
      - das Dialogfenster „Plangröße" (**25**) wird geöffnet, in dem können Sie das Druckformat für die gerade aktive Layoutebene auswählen
      - klicken Sie auf die Schaltfläche „Drucker und Seite einrichten…" (**26**):
        - das Dialogfenster „Seite einrichten" wird geöffnet (**27**)
        - in dem Gruppenfeld „Papierformat" (**28**) klicken Sie auf das Einblendmenü „Papierformat:" (**29**) und wählen das Format „A3" (**30**) aus

- in dem Gruppenfeld „Ausrichtung" (**31**) wählen Sie „Querformat" (**32**) aus
- bestätigen Sie 3-mal mit OK

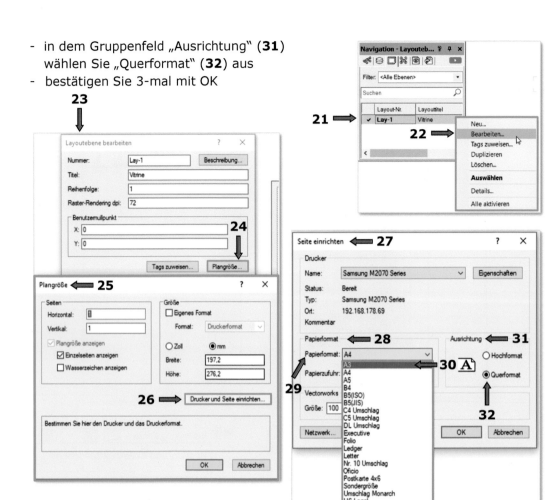

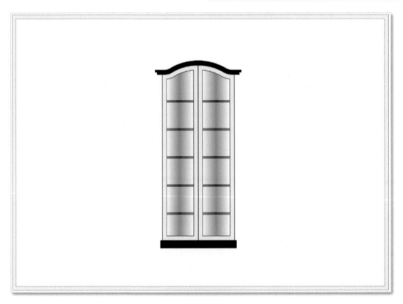

das Ergebnis

Erstellen Sie noch einen **Ansichtsbereich** (diesmal die Vitrine mit der Bemaßung) in der gleichen Layoutebene.

- zuerst verschieben Sie das gezeichnete Ansichtsfenster, mit der Drücken-Ziehen-Loslassen-Methode (per Drag and Drop) nach links (**33**)

- danach kopieren Sie dieses (mit der gedrückten LMT und der Strg-Taste) (**34**) nach rechts

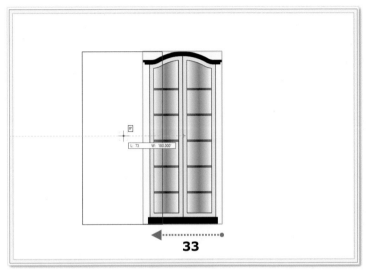

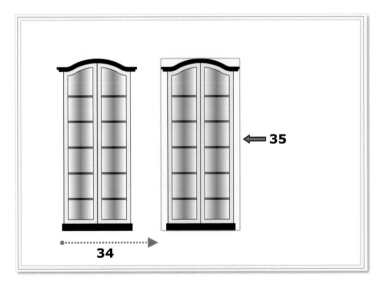

Alle Änderungen, die später an dem Modell vorgenommen werden, werden automatisch auf die Ansichtsbereiche, wo sie zu sehen sind, übertragen.

Ausnahme: Bei neu gerenderten Zeichnungen müssen Sie auf die Schaltfläche „Aktualisieren", in der Infopalette, klicken (diese wird durch einen roten Rahmen markiert), um den Ansichtsbereich zu aktualisieren.

Das rechte Ansichtsfenster (**35**) bleibt aktiv.

- bearbeiten Sie es (→ die Vitrine mit der Bemaßung) in der Info-Objekt-Palette:
  - klicken Sie auf die Schaltfläche „Klassensichtbarkeiten" (**36**)

Es öffnet sich das Dialogfenster „Klassensichtbarkeiten des Ansichtsbereichs/Schnitts" (**37**).

   - in den Status-Spalten ändern Sie die Sichtbarkeit:
     der Klasse „Bemaßung" (**38**) in „Sichtbar" und
     der Klasse-Tür, „Tür-Flügelrahmen" (**39**) und „Tür-Glas" (**40**), in „Unsichtbar"
   - bestätigen Sie mit OK (**41**)

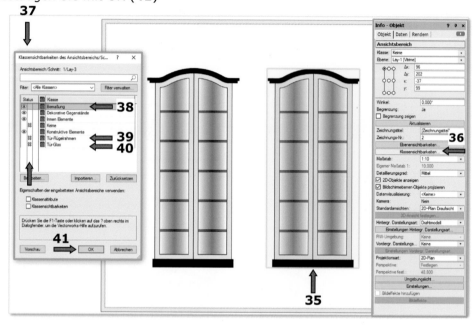

   - verschieben Sie beide Ansichtsbereiche an die gewünschte Position

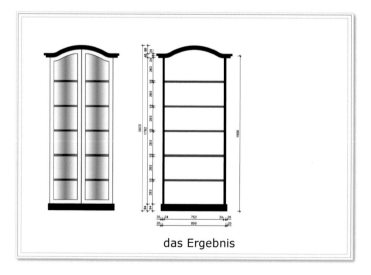

das Ergebnis

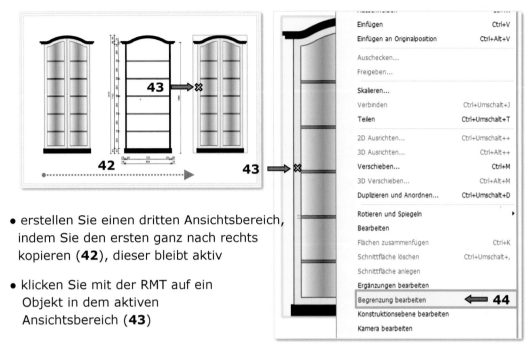

Einfügen                          Ctrl+V
Einfügen an Originalposition      Ctrl+Alt+V

Auschecken...
Freigeben...

Skalieren...
Verbinden                         Ctrl+Umschalt+J
Teilen                            Ctrl+Umschalt+T

2D Ausrichten...                  Ctrl+Umschalt+++
3D Ausrichten...                  Ctrl+Alt+++
Verschieben...                    Ctrl+M
3D Verschieben...                 Ctrl+Alt+M
Duplizieren und Anordnen...       Ctrl+Umschalt+D

Rotieren und Spiegeln             ▸
Bearbeiten
Flächen zusammenfügen             Ctrl+K
Schnittfläche löschen             Ctrl+Umschalt+,
Schnittfläche anlegen
Ergänzungen bearbeiten
Begrenzung bearbeiten        ⟵ **44**
Konstruktionsebene bearbeiten
Kamera bearbeiten

- erstellen Sie einen dritten Ansichtsbereich, indem Sie den ersten ganz nach rechts kopieren (**42**), dieser bleibt aktiv

- klicken Sie mit der RMT auf ein Objekt in dem aktiven Ansichtsbereich (**43**)

## Begrenzung bearbeiten

- aus dem nun erscheinenden Kontextmenü wählen Sie den Befehl *Begrenzung bearbeiten* (**44**) aus

Es wird ein Bearbeitungsmodus geöffnet, in dem Sie eine Begrenzung für den aktiven Ansichtsbereich festlegen können.

Falls Sie schon eine Begrenzung in diesem Ansichtsbereich erstellt haben, z.B. in Form eines Rechtecks, löschen Sie diese.

- zeichnen sie eine neue Begrenzung, in Form eines Kreises, um die linke obere Ecke der Vitrine (**45**)

Dieser wird als neue Begrenzung für diesen Ansichtsbereich verwendet.

- verlassen Sie den Ansichtsbereich mit einem Klick auf den Text „Ansichtsbereich Begrenzung verlassen" (**46**)

- in der Info-Objekt-Palette aktivieren Sie die Option „Begrenzung anzeigen" und ändern Sie den Maßstab auf 1:5 (**47**)

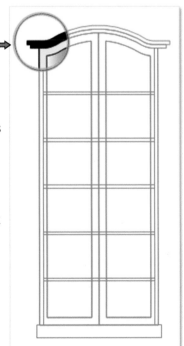

## Ergänzungen bearbeiten

Die Zeichnungsbeschriftungen soll dem Ansichtsbereich hinzugefügt werden.

• erstellen Sie eine neue Klasse mit dem Namen „Text" (**48**). Diese soll aktiv sein.

Alle Klassen, außer die Klasse „Bemaßung", sollen sichtbar (**49**) sein.

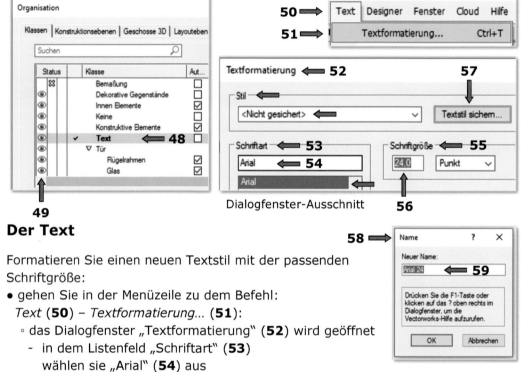

Dialogfenster-Ausschnitt **56**

## Der Text

**58** ⟹

Formatieren Sie einen neuen Textstil mit der passenden Schriftgröße:

• gehen Sie in der Menüzeile zu dem Befehl:
  *Text* (**50**) – *Textformatierung…* (**51**):
  ◦ das Dialogfenster „Textformatierung" (**52**) wird geöffnet
    - in dem Listenfeld „Schriftart" (**53**)
      wählen sie „Arial" (**54**) aus
    - tragen Sie, in das Eingabefeld „Schriftgröße" (**55**) 24 (**56**) ein
    - sichern Sie den Textstil mit einem Klick auf die Schaltfläche „Textstil
      sichern…" (**57**)
    - in das nun erscheinende Dialogfenster „Name" (**58**) tragen Sie, für den neuen
      Textstil, den Namen „Arial 24" ein → „Neuer Name:" Arial 24 (**59**)

Der Text „Detail 1:5" soll in den kleinen Ansichtsbereich geschrieben werden:

• klicken Sie mit der RMT auf ein Objekt, in dem aktiven Ansichtsbereich (**60**)

• aus dem nun erscheinenden Kontextmenü wählen Sie den Befehl
  *Ergänzungen bearbeiten* (**61**) aus.

Es wird ein Bearbeitungsmodus geöffnet, wo Sie den Text, mit dem gerade erzeugten Textstil „Arial 24" (**59**), schreiben können.

**Text schreiben**

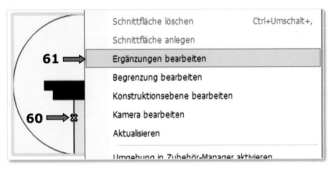

- wählen Sie das Werkzeug *Text* (**63**)
  und die erste Methode - *Horizontal* (**64**) aus
  - aus dem Aufklappmenü „Textstil:" (**65**) wählen Sie den Textstil „Arial 24"
    (**66**) aus
  - klicken Sie mit dem Mauszeiger (er wird zu einem Textfeldzeiger) an die Stelle
    wo Sie mit dem Text beginnen wollen

  - schreiben Sie den Text „Detail 1:5" (**67**) auf

  - beenden Sie das Schreiben mit der Esc-Taste

Sie können weitere Ergänzungen vornehmen z.B. neue 2D-Objekte zeichnen, zusätzliche Textnotizen oder, wie hier, Zeichnungsbeschriftungen hinzufügen.

[...] „Diese Elemente werden dann Bestandteil des Ansichtsbereiches und mit diesem kopiert, verschoben, und gelöscht" [...] (siehe Vectorworks-Hilfe **[1]**)

Die hinzugefügten Ergänzungen im Ansichtsbereich werden nicht in der Konstruktionsebene angezeigt.

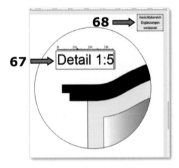

Verlassen Sie den Bearbeitungsmodus mit einem Klick auf die Schaltfläche oben rechts „Ansichtsbereich Ergänzungen verlassen" (**68**).

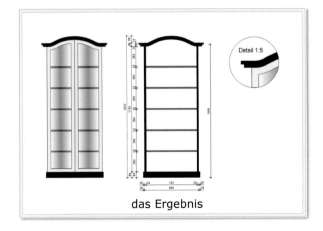

das Ergebnis

## 4.6 Einen Plankopf einfügen

- aktivieren Sie das Werkzeug *Plankopf* (**2**) in der Werkzeuggruppe
  **Bemaßung/Beschriftung** (**1**)
  - in der Methodenzeile wählen Sie die erste Methode - *Einfügen mit einem Klick*
    (**3**) aus

[...] „Mit dieser Methode fügen Sie einen Plankopf mit nur einem Klick, ohne Rotation, in die Zeichnung ein"
[...] (siehe Vectorworks-Hilfe [1])

  - im Zubehör-Auswahlmenü „Objekt-Vorgabe:" (**4**) wählen Sie, aus dem Ordner
    **Vectorworks-Bibliotheken**, den Plankopf aus:
    Objekt-Vorgaben – Plankopf - Plankopf.vwx (**5**) - **Plankopf 1** (**6**)

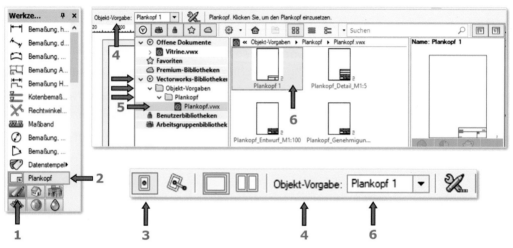

- klicken Sie auf den Plan, der Plankopf wird eingesetzt (**7**)

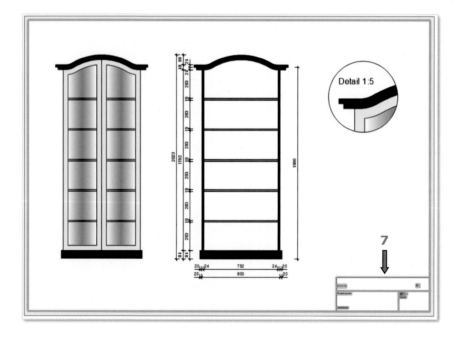

**Den Plankopf bearbeiten**

- klicken Sie in der Info-Objekt-Palette auf „Einstellungen..." (**8**) und nehmen Sie in dem Dialogfenster „Einstellungen Plankopf" (**9**) die gewünschten Einstellungen für den Plankopf vor

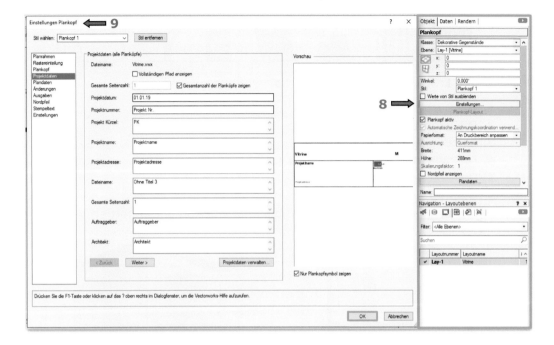

# 4.7 Dekorative Gegenstände

INHALT:

**Die Werkzeuge**
- *Verrunden*
- *Verschieben*
- *Rotieren*
- *Schneiden*
- *Parallele*
- *Kreisbogen*
- *Spiegeln*

- Symbol skalieren
- Symbol bearbeiten
- Symbol ersetzen
- Import DXF/DWG/DWF
- Attribute-Bildfüllung
- Temporärer Nullpunkt

**Die Befehle**
- *Symbol anlegen*
- *Duplizieren und Anordnen*
- *Ausrichten*
- *Schnittfläche löschen*

Aufgabe:

Zeichnen Sie sieben dekorative Gegenstände, wie unten in der Abbildung (**1**) angezeigt.

Verteilen Sie diese in der Vitrine (**2**).

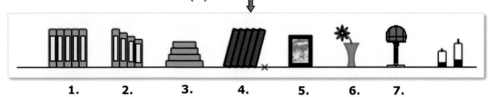

1. Die Büchergruppe
2. Die abgestufte Büchergruppe
3. Der Bücherstapel
4. Die geneigte Büchergruppe
5. Der Fotorahmen mit Bild
6. Die Vase mit Blume
7. Die Tischlampe, die als 2D-Symbol in das Dokument importiert wird

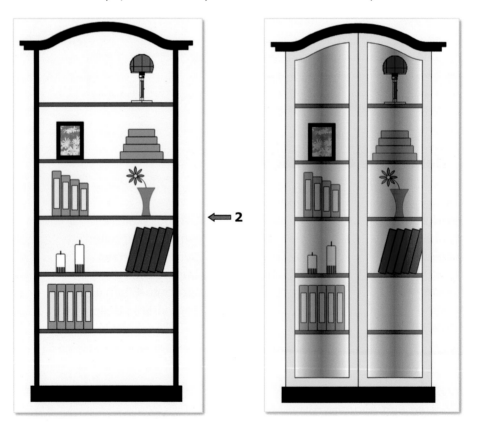

Diese 2D-Objekte werden in der Klasse „Dekorative Gegenstände" gezeichnet.

• schalten Sie die Klasse „Dekorative Gegenstände" (**3**) ein

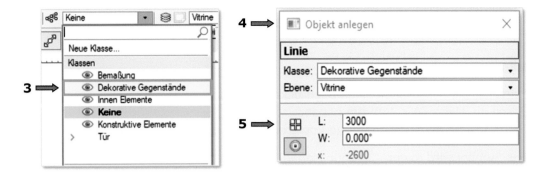

- zeichnen Sie außerhalb des Zeichenblattes eine 3 m lange (**5**) Linie (**6**) mit dem Werkzeug *Linie,* z.B. über dem Dialogfenster „Objekt anlegen" (**4**)

Auf dieser Linie werden die dekorativen Objekte zuerst aufgestellt/ausgerichtet. Erst wenn alle Objekte gezeichnet wurden, werden sie in der Vitrine verteilt.

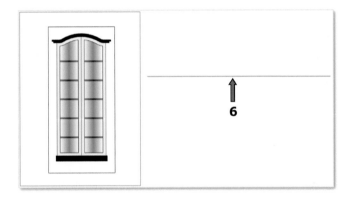

## 4.7.1 Die Bücher

## 1. Die Büchergruppe

**Symbole**
**Allgemeines**
Ein Symbol kann als eine Art Gruppe mit einem Namen angesehen werden. Es kann beliebig oft an beliebigen Positionen und in beliebigen Winkeln in die Zeichnung eingesetzt werden. Die Möglichkeit, Symbole in einer Bibliothek abzulegen, kann Ihre Arbeit wesentlich erleichtern, da so wiederholt auftretende Objekte unter einem Namen abgespeichert werden können. [...]
[...] Ein großer Vorteil eines Symbols ist, dass es in einer Zeichnung eigentlich nur einmal vorkommt – nämlich in der Bibliothek als Symboldefinition –, egal wie oft es in die Zeichnung als Symbolinstanz eingesetzt worden ist. Natürlich braucht der Verweis auf ein Symbol sehr viel weniger Speicherplatz als die geometrischen Daten des Symbols selbst. [...]. Zudem verändern sich automatisch alle Symbolinstanzen, wenn Sie eine Änderung am Symbol vornehmen. [...]
**Was für Symbole gibt es?**
Grundsätzlich kann zwischen drei Symbolarten unterschieden werden:
- 2D-Symbole: Bestehen aus 2D-Objekten auf der Bildschirmebene und bleiben dort auch in 3D-Ansichten.
- 3D-Symbole: Bestehen aus 2D-Objekten auf der Konstruktionsebene oder 3D-Objekten. Werden in 3D-Ansichten dreidimensional angezeigt.
- Hybride Symbole: Bestehen sowohl aus 2D-Objekten auf der Bildschirmebene als auch 3D-Komponenten. In der Ansicht „2D-Plan" wird immer der 2D-Teil des Symbols angezeigt, in allen anderen Ansichten die 3D-Komponente.
Ein Spezialfall sind Intelligente Objekte, die in ein Symbol umgewandelt wurden, sich beim Einsetzen aber automatisch wieder in ein Intelligentes Objekt umwandeln [...]

**[...] Symbole anlegen**

Symbole werden mit **Ändern > Symbol anlegen** erzeugt. Ein Symbol kann aus beliebig vielen einzelnen Objekten bestehen. Vectorworks behandelt ein Symbol so, als wäre es ein eigenes Objekt. Demzufolge kann ein Symbol auch in einer Klasse abgelegt werden [...] (siehe Vectorworks-Hilfe [1])

Aufgabe:

Zeichnen Sie den Umriss eines Buchrückens.
Er soll die Maße 50 x 240 mm haben.
Legen Sie ihn als Symbol an und kopieren Sie ihn dann 4-mal.

Das Symbol wird in den Zubehör-Manager abgelegt. Dort können Sie es duplizieren und dann bearbeiten.

Alle Symbole in der Zeichnung, die den gleichen Namen haben, sind miteinander verbunden. Jede Änderung an einem Symbol wird automatisch auf alle gleichen Symbolinstanzen übertragen.

Hier wird ein sehr einfaches 2D-Objekt als Symbol angelegt, um zu zeigen, welche Möglichkeiten Symbole mit sich bringen. Objekte, die oft und in unterschiedlichen Varianten gebraucht werden, sollten als Symbole angelegt werden.

Anleitung:

Stellen Sie die Attribute ein:
Füllung – Solid – Classic 050
Stiftfarbe – Schwarz
Liniendicke - 0,10

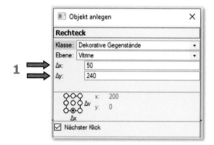

- erstellen Sie ein Rechteck mit den Maßen 50 x 240 mm (**1**) über dem Dialogfenster (durch einen Doppelklick auf das Werkzeug *Rechteck*) und platzieren Sie es auf die Linie (**4**)

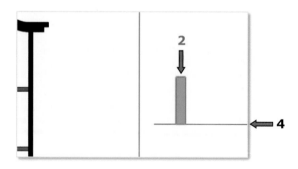

Vergrößern Sie den Zeichnungsausschnitt mit dem gezeichneten Rechteck (**2**) (→ scrollen Sie mit dem Mausrad nach oben).

- runden Sie alle Ecken des Rechtecks mit dem Werkzeug *Verrunden* (**3**), mit der dritten Methode - *Teilstücke löschen* (**4**) und mit dem Radius: 5 mm (**5**) ab

(→ mit einem Doppelklick auf das Rechteck werden alle Ecken - **6** gleichzeitlich verrundet)

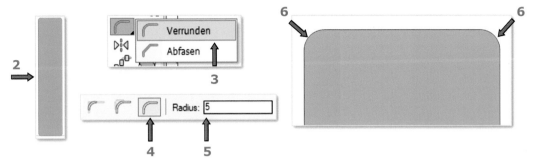

Das abgerundete Rechteck ist jetzt eine Polylinie (siehe in der Info-Objekt-Palette).


## Ein Symbol anlegen (die Polylinie soll zu einem Symbol werden)

• aktivieren Sie die Polylinie und gehen Sie in der Menüzeile zu dem Befehl
*Ändern* (**7**) – *Symbol anlegen* (**8**)

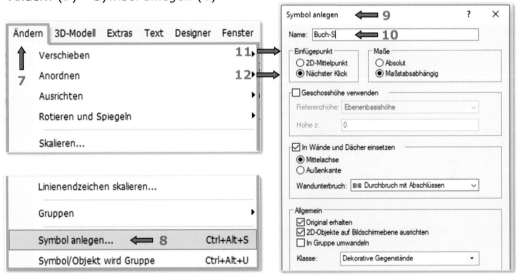

◦ es erscheint das Dialogfenster „Symbol anlegen" (**9**):
  - geben Sie dem Symbol den Namen **Buch-S** (**10**)
  - in dem Gruppenfeld „Einfügepunkt" (**11**) wählen Sie die Option „Nächster Klick" (**12**) aus
  - schließen Sie das Dialogfenster mit OK

◦ klicken Sie mit der LMT auf die Mitte der unteren Seite der Polylinie (**13**)
  (→ „Nächster Klick")

Dadurch haben Sie den Einfügepunkt des Symbols definiert → **13**.

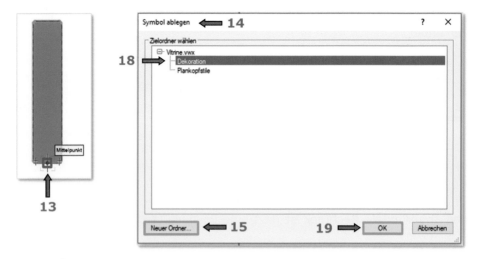

- es wird das Dialogfenster „Symbol ablegen" (**14**) geöffnet, dort werden Sie gefragt in welchen Ordner das Symbol abgelegt werden soll

An dieser Stelle können Sie auch einen neuen Ordner erstellen:

- ○ klicken Sie auf die Schaltfläche „Neuer Ordner…" (**15**):

Es wird ein weiteres Dialogfenster „Ordner für Symbole anlegen" (**16**) geöffnet:

- benennen Sie den Ordner „Dekoration" (**17**) und bestätigen Sie mit OK

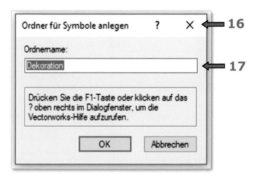

Der Ordner wird in dem Zubehör-Manager erstellt und blau markiert (**18**), in ihm können nur Symbole abgelegt werden.

Vectorworks hat für jeden Zubehörtyp einen eigenen Ordnertyp vorbereitet d.h. Schraffuren können nur in den „Ordner für Schraffuren anlegen", oder wie hier, Symbole können nur in den „Ordner für Symbole anlegen" abgelegt werden.

- bestätigen Sie wieder mit OK (**19**)

Wenn Sie den Zubehör-Manager öffnen, sollte der Ordner „Dekoration" dort schon angelegt sein.

- gehen Sie in der Menüzeile zu: *Fenster* (**20**) – *Paletten* (**21**) und klicken Sie auf den Eintrag „Zubehör-Manager" (**22**)

Der Zubehör-Manager wird geöffnet, das Dokument „Vitrine.vwx" (**24**), aus dem Navigationsbereich „Offene Dokumente" (**23**), ist fett gedruckt.
Dies bedeutet, dass Sie gerade in diesem Dokument arbeiten.
Auf der rechten Seite, in der Zubehörliste, wo alle Symbole aus dem markierten Dokument angezeigt werden, wird auch der neue Ordner „Dekoration" (**25**) angezeigt.

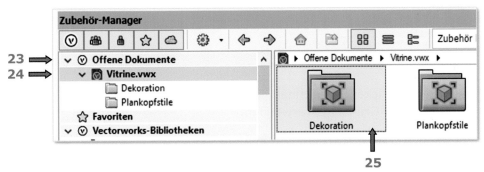

- doppelklicken Sie auf den Ordner (**25**) um ihn zu öffnen, in ihm ist das 2D-Symbol **Buch-S** (**26**) angelegt

Sie können dieses Symbol verteilen oder duplizieren und bearbeiten. Falls Sie später das Symbol ändern, werden alle seine Symbolinstanzen mitgeändert.

- duplizieren Sie dieses Symbol linear in x-Richtung 4-mal, mit dem Abstand 50 mm (= die Breite des Buches):
  ◦ gehen Sie zu dem Befehl in der Menüzeile:
  *Bearbeiten — Duplizieren und anordnen:*
  - in dem Dialogfenster „Duplizieren und Anordnen" (**27**) tragen Sie die folgenden Werte ein:

„Anordnung:" Linear (**28**)
„Anzahl Duplikate:" 4 (**29**)
„Position des ersten Duplikates festlegen:"
 (**30**), Option „Polar" - *r:* 50 (**31**)
„Original Objekt:" Original erhalten

- bestätigen Sie mit OK

### Buch-S

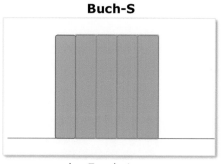

das Ergebnis

Um die weiteren Buchrücken zu zeichnen, können Sie das eben erzeugte
2D-Symbol **Buch-S** als Grundlage verwenden.

- aktivieren Sie das erste 2D-Symbol **Buch-S** aus der Büchergruppe, auf der
  Position → Pos. **S** (**1**), und verteilen Sie es 3-mal (**2**) mit dem Werkzeug
  *Verschieben* entlang der Linie:
  ◦ in der Methodenzeile wählen Sie die zweite - *Duplikate verschieben* (**3**) und die
    fünfte Methode - *Original erhalten* (**4**) aus
  ◦ tragen Sie in das Eingabefeld „Anzahl Duplikate:" (**5**) 3 (**6**) ein
  ◦ der Abstand zwischen den Duplikaten soll ungefähr 600 mm (**2**) betragen

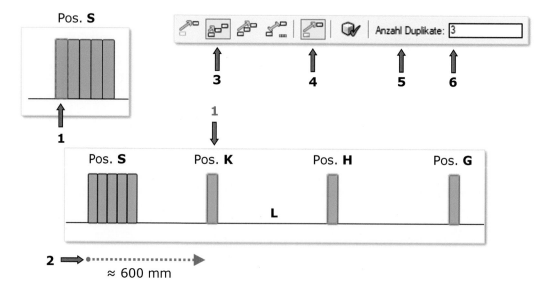

# 2. Die abgestufte Büchergruppe

Aufgabe:

In dieser Übung werden Sie das Symbol **Buch-S**, das sich auf der Pos. **K** befindet, 3-mal duplizieren und parallel dazu, in y-Richtung, skalieren.

Anleitung:

- aktivieren Sie das Symbol **Buch-S** (auf der Pos. **K**) (**1**) und gehen Sie zu dem Befehl:
  *Bearbeiten — Duplizieren und anordnen:*
  - in dem, nun erscheinenden, Dialogfenster „Duplizieren und Anordnen" (**2**) tragen Sie die folgenden Werte ein:

„Anordnung:" Linear (**3**)
„Anzahl Duplikate:" 3 (**4**)
„Position des ersten
Duplikates festlegen:" (**5**),
Option „Polar" - *r*: 50 (**6**)

Schalten Sie die Option „Duplikate
Skalieren" (**7**) ein und tragen Sie
den y-Skalierungsfaktor ein
„y-Faktor:" 0,9 (**8**)
„Original Objekt:" Original erhalten (**9**)

  - bestätigen Sie mit OK

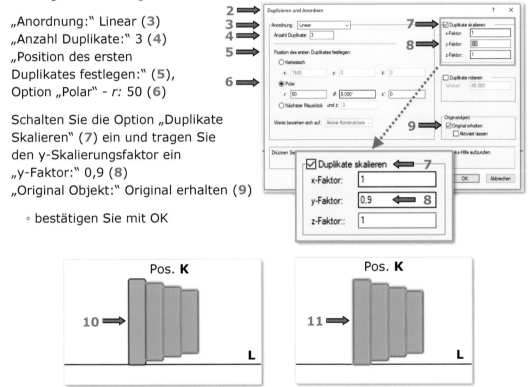

Das Symbol **Buch-S** (auf der Pos. **K**) wurde eben dupliziert und in y-Richtung, skaliert (**10**).

- um alle vier Symbole nach unten, auf der Linie **L**, auszurichten, markieren Sie diese (**11**) und gehen Sie, in der Menüzeile, zu:
  *Ändern – Ausrichten – 2D Ausrichten…:*
  - in dem Dialogfenster „2D Ausrichten und verteilen" (**12**) wählen Sie, in dem Bereich oben rechts (**13**), folgende Optionen aus:
    - „Ausrichten" *(14)*
    - „Unten" (**15**)

◦ bestätigen Sie mit OK

Pos. **K**

das Ergebnis

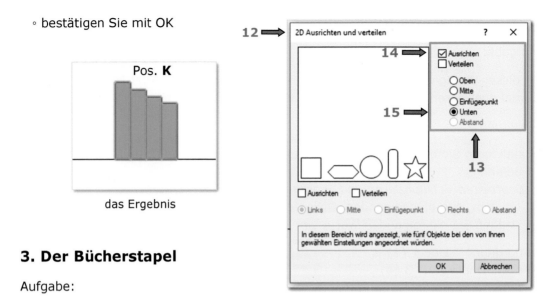

## 3. Der Bücherstapel

Aufgabe:

Das Symbol **Buch-S**, das sich auf der Position **H** (Pos. **H**) befindet, soll horizontal auf der Linie **L** liegen.
In dieser Übung wird ein neues Symbol, durch Duplizieren und Bearbeiten des Symbols **Buch-S**, erzeugt.

Anleitung:

Öffnen Sie wieder den Zubehör-Manager und finden Sie das Symbol **Buch-S**.

- um schneller ein Symbol aus der Zeichnung in dem Zubehör-Manager zu finden, sollte man, mit der RMT, auf das Symbol (**1**) klicken
  ◦ wählen Sie aus dem nun geöffneten Kontextmenü (**2**) den Befehl *Symbol in Zubehör-Manager aktivieren* (**3**) aus

Der Zubehör-Manager wird geöffnet. Vectorworks findet das Symbol und markiert es blau (**4**).

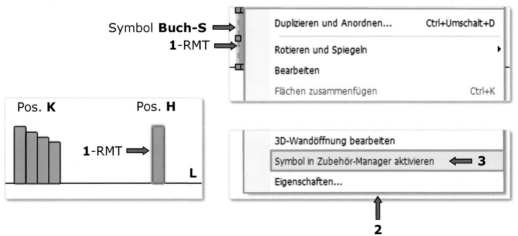

- klicken sie mit der RMT auf das
  Symbol **Buch-S** (**4**) und wählen
  Sie aus dem nun geöffneten Kontextmenü
  den Befehl *Duplizieren...* (**5**) aus

Es erscheint das Dialogfenster „Name" (**6**):
  - in das Textfeld „Neuer Name:"
    tragen Sie den Namen **Buch-H** (**7**) ein

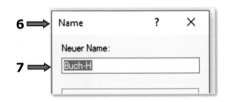

  - bestätigen Sie mit OK

Es wird eine Kopie des Symbols **Buch-S** (**8**) erzeugt → Symbol **Buch-H** (**9**)

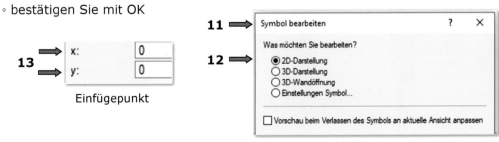

Im nächsten Schritt soll das Symbol **Buch-H** bearbeitet werden. Die Polylinie soll
40 mm breit sein und horizontal auf der Linie **L** liegen.

- klicken Sie mit der RMT auf das Symbol **Buch-H** (**9**) und aus dem nun
  erscheinenden Kontextmenü wählen Sie den Befehl *Bearbeiten...* (**10**) aus

Das Dialogfenster „Symbol bearbeiten" (**11**) wird geöffnet:

  - dort wählen Sie die Option „2D-Darstellung" (**12**) aus
  - bestätigen Sie mit OK

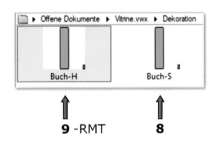

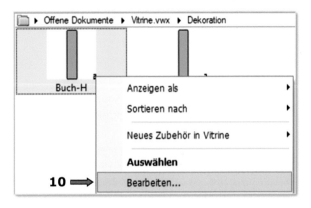

Vectorworks wechselt in den Bearbeitungsmodus „Symbol bearbeiten". Der Rahmen der Zeichenfläche wird Orange eingefärbt (**14**). In der Mitte wird das Objekt (→ die Polylinie), das Sie bearbeiten wollen, angezeigt (**15**).

In der Mitte der Zeichenfläche (= Koordinate 0,0,0) (**13**) befindet sich der Einfügepunkt von dem Symbol.

Um den Einfügepunkt eines Symbols zu ändern, müssen Sie das Objekt, das sich im Symbol befindet, innerhalb des Bearbeitungsmodus so verschieben, dass der neue Einfügepunkt in der Mitte der Zeichenfläche (= Koordinate 0,0,0) liegt.

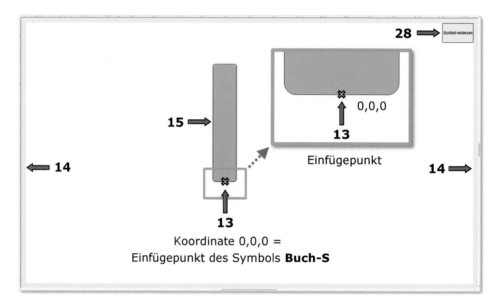

Koordinate 0,0,0 =
Einfügepunkt des Symbols **Buch-S**

- aktivieren Sie, in dem Bearbeitungsmodus, die Polylinie (**15**) und ändern Sie, in der Info-Objekt-Palette, den Δx-Wert zu 40 mm (**16**)

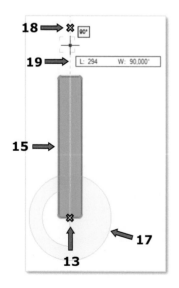

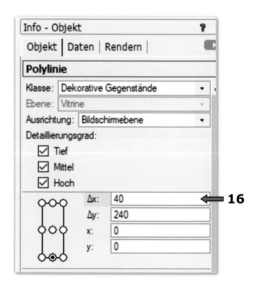

**Rotieren** - die Polylinie soll (-90°), um den Einfügepunkt, rotiert werden

- aus der Konstruktion-Palette wählen Sie das Werkzeug *Rotieren* 🔄 und die
  erste Methode - *Original* 🖼 aus. Der Mauszeiger verwandelt sich in einen
  rosafarbenen Winkelmesser (**17**):
  - mit dem ersten Klick definieren Sie das Rotationszentrum (**13**) (= Einfügepunkt)
  - mit dem zweiten Klick (**18**) definieren Sie den Winkel der Rotationsachse (**19**)

Ein blauer Umriss der Polylinie (**20**) wird angezeigt. Er dreht sich zusammen mit
dem Mauszeiger.

  - drehen Sie den Mauszeiger bis er an der blau gestrichelten waagerechten
    Hilfslinie (**21**) einrastet
  - klicken Sie ein drittes Mal (**22**)

Mit dem dritten Klick (**22**) wird die Endposition der Rotationsachse definiert und die
Polylinie wird rotiert (**23**).

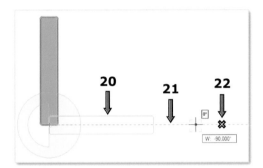

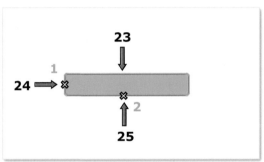

Die Polylinie liegt jetzt richtig, der Einfügepunkt (**24**) jedoch nicht. Er soll sich auf
der Mitte der unteren Seite der Polylinie (**25**) befinden.

Um die Position des Einfügepunktes zu ändern, müssen Sie das Objekt so
verschieben, dass es mit dem neuen Einfügepunkt 2 (**25**) in der Mitte der
Zeichenfläche 1 liegt (**24**), genau an der Stelle wo sich der aktuelle Einfügepunkt 1
befindet.

- aktivieren Sie die Polylinie und verschieben (**26**) Sie diese von Punkt 2 zu Punkt
  1 (z.B. mit der Drücken-Ziehen-Loslassen-Methode)

Das Symbol hat jetzt den richtigen Einfügepunkt (**27**), der Punkt 2 liegt in der Mitte
der Zeichenfläche (auf der Koordinate 0,0,0).

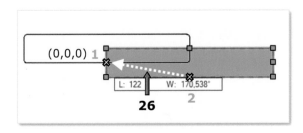

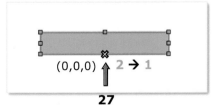

- verlassen Sie den Bearbeitungsmodus mit einem Klick oben rechts auf die Schaltfläche „Symbol verlassen" (**28**)

Damit wurde das neue Symbol **Buch-H** (**29**) erstellt und in dem Zubehör-Manager angelegt.

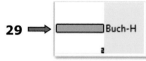

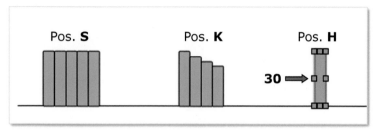

## Symbol ersetzten

- aktivieren Sie das Symbol **Buch-S**, das sich auf der Pos. **H** befindet (**30**)

In der Infopalette können Sie den Namen des aktiven Symbols ablesen (→ **Buch-S** - **31**). Dieses Symbol soll durch das Symbol **Buch-H** ersetzt werden.

- in der Info-Objekt-Palette klicken Sie auf die Schaltfläche „Ersetzen..." (**32**)

○ es wird das Dialogfenster „Symbol ersetzen" (**33**) geöffnet:
   - in dem Einblendmenü „Symbole:" (**34**):
   - klicken Sie auf den Pfeil (**35**) und wählen Sie, über den geöffneten Zubehör-Manager (**36**), das Symbol **Buch-H** (**37**) aus
   - klicken Sie auf die Schaltfläche „Auswählen"

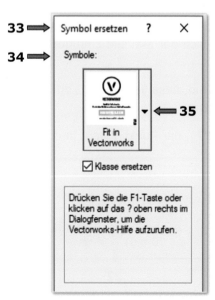

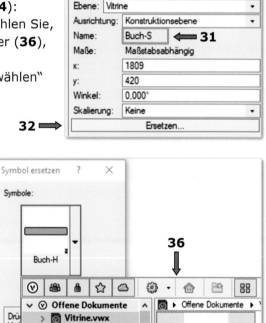

- bestätigen Sie die Eingabe in dem Dialogfenster „Symbol ersetzen" mit OK

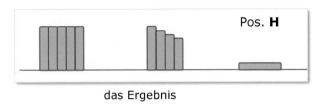

das Ergebnis

## Das Symbol duplizieren und skalieren

Das Symbol **Buch-H** soll gestapelt und gleichzeitig skaliert (in x-Richtung und mit dem Skalierungsfaktor 0,85) werden.

- gehen Sie zu dem Befehl in der Menüzeile:
  *Bearbeiten — Duplizieren und anordnen*:
  - in dem Dialogfenster „Duplizieren und Anordnen" (**38**) tragen Sie die folgenden Werte ein:

„Anordnung:" Linear (**39**)
„Anzahl Duplikate:" 3 (**40**)
„Position des ersten
Duplikates festlegen:" (**41**),
Option „Polar" - *r*: 40, *θ:* 90° (**42**)

Schalten Sie die Option „Duplikate
Skalieren" (**43**) ein und
tragen Sie für den x-Skalierungsfaktor
„x-Faktor:" 0,85 (**44**) ein

„Original Objekt:" Original erhalten (**45**)

- bestätigen Sie mit OK

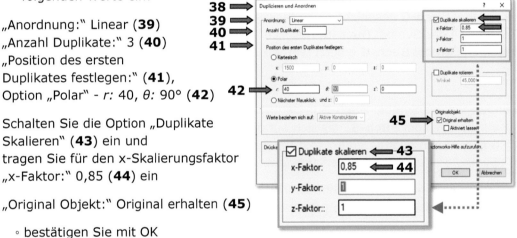

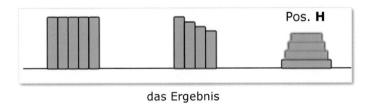

das Ergebnis

Das nächste Symbol, das sich auf der Position **G** befindet, ist mit dem gleichen Prinzip wie das Vorherige entstanden. Sie können selbst versuchen dieses zu erstellen oder weiter der Anleitung folgen.

## 4. Die geneigte Büchergruppe

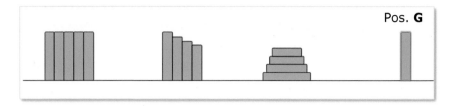

Pos. **G**

Aufgabe:

Das Symbol **Buch-S**, das sich auf der Position **G** befindet, soll mit einem Winkel von 15° an der Seite der Vitrine angelehnt werden.
Die Polylinie, die als Symbol **Buch-S** angelegt wurde, soll jetzt 40 mm breit sein und mit der Füllung-Solid-Farbe: Classic 142 und der
Liniendicke: 0,35 gezeichnet werden.

Das Symbol **Buch-S** soll in dem Zubehör-Manager dupliziert, bearbeitet und dann als Symbol **Buch-G** gespeichert werden.
Danach soll das Symbol **Buch-S**, das sich auf der Position **G** befindet, mit dem neu erstellten Symbol **Buch-G** ersetzt werden.

Anleitung:

- finden Sie das Symbol **Buch-S** in dem Zubehör-Manager, indem Sie:
  ○ auf das Symbol **Buch-S**, das sich auf der Pos. **G** befindet, mit der RMT klicken
  ○ aus dem nun geöffneten Kontextmenü den Befehl
    *Symbol in Zubehör-Manager aktivieren* auswählen

Der Zubehör-Manager wird geöffnet, Vectorworks hat das Symbol **Buch-S** gefunden und markiert es blau (**1**).

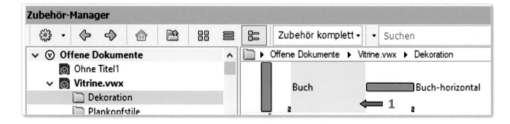

- klicken sie mit der RMT auf das Symbol **Buch-S**, aus dem Kontextmenü wählen Sie den Befehl *Duplizieren...* aus:
  ○ es erscheint das Dialogfenster „Name":
    - in das Textfeld „Neuer Name:" tragen Sie den Namen **Buch-G** (**2**) ein
  ○ bestätigen Sie mit OK

Es wird eine Kopie des Symbols **Buch-S** erzeugt → Symbol **Buch-G**.

## Das Symbol bearbeiten

- klicken Sie mit der RMT auf das Symbol **Buch-G** (**3**) und aus dem nun
  erscheinenden Kontextmenü wählen Sie den Befehl *2D-Darstellung bearbeiten*
  (**4**) aus

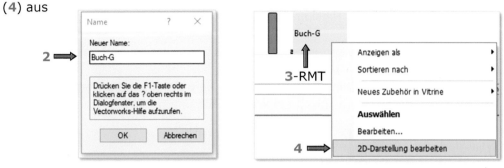

Vectorworks wechselt in den Bearbeitungsmodus „Symbol bearbeiten" (**5**). Der
Rahmen der Zeichenfläche wird orange dargestellt.

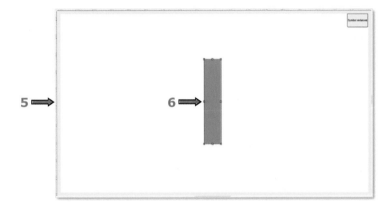

Bei dieser Polylinie sollen die Maße und Attribute geändert werden:

- aktivieren Sie die Polylinie (**6**) und ändern Sie:
  - in der Info-Objekt-Palette, ihre Breite in Δx: 40 mm (**7**)
  - in der Attribute-Palette die Füllung in Solid - Classic 142 (**8**)
    und die Liniendicke in 0,35 (**9**)

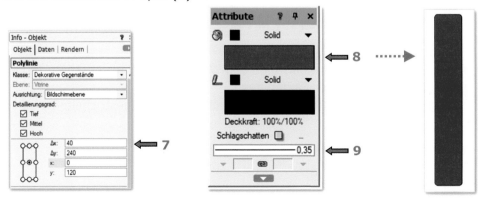

## Rotieren

Die Polylinie soll (um -15°) rotiert und dann verschoben werden, sodass sie mit ihrem Einfügepunkt, die Linie **L** tangiert.

- zeichnen Sie zuerst eine Hilfslinie, die Ihnen helfen wird, schneller den neuen Einfügepunkt zu finden:
  - ◦ vergrößern sie den Zeichnungsausschnitt mit der unteren rechten Ecke der bearbeiteten Polylinie (**10**) (→ ZOOM)
  - ◦ zeichnen Sie eine Hilfslinie, ausgehend von dem Zentrum der Abrundung / des Kreisbogenmittelpunktes (**11**), senkrecht nach unten (**12**)

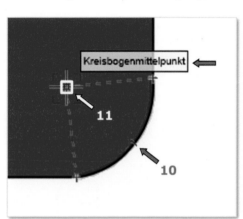
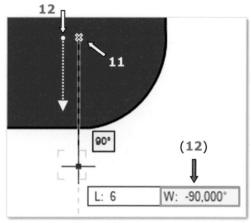

Die Polylinie soll um das Zentrum der Abrundung/des Kreisbogenmittelpunktes (= Rotationszentrum) (**11**) rotiert werden.

- aktivieren Sie **nur** die Polylinie (nicht die Hilfslinie)

- aus der Konstruktion-Palette wählen Sie das Werkzeug *Rotieren* und die erste Methode -*Original* aus

Der Mauszeiger verwandelt sich in einen rosafarbenen Winkelmesser (**13**).

  - ◦ mit dem ersten Klick definieren Sie das Rotationszentrum (**11**)
  - ◦ mit dem zweiten Klick (**14**) definieren Sie den Winkel der Rotationsachse

Ein blauer Umriss der Polylinie (**15**) wird angezeigt und dreht sich zusammen mit dem Mauszeiger.

  - ◦ tragen Sie in die Objektmaßanzeige den Wert für den Winkel (-15°) (**16**) ein
  - ◦ bestätigen Sie ihn mit der Eingabetaste
    - klicken Sie mit der LMT auf die nun erscheinende rot gestrichelte Hilfslinie (**17**)

Die Polylinie ist jetzt mit 15° zu der Seite geneigt (**18**).

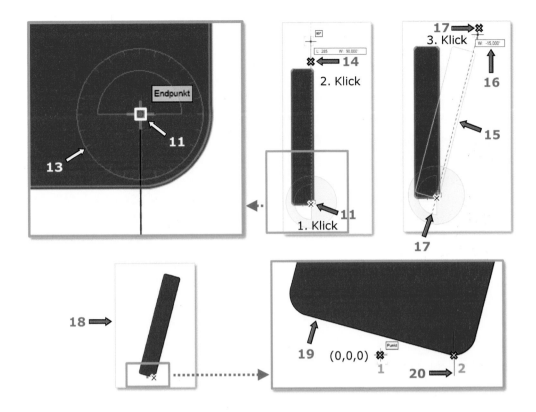

Der Einfügepunkt liegt noch immer an der falschen Stelle (= Punkt **1**). Er soll auf dem Schnittpunkt der Polylinie (**19**) und der kleinen Hilfslinie (**20**) liegen (= Punkt **2**).

Die Position des Einfügepunktes soll geändert werden → die Polylinie soll so verschoben werden, dass sie mit Punkt **2** in der Mitte der Zeichenfläche (= Punkt **1**) liegt:

- aktivieren Sie die Polylinie (**19**) und verschieben (**21**) Sie sie von Punkt **2** zu Punkt **1** (z.B. mit der Drücken-Ziehen-Loslassen-Methode).

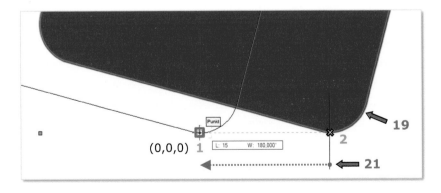

Das Symbol hat jetzt den richtigen Einfügepunkt. Der Punkt **2** liegt in der Mitte der Zeichenfläche (= Koordinate 0,0,0).

- löschen Sie die Hilfslinie (**20**)

- verlassen Sie den Bearbeitungsmodus „Symbol bearbeiten" mit einem Klick, oben rechts, auf die Schaltfläche „Symbol verlassen".

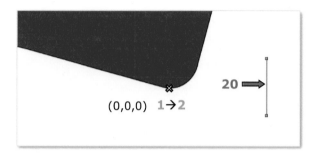 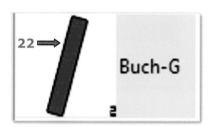

Dadurch wurde das neue Symbol **Buch-G** (**22**) erstellt und in dem Zubehör-Manager angelegt.

### Symbol ersetzen

- aktivieren Sie das Symbol **Buch-S**, das sich auf der Position **G** befindet (**23**)

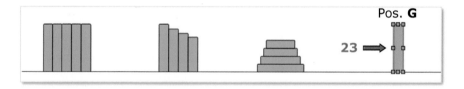

Ersetzen Sie es (**24**) mit dem gerade erzeugten Symbol **Buch-G**:

- in der Info-Objekt-Palette klicken Sie auf die Schaltfläche „Ersetzen..." (**25**)

Es wird das Dialogfenster „Symbol ersetzen" (**26**) geöffnet.

∘ in dem Einblendmenü „Symbole:" (**27**):
  - klicken Sie auf den Pfeil (**28**) und wählen Sie, über den geöffneten Zubehör-Manager (**29**), das Symbol **Buch-G** (**30**) aus
  - klicken Sie auf die Schaltfläche „Auswählen"

246

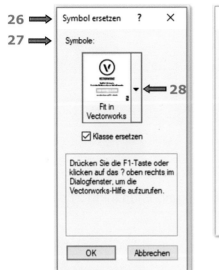

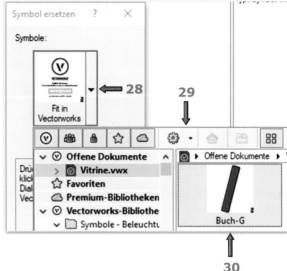

- bestätigen Sie die Eingabe in dem Dialogfenster „Symbol ersetzen" mit OK

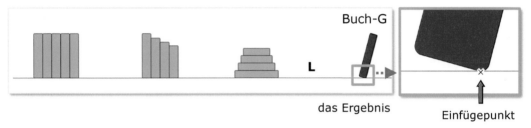

Buch-G

L

das Ergebnis

Einfügepunkt

## Kopieren

Das Symbol **Buch-G** soll 4-mal nach rechts kopiert werden.

- zeichnen Sie zuerst eine waagerechte Hilfslinie (**31**) durch die Polylinie, die sich in dem Symbol **Buch-G** befindet, ihre Länge gleicht dem Abstand zwischen den Einfügepunkten der Kopien

- aktivieren Sie das Symbol **Buch-G** (**32**)

- wählen Sie das Werkzeug *Verschieben* ✏ und, in der Methodenzeile, die zweite - *Duplikate verschieben* (**33**) und die fünfte Methode - *Original erhalten* (**34**) aus.
  ◦ tragen Sie in das Eingabefeld „Anzahl Duplikate:" 4 (**35**) ein.

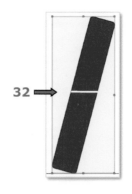
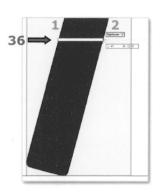

- klicken Sie mit der LMT auf den Anfangspunkt (1) und Endpunkt (2) der Hilfslinie (36)

- löschen Sie die Hilfslinie (31)

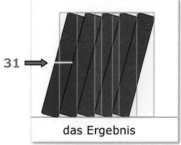

das Ergebnis

## 5. Das Symbol bearbeiten (Symbol Buch-S)

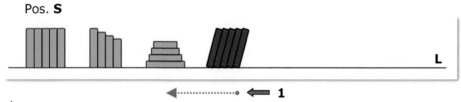

Aufgabe:

Verschieben Sie die gezeichneten dekorativen Objekte zueinander, um Platz für die nächsten Objekte, auf der Linie **L**, zu schaffen (1).

Bearbeiten Sie das Symbol **Buch-S**, indem Sie auf den Buchrücken ein Textfeld, in Form eines Rechtecks 25 x 160 mm, eintragen.
Attribute dieses Rechtecks: Füllung -Solid – Classic 109
Liniendicke 0,10

Anleitung:

- öffnen Sie den Zubehör-Manager (2) und wählen Sie das Symbol **Buch-S** (3) aus

- klicken Sie mit der RMT auf das Symbol (3) und wählen Sie den Befehl *2D-Darstellung bearbeiten* (4) aus

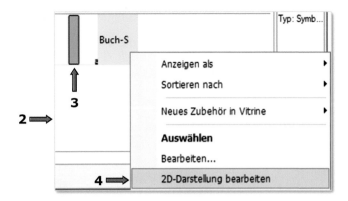

Vectorworks wechselt in den Bearbeitungsmodus „Symbol bearbeiten" (**5**).

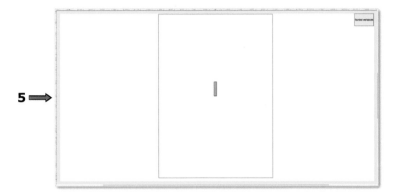

In diesem Modus können Sie jegliche Änderungen an dem Objekt vornehmen.

Das Textfeld 25 x 160 mm (in Form eines Rechtecks) soll mittig auf der Polylinie erstellt werden.

- doppelklicken Sie auf das Werkzeug *Rechteck* in der Konstruktion–Palette und tragen Sie die vorgegebenen Maße in das Eingabefeld ein: Δx: 25; Δy: 160

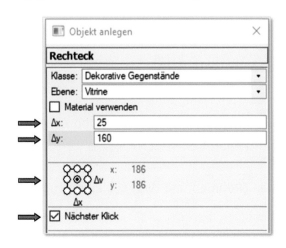

- platzieren Sie das Rechteck (**6**) auf die Mitte der Polylinie (**7**)

- in der Attribute-Palette weisen Sie dem Rechteck die vorgegebenen Attribute zu:

  Füllung -Solid – Classic 109 (**8**)
  Liniendicke: 0,10 (**9**)

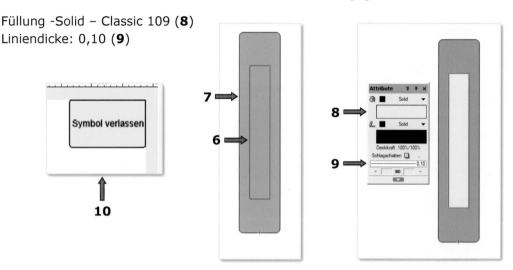

- verlassen Sie den Bearbeitungsmodus mit einem Klick, oben rechts, auf die Schaltfläche „Symbol verlassen" (**10**)

Damit wurde das Symbol **Buch-S** geändert.
Diese Änderung wird automatisch auf jede Symbolinstanz in der Zeichnung übertragen (**11**).

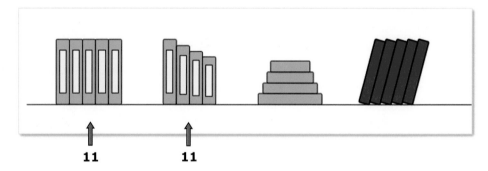

## 4.7.2 Der Fotorahmen mit Bild

Aufgabe:

Zeichnen Sie einen schwarzen Bilderrahmen (150 x 200 mm), mit einer Rahmenbreite von 20 mm. Das Bild **Blüten 02 BF** nehmen Sie aus den Vectorworks-Bibliotheken.

Aus diesen zwei Elementen (Rahmen und Bild) soll eine Gruppe erstellt werden.

Anleitung:

- stellen Sie, in der Attribute-Palette, die Füllung auf Solid-Schwarz ein

- zeichnen Sie ein Rechteck über das Dialogfenster „Objekt anlegen" (**1**)
  - tragen Sie die vorgegebenen Maße, für Δx und Δy, in das Eingabefeld ein:

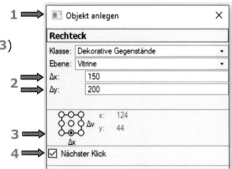

- Δx: 150; Δy: 200 (**2**)
- fixieren Sie das Rechteck in der schematischen Darstellung, unten mittig (**3**)
- aktivieren Sie die Option/Einfügepunkt „Nächster Klick" (**4**)

- platzieren Sie das Rechteck auf die Linie **L** (**5**)

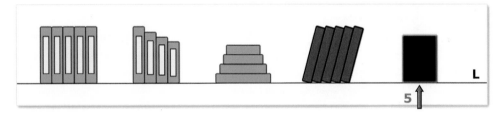

- mit dem Werkzeug *Parallele* erstellen Sie den Bilderrahmen mit einer Breite von 20 mm,
  wählen Sie die erste - *Mit bestimmten Abstand* (**6**) und die dritte Methode - *Originalobjekt behalten* (**7**) aus. Der Abstand zwischen den zwei Parallelen soll 20 mm betragen (**8**)

  - klicken Sie in das Rechteck hinein (**9**), die Parallele wird innerhalb des Rechtecks erzeugt

- aktivieren Sie beide Rechtecke (**10**)

- schneiden Sie die gemeinsame Fläche, mit dem Befehl: *Ändern – Schnittfläche löschen,* aus

## Attribute - Bildfüllung

Die gemeinsame Schnittfläche beider Rechtecke wurde gelöscht und das innere Rechteck bleibt aktiv.
Ändern Sie seine Füllung in Bildfüllung - **Blüten 02 BF** um:

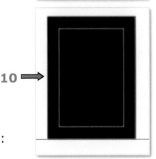

- in der Attribute-Palette wählen Sie die Füllung: „Bild" (**11**) aus
  - klicken Sie auf das nun erscheinende Vorschau-Fenster (**12**) in der Attribute-Palette
    - der Zubehör-Manager wird geöffnet (**13**)

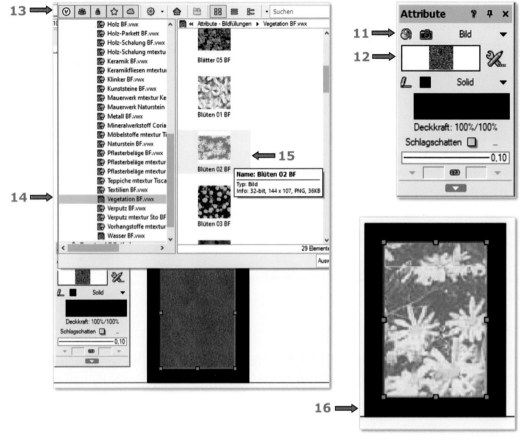

das Ergebnis

- wählen Sie in dem Navigationsbereich:
  Vectorworks-Bibliotheken – Attribute und Vorgaben – Attribute und Bildfüllungen – Vegetation BF.vwx (**14**) aus
- auf der rechten Seite des Zubehör-Managers wird der Inhalt der Datei „Vegetation BF.vwx" angezeigt:
- wählen Sie die Bildfüllung **Blüten 02 BF** (**15**) aus

Die Füllung **Blüten 02 BF** wird dem Rechteck zugewiesen (**16**).

- aktivieren Sie beide Rechtecke und erstellen Sie eine Gruppe:
  *Ändern – Gruppen – Gruppieren*

## 4.7.3 Die Vase mit Blume

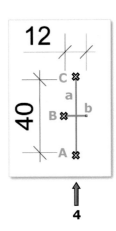

Aufgabe:

Zeichnen Sie eine Vase mit einer Blume wie auf Abbildung **1**.

Die Vase:
Schneiden Sie, aus dem Rechteck (100 x 150 mm), zwei
Kreissegmente aus (**2**).

Die Blüte:
Um die Hälfte des Blütenblattes zu zeichnen, brauchen Sie zwei Hilfslinien:
senkrechte (a):  40 mm lang,
waagerechte (b):  12 mm lang
Sie stehen orthogonal zueinander und schneiden sich in der Mitte → wie auf
Abbildung **4**.
Der Umriss der Blütenblatthälfte verläuft durch die Endpunkte (A,B,C) der Linien
(a,b) → wie auf Abbildung **3**.
Die Mitte der Blüte wird durch einen gelben Kreis (Radius: 10) dargestellt (**5**)
Der Stiel wird mit eine Polylinie gezeichnet.
Die Vase und die Blütenblätter sollen mit folgenden Attributen gezeichnet
werden:
Füllung – Solid - Classic 050
Liniendicke – 0,10

**5**

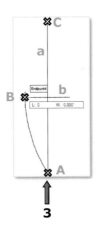

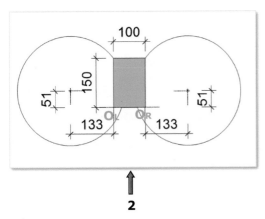

**2**

**3**

**4**

Anleitung:

- bestimmen Sie die Attribute (Füllung – Solid - Classic 050, Liniendicke – 0,10)
  in der Attribute-Palette

- in der Zeigerfang-Palette aktivieren Sie die Fangmodi (**6**):

  *An Objekt ausrichten*
  *An Winkel ausrichten*

  **6** ➡

## 1. Die Vase

- zeichnen Sie, über das Dialogfenster „Objekt anlegen",
  ein Rechteck (100 x 150 mm) und platzieren Sie es auf einer leeren Stelle in der
  Zeichnung, wo Sie mehr Platz zum Konstruieren haben.

Das Rechteck soll aktiv sein.

## Das Kreissegment ausschneiden

Schneiden Sie zwei Kreissegmente (**2**) aus dem Rechteck aus.

- wählen Sie das Werkzeug *Schneiden*  , in der Methodenzeile die erste  -
  *Schnittfläche löschen* (**1**) und die sechste Methode - *Kreis* (**2**) aus

Das aktive Objekt wird mit einer kreisförmigen Fläche ausgeschnitten. Sie müssen
die Position des Mittelpunktes und den Radius dieser Fläche festlegen:

Der Mittelpunkt dieser Fläche soll (-133 mm) in x-Richtung und 51 mm in y-
Richtung, von der linken unteren Ecke des Rechtecks (O$_L$), entfernt sein
(Abbildung **2**)

Diese Position können Sie am einfachsten mit Hilfe von dem Temporären Nullpunkt
(0',0') definieren. Der Temporärer Nullpunkt wird mit der Taste-**G** aufgerufen.

  ◦ bewegen Sie den Mauszeiger (**3**) über die linke untere Ecke des Rechtecks (O$_L$).
    - wenn der Text „Unten Links" angezeigt wird, drücken Sie die Taste-**G**:

Der Intelligente Zeiger meldet sich mit dem Text „Temporärer Nullpunkt".

    - in die, nun erscheinende, Objektmaßanzeige (**4**) tragen Sie die vorgegebenen
      Werte für die Entfernung des gesuchten Mittelpunktes von Punkt O$_L$ ein
      (siehe Abbildung **2**):
      - x: (-133);
        mit der Tabulatortaste springen Sie in das nächste Eingabefeld, gleichzeitig
        wird die rote senkrechte Hilfslinie (**5**) angezeigt (= die Entfernung in
        x-Richtung von Punkt O$_L$)
      - tragen Sie für y: 51 ein;
        bestätigen Sie diesen Eintrag mit der Eingabetaste. Es wird eine zweite,
        waagerechte rot gestrichelte Hilfslinie (**6**) angezeigt (= die Entfernung in
        y-Richtung von Punkt O$_L$).

Der Schnittpunkt dieser zwei gestrichelten Hilfslinien (**A**) ist der Mittelpunkt des
schneidenden Kreises.

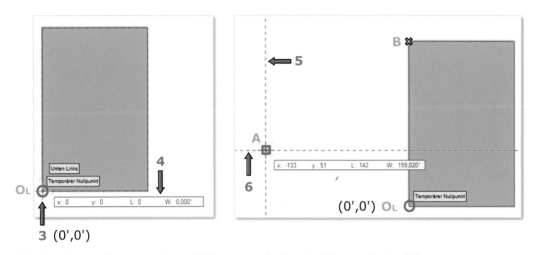

- klicken Sie auf den Punkt **A** (**7**), es erscheint ein blauer Kreis (**8**)

- mit einem zweiten Klick (**9**), auf die linke obere Ecke des aktiven Rechtecks (Punkt **B**) haben Sie den Radius des „schneidenden Kreises" festgelegt

Das Kreissegment wurde aus dem aktiven Rechteck ausgeschnitten und es entstand eine Polylinie (**10**).

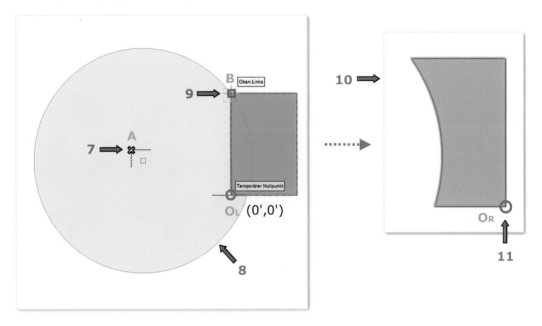

- wiederholen Sie dies auf der rechten Seite der Polylinie (**11**), ausgehend von dem rechten unteren Punkt **O**ᴿ

In diesem Fall ist Temporärer Nullpunkt auf dem Punkt **O**ᴿ.

- tragen Sie bei dem x-Wert in der Objektmaßanzeige x: +133 (**12**) ein

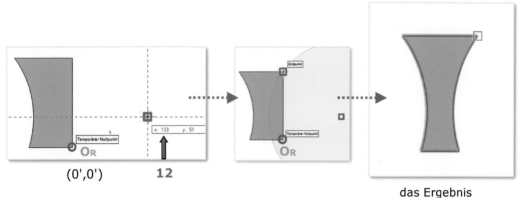

(0',0')  **12**

das Ergebnis

## 2. Die Blume

Die Blüte:

- zeichnen Sie zuerst zwei Hilfslinien (a und b), die zueinander orthogonal sind und
  sich in einem gemeinsamen Mittelpunkt (M) (siehe Abbildung **1**) schneiden:
  - die senkrechte Hilfslinie (a) ist 40 mm lang
  - die waagerechte Hilfslinie (b) ist 12 mm lang

Der Umriss der Blütenblatthälfte verläuft durch die Endpunkte (A,B,C) (**4**).

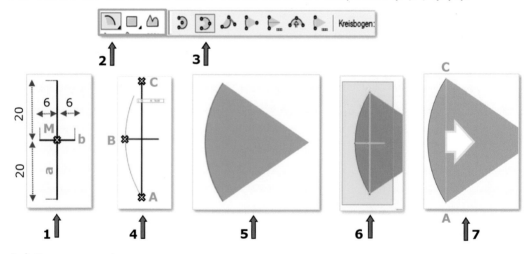

Anleitung:

- wählen Sie, aus der Konstruktion-Palette, das Werkzeug *Kreisbogen* (**2**) und die
  zweite Methode - *Definiert durch drei Punkte* (**3**) aus:
  ◦ klicken Sie, hintereinander, auf die Punkte A, B und C (**4**)

Der Kreisbogen wird durch diese drei Punkte gezeichnet (**5**).

- wählen Sie die zwei, zuerst gezeichneten, Hilfslinien mit dem Werkzeug *Aktivieren*
  und mit der fünften Methode - *Auswahl durch Rechteck* (**6**) aus
  ◦ löschen Sie die Hilfslinien

# Schneiden, die Methode - Schnittfläche löschen

Vectorworks hat den Kreisausschnitt gezeichnet (**5**). Um nur das Kreissegment (**13**) zu erhalten, müssen Sie die rechte Seite des Kreisbogens, ab der imaginären Linie $\overline{AC}$ (= Linie zwischen Punkt **A** und **C**), ausschneiden (**7**):

- aktivieren Sie den Kreisbogen

- wählen Sie das Werkzeug *Schneiden* 🖱, die erste - *Schnittfläche löschen* (**8**) und die vierte Methode - *Rechteck* (**9**) aus:
  - klicken Sie auf Punkt **C** (**10**) und ziehen Sie den Mauszeiger nach unten rechts, die schneidende Fläche erscheint in blau (**11**)
  - wenn die blaue schneidende Fläche die ganze rechte Seite des Kreisbogens überdeckt, klicken Sie ein zweites Mal (**12**)

Es bleibt nur das Kreissegment zwischen den Punkten **A** und **C** (**13**) bestehen.

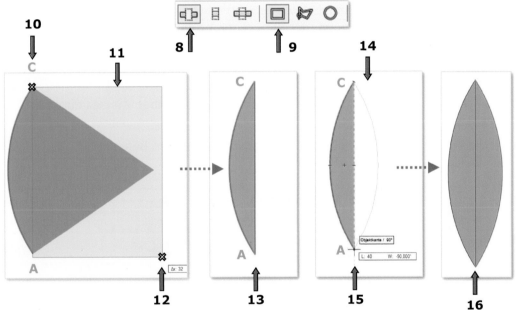

Das Kreissegment (**13**) soll über die Linie $\overline{AC}$ (= Spiegelachse) (**15**) nach rechts (**14**) gespiegelt werden:

- das Kreissegment muss aktiviert sein, wählen Sie das Werkzeug *Spiegeln* und die zweite Methode - *Duplikat* aus:
  - klicken Sie auf die Punkte **A** und **C**, dadurch haben Sie die Spiegelachse (**15**) definiert und das Kreissegment gleichzeitig gespiegelt (**16**)

Beide Kreissegmente sollen zu einer Fläche zusammengefügt werden:

- aktivieren Sie beide Kreissegmente (**17**)

- fügen Sie ihre beiden Flächen zusammen mit dem Befehl: *Ändern – Flächen zusammenfügen* (**18**)

**Die Blumenmitte**

- zeichnen Sie einen gelben Kreis (Werkzeug *Kreis*, zweite Methode –
  *Definiert durch Durchmesser*):

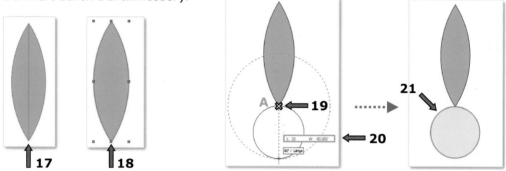

**17**   **18**

- ◦ klicken Sie auf den Punkt **A** (**19**) und ziehen Sie den Mauszeiger senkrecht nach
  unten
- ◦ tragen Sie in das erste Eingabefeld, der nun erscheinenden Objektmaßanzeige
  (**20**), den Wert L: 20 mm ein, der Winkel soll W: (-90°) betragen
- ◦ bestätigen Sie 2-mal mit der Eingabetaste (**21**)

## Duplizieren und anordnen, kreisförmig

Das Blütenblatt soll 7-mal kreisförmig um die Mitte des gelben Kreises dupliziert
werden:

- aktivieren Sie das Blütenblatt (**22**) und gehen Sie zu dem Befehl:
  *Bearbeiten — Duplizieren und anordnen*:

- ◦ es erscheint das Dialogfenster „Duplizieren und Anordnen" (**23**), tragen Sie die
  folgenden Werte ein:

„Anordnung:" Kreisförmig
„Anzahl Duplikate:" 7
„Winkel zwischen den Duplikaten:" 45°
„Kreismittelpunkt" → „Nächster Mausklick" (**24**)

Schalten Sie die Option „Duplikate rotieren" (**25**) ein → „Automatisch" (**26**)
„Original Objekt:" Original erhalten

- ◦ bestätigen Sie mit OK

- ◦ klicken Sie in die Mitte des gelben Kreises (= die Rotationsmitte) (**24**)

- • verschieben Sie die Vase unter die Blume (ungefähr wie auf Abbild **27**)

das Ergebnis

**27** ➡️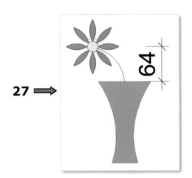

- • zeichnen Sie einen Stiel mit dem Werkzeug *Polylinie* 🔲 und der zweiten
  Methode - *Bézierkurve einfügen* (**28**):

- ◦ klicken Sie auf die drei Punkte
  **28**
  (ungefähr auf die Position von Punkt **1**, **2** und **3**, wie auf Abbildung **29**)
- ◦ klicken Sie zweimal auf den letzten Punkt **3**, um den Vorgang abzuschließen

- • ändern Sie, in der Attribute-Palette, die Füllung: Solid (**30**) in Leer (**31**) um

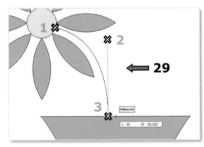

⬅️ **29**

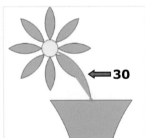

⬅️ **30**

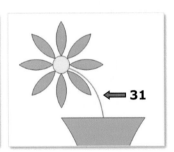

⬅️ **31**

das Ergebnis

- • aktivieren Sie alle gezeichneten Objekte (Vase und Blume) (**32**)

- • aus diesen Objekten erstellen Sie eine Gruppe (**33**):
  *Ändern – Gruppe - Gruppieren*

**32** ➡️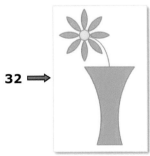

**33** ➡️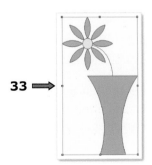

- verschieben Sie die Gruppe mit der Vase auf die Linie **L**, zu den anderen dekorativen Objekten (**33**)

**33**

## 4.7.4   Die Tischlampe,
die als DWG-Symbol, in das Dokument importiert wird

**Einzelne DXF/DWG- oder DWF-Dateien importieren**
Mit den Befehlen **Import DXF/DWG** bzw. **Import DWF** (**Datei > Import**) werden einzelne DXF-, DWG- oder DWF-Dateien importiert.
TIPP: Anstatt dieser Befehle können Sie auch **Import DXF/DWG/DWF (Batch)** benutzen. Dieser bietet zusätzliche Möglichkeiten, u. a. das Importieren mehrerer Dateien in einem Schritt oder das Importieren einer DXF-/DWG-Datei <u>als Symbol</u>.
1. Legen Sie eine leere Datei an und definieren Sie die Plangröße oder öffnen Sie eine leere Vorgabedatei, die bereits die richtige Plangröße aufweist.
**TIPP**: Importieren Sie nie in ein bestehendes Vectorworks-Dokument. Wenn ein DXF/DWG bzw. DWF in ein bestehendes Dokument integriert werden soll, sollten Sie dieses zuerst in ein leeres Dokument importieren und danach in das bestehende Dokument kopieren.
2. Wählen Sie **Datei > Import > Import DXF/DWG/DWF (Batch)**.
Das Dialogfenster „Einstellungen DXF/DWG oder DWF Batch-Import" öffnet sich. Nehmen Sie dort die gewünschten Grundeinstellungen für den Import vor und klicken Sie auf **OK**.
TIPP: Statt **Import DXF/DWG** zu wählen, können Sie auch einfach die DXF-Datei per Drag and Drop auf das Fenster der Vectorworks-Datei ziehen, in die sie importiert werden soll. (Diese Möglichkeit steht Ihnen nur dann zur Verfügung, wenn Sie eine der Versionen Vectorworks Architektur, Landschaft, Spotlight oder Designer installiert haben.)
3. Geben Sie im Dialogfenster „Einstellungen DXF/DWG-Import" die gewünschte Einheit und die Referenzen. Wollen Sie erweiterte Einstellungen vornehmen, wie z. B. für die Zuordnung der importierten Layers, klicken Sie auf **Erweiterte Einstellungen**. Nehmen Sie die gewünschten Einstellungen vor. Klicken Sie auf **OK**, um den Import abzuschließen. [...]
[...] 7. Überprüfen Sie nach dem Import die Einheiten. Entscheidend beim Import von DXF/DWG- bzw. DWF-Dateien ist die korrekt eingestellte Maßeinheit. Deshalb sollten Sie immer nach dem Import eine bekannte Strecke messen. Stimmt die Größe nicht, wiederholen Sie die Schritte 1-3 und korrigieren die Einheit um den Wert, den das Element zu groß oder zu klein ist. Ist etwa eine Strecke, die 10 cm lang sein sollte, nur 10 mm lang, muss die Maßeinheit um den Faktor 10 erhöht werden (also z. B. cm statt mm). <u>Die Zeichnung sollte nur im Notfall skaliert werden!</u>
8. Falls weitere Einstellungen nötig sind (z. B. Linienfarben umwandeln oder Bemaßung in Gruppen umwandeln), sollten Sie nochmals bei Schritt 1 beginnen.
9. Räumen Sie die Datei mit **Extras > Aufräumen** oder **Datei-Info** auf. [...] (siehe Vectorworks-Hilfe [1])

Aufgabe:

Importieren Sie das DWG Symbol „Bauhaus Tischlampe" (**1**) in das Dokument „Vitrine".
Laden Sie das Symbol, kostenlos, von der Webseite runter:
https://www.cadblocksfree.com/de/bauhaus-tischlampe.html (**2**)

Bearbeiten Sie das Symbol:
Es soll auf 70% skaliert werden und die Schirmfarbe soll Dunkelrot sein.
Heruntergeladene Dateien werden automatisch im Ordner Downloads gespeichert.

Anleitung:

# Eine DWG-Datei herunterladen

- geben sie den Link (**2**) ein, um auf die Webseite zu gelangen

Sie werden direkt zu der Seite mit der Bauhaus Tischlampe geleitet (**1**).

- klicken Sie auf die Schaltfläche „Gratis download" (**3**)
Das Symbol wird herunterladen und die Datei unten, in Ihrem Chrome-Fenster, angezeigt.

- klicken Sie auf den Pfeil (**4**) und wählen Sie die Option „In Ordner anzeigen" (**5**) aus

Die heruntergeladene Datei wird in dem (Windows-) Explorer/(Mac-) Finder angezeigt (**6**).

DWG ist das Dateiformat von Autodesk AUTOCAD.  Falls die Zeichnung mit einem anderen Programm, als Autodesk, in DXF- bzw., DWG-Format gespeichert wurde, kann es zu Abweichungen von dem Originalstandard kommen. Solche fehlerhaften Dateien können oft nicht eingelesen werden.
Bei einigen CAD-Programme sind die Einheiten, die in der Zeichnung verwendet wurden, beim Export nicht bekannt.
Die DXF- bzw. DWG-Dateien, bis zu Version 14, haben keine Einheitsangabe beim Export gespeichert.

Falls Sie bei dem ersten Import solcher DWG-Dateien feststellen, dass die Objekte in den importierten Dateien/Zeichnungen nicht die richtige Größe haben, müssen Sie mehrere Test-Versuche unternehmen, um zu dem richtigen Ergebnis zu kommen.

**WICHTIG:** Falls das importierte Objekt nicht die richtige Größe hat, müssen Sie es löschen und nochmal importieren.

Messen Sie nach dem Import, zur Kontrolle, ein Objekt aus der importierten Zeichnung aus. Falls die Messungen falsche Ergebnisse liefern, importieren Sie diese Datei noch einmal.

Diesmal wählen Sie in dem Dialogfenster „Einstellungen DXF/DWG-Import" die Option „Einheit der Importdatei festlegen auf" aus. Aus dem Aufklappmenü wählen Sie die Option „Eigen". Hier können Sie bestimmen, wie groß eine Einheit aus DWG-Datei in Vectorworks dargestellt werden soll.

**WICHTIG**: Importieren Sie Dateien aus fremden Zeichnungen **nie** direkt in ihre bestehende Zeichnung.
Erstellen Sie stattdessen eine leere Hilfs-Zeichnung. Stellen Sie bei dieser den Maßstab, Papiergröße und **Einheit**, wie in dem Originaldokument, ein. Importieren Sie zuerst die Fremddatei in die Hilfszeichnung hinein. Bereinigen Sie das gewünschte Objekt von unnötigen Layern und Objekteigenschaften.
Kopieren Sie das gewünschte Objekt erst dann, über die Zwischenablage, in ihre bestehende Zeichnung.
Mit dem Befehl **Import DXF/DWG/DWF (Batch)** können Sie mehrere Dateien oder alle Dateien aus einem Ordner gleichzeitig importieren. Mit diesem Befehl kann der gesamte Inhalt einer Zeichnung, die im DWG-/DXF-Format abgespeichert wurde, direkt als Symbol in den Zubehör-Manager des aktiven Vectorworks Dokumentes abgelegt werden
(mit der Option „Als Symbole in das aktive Dokument").

- öffnen Sie ein neues leeres Dokument (**7**), das Ihnen als Hilfszeichnung bei dem Import dienen soll

- stellen Sie die Einheit auf „Millimeter" (**8**), Maßstab auf „1:10" (**9**) und Plangröße auf A4 Hochformat (die gleichen Einstellungen wie in dem Dokument „Vitrine")

Nach dem ersten Import werden Sie prüfen müssen, ob die Tischlampe mit der korrekten Größe (**10**) importiert wurde.

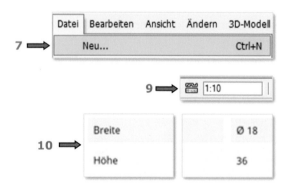

Originalen Maße der Bauhaus Tischlampe (**10**):
Breite: Ø 18 cm
Höhe: 36 cm (360 mm)

# Eine DWG-Datei importieren

Die heruntergeladene DWG-Datei soll in Ihr Vectorworks-Dokument importiert werden:

• wählen Sie, in der Menüzeile, den folgenden Befehl aus:
*Datei* (**11**) – *Import* (**12**) – *Import DXF/DWG…* (**13**)

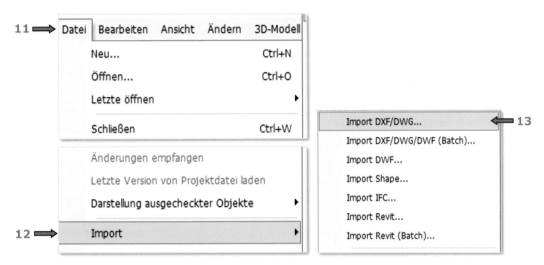

• das Dialogfenster „DXF/DWG-Dateien importieren" wird geöffnet

In dem Ordner Downloads finden Sie die heruntergeladene DWG-Datei (**14**).

∘ markieren Sie diese
∘ schließen Sie das Dialogfenster mit OK

• das Dialogfenster „Einstellungen DXF/DWG-Import" (**15**) wird geöffnet

In dem Gruppenfeld „Modellbereich Einheit" (**16**) wird die Option „Einheit der Importdatei verwenden" (**17**) markiert.

Die importierte Datei hat keine Angaben zu der Einheit → „nicht definiert" (**18**).

Vectorworks erkennt, dass die Maße im metrischen Maßsystem angegeben wurden → „Dezimal" (**19**) und schlägt die Einheit, aus dem aktiven Dokument, vor → „Annahme = Millimeter" (**20**):

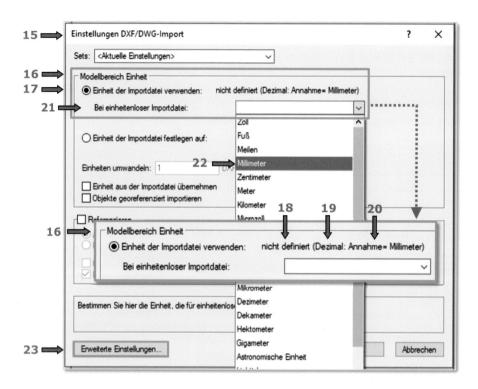

- übernehmen Sie die „Annahme = Millimeter" (**20**), indem Sie aus dem
  Aufklappmenü „Bei einheitenloser Importdatei:" (**21**) die Einheit „Millimeter"
  (**22**) auswählen

- klicken Sie auf die Schaltfläche „Erweiterte Einstellungen…" (**23**):

Es wird ein weiteres Dialogfenster „Erweiterte Einstellungen DXF/DWG-Import"
(**24**) geöffnet, dort nehmen Sie weitere Einstellungen vor:

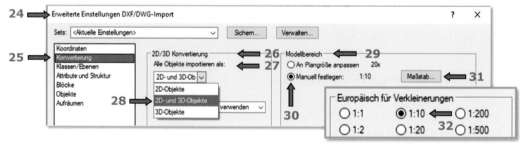

- öffnen Sie die Registerkarte „Konvertierung" (**25**):
  - in dem Gruppenfeld „2D/3D Konvertierung" (**26**), aus dem Aufklappmenü
    „Alle Objekte importieren als:" (**27**), wählen Sie die Option
    „2D- und 3D-Objekte" (**28**) aus (empfohlen)
  - in dem Gruppenfeld „Modellbereich" (**29**), wählen Sie die Option „Manuel
    festlegen" (**30**) aus:
  - klicken Sie auf die Schaltfläche „Maßstab…" (**31**):

- in dem nun erscheinenden Dialogfenster „Maßstab" wählen Sie den Maßstab „1:10" (**32**)

° öffnen Sie die nächste Registerkarte „Klassen/Ebenen" (**33**):
- in dem Gruppenfeld „Klassen/Ebenen" (**34**),
  bei dem Auswahldialog „Importiere DXF/DWG-Layer als:" (**35**), wählen Sie
  die Option „Klasse" (**36**) aus (empfohlen)

Die Klassen in Vectorworks haben eine ähnliche Struktur wie die Layer in AutoCAD.

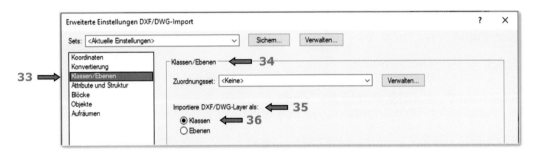

° bestätigen Sie alle Dialogfenster mit OK

Das Dialogfenster „DXF/DWG oder DWF Import Status" (**37**) wird geöffnet.

● mit einem Klick auf die Schaltfläche „Details..." (**38**) können Sie, in einem Editor-Fenster, die Zusammenfassung der Importergebnisse ansehen
° bestätigen Sie mit OK

Die Tischlampe wird in das Vectorworks-Dokument importiert (**39**).

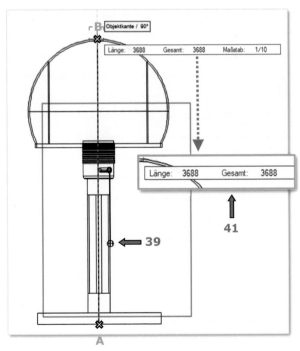

• aktivieren Sie die Tischlampe

Sie können die Informationen über das importierte Objekt in der Info-Objekt-Palette (**40**) ablesen, z.B.

**2D-Symbol**

„Skalierung:" Keine

• messen Sie die Höhe der Tischlampe mit dem Werkzeug *Strecke messen* (**41**) ab (von Punkt **A** bis Punkt **B**)

Sie soll ≈ 360 mm hoch sein.

In der Objektmaßanzeige wird die Länge der gemessenen Linie angezeigt (**42**) (= 3688 mm).

Das Objekt aus der importierten Zeichnung ist 10-mal größer als es sein sollte.

Sie müssen diese DWG-Datei noch einmal, mit neuen Importeinstellungen, importieren.

Zuerst soll die fehlerhafte importierte Zeichnung (nur) aus dem Zubehör-Manager gelöscht werden (das Objekt aus der importierten Datei ist ein 2D-Symbol und wurde automatisch in dem Zubehör-Manager angelegt):

• in dem Zubehör-Manager klicken Sie, mit der RMT, auf den Ordner „DXF_DWG" (**43**) und wählen Sie, aus dem nun erscheinenden Kontextmenü, den Befehl *Löschen* (**44**) aus

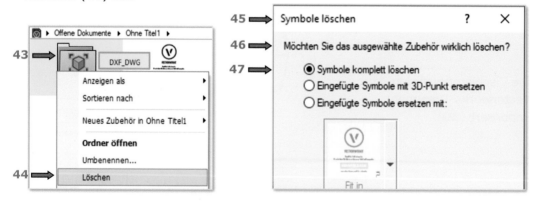

◦ in dem geöffneten Dialogfenster „Symbole löschen" (**45**) werden Sie gefragt:
„Möchten Sie das ausgewählte Zubehör wirklich löschen" (**46**)
 - wählen Sie die Option „Symbole komplett löschen" (**47**) aus
◦ bestätigen Sie mit OK

Die importierte Datei wurde komplett aus dem Vectorworks-Dokument gelöscht.

Importieren Sie diese DWG-Datei nochmal in Ihr Vectorworks-Dokument:

• wählen Sie, in der Menüzeile, den folgenden Befehl aus:
   *Datei – Import – Import DXF/DWG…*:

Das Dialogfenster „DXF/DWG-Dateien importieren" wird geöffnet. In dem Ordner Downloads finden Sie die heruntergeladene DWG-Datei (**48**).

• markieren Sie diese     ⬇ Downloads    |    📄 1452874383322_Bauhaus Lamp    ⬅— **48**

   ◦ schließen Sie das Dialogfenster mit OK

Das Dialogfenster „Einstellungen DXF/DWG-Import" (**49**) wird geöffnet:

• dieses Mal wählen Sie, in dem Gruppenfeld „Modellbereich Einheit" (**50**) die
   Option „Einheit der Importdatei festlegen auf:" (**51**) aus
   ◦ in dem Aufklappmenü (**52**) wählen Sie die Option „Eigen" (**53**) aus

Das Objekt aus der Importdatei war 10-mal größer als es sein sollte, d.h. eine Einheit „1" aus der DWG-Datei soll in dem Vectorworks-Dokument 10-mal kleiner dargestellt werden:

   ◦ tragen Sie bei „Einheiten umwandeln:" (**54**) folgende Eingaben ein:

$$\boxed{1} \text{ DXF/DWG-Einheiten} = \boxed{0,1} \text{ (55)}$$

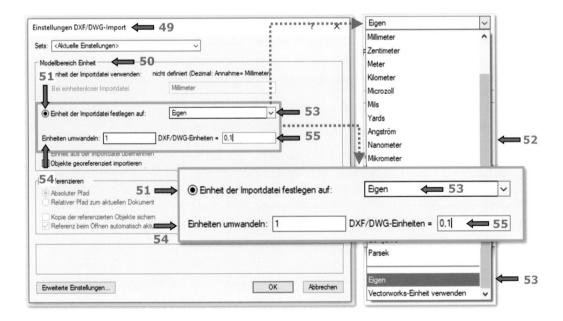

- nach diesem Eintrag können Sie das Dialogfenster „Einstellungen DXF/DWG-Import" (**49**), mit einem Klick auf OK, schließen

Die erweiterten Importeinstellungen, die Sie bei dem ersten Import-Versuch festgelegt haben (= zuletzt eingetragene Eigenschaften), werden in Vectorworks gespeichert.

- bestätigen Sie das nun erscheinende Dialogfenster „DXF/DWG oder DWF Import Status" mit OK (**56**)

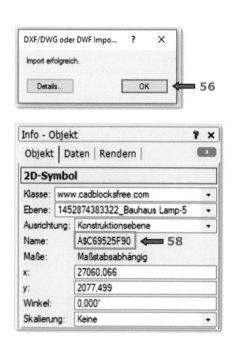

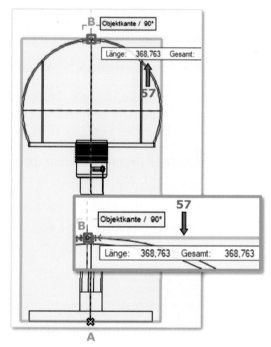

- messen Sie erneut die Höhe der Tischlampe mit dem Werkzeug *Strecke messen* (von Punkt **A** bis Punkt **B**)

Die gemessene Höhe (≈368 mm) sollte jetzt richtig sein.

Die DWG-Datei wurde jetzt richtig eingelesen. Das 2D-Symbol mit dem Namen „A$C69525F90" (**58**) können Sie jetzt in das Dokument „Vitrine" kopieren.

Das Dokument „Vitrine" soll geöffnet sein. Die Klasse „Dekorative Gegenstände" und die Ebene „Vitrine" sollen beide aktiv sein.

- öffnen Sie den Zubehör-Manager

Beide geöffneten Dokumente („Ohne Titel1" und „Vitrine") werden in dem Navigationsbereich angezeigt (**59**).

- in der temporär erstellten Hilfszeichnung „Ohne Titel1" öffnen Sie den Ordner „DXF_DWG" (**60**), mit einem Doppelklick

Auf der rechten Seite wird der Inhalt des Ordners „DXF_DWG" (**60**) angezeigt, das 2D-Symbol „A$C69525F90" (**61**) und ein Text (**62**), der zusammen mit dem Symbol importiert wurde.

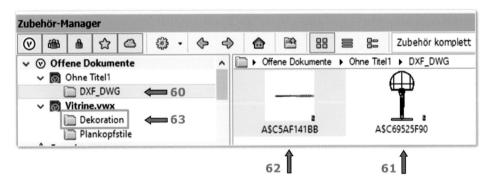

- verschieben Sie das 2D-Symbol „A$C69525F90" (**61**), mit der Drücken-Ziehen-Loslassen-Methode, in den Ordner „Dekoration" (**63**):
  - drücken Sie, mit der LMT auf das Symbol „A$C69525F90" (**61**), halten Sie den Mauszeiger gedrückt und bewegen Sie ihn (**64**) über den Ordner „Dekoration" (**63**), in den Navigationsbereich
  - wenn der Ordner blau markiert ist (**65**), lassen Sie die LMT los

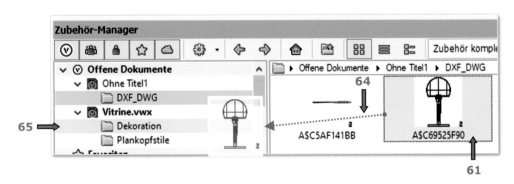

- öffnen Sie den Ordner „Dekoration" (**65**),
  dort befindet sich das kopierte 2D-Symbol „A$C69525F90" (**61**)

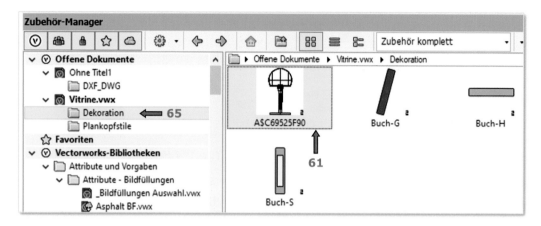

## Das Symbol umbenennen

Benennen Sie das Symbol „A$C69525F90" in **Tischlampe 'Bauhaus'** um.

- klicken Sie mit der RMT auf das Symbol (**66**) und wählen Sie, aus dem geöffneten Kontextmenü, den Befehl *Umbenennen...* (**67**) aus:

Das Dialogfenster „Name" (**68**) wird geöffnet.

  ◦ in das Eingabefeld „Neuer Name:" (**69**) tragen Sie den neuen Namen – **Tischlampe 'Bauhaus'** (**70**) ein

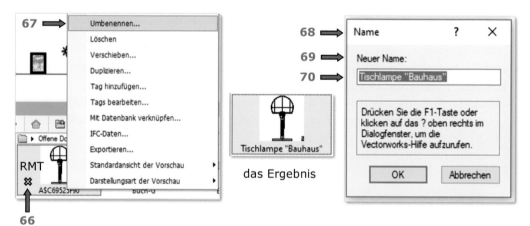

das Ergebnis

## Das Symbol bearbeiten

Die Lampenschirmfarbe soll zu Dunkelrot geändert werden.

- klicken Sie mit der RMT auf das Symbol (**66**) und wählen Sie, aus dem nun erscheinenden Kontextmenü, den Befehl *2D-Darstellung bearbeiten* (**71**) aus:

Vectorworks wechselt in den Bearbeitungsmodus „Symbol bearbeiten" (**72**) → der Rahmen der Zeichenfläche wird orange dargestellt.

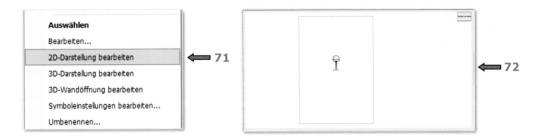

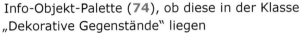

- aktivieren Sie alle Unterelemente der Tischlampe (**73**) und kontrollieren Sie in der Info-Objekt-Palette (**74**), ob diese in der Klasse „Dekorative Gegenstände" liegen

Falls nicht, ändern Sie dies in der Info-Objekt-Palette (**74**).

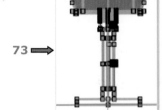

- klicken Sie auf eine leere Stelle, um alle Unterelemente zu deaktivieren

- vergrößern Sie den Zeichnungsausschnitt mit dem Lampenschirm (**75**) (→ ZOOM)

- aktivieren Sie jetzt nur den Kreisbogen/Lampenschirm und ändern Sie seine Füllung von „Leer" (**76**) auf Solid – Classic 016 (**77**) um

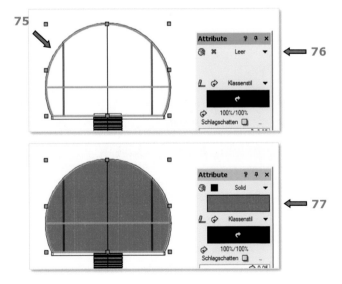

- fügen Sie das Symbol **Tischlampe 'Bauhaus'**, aus dem Zubehör-Manager, mit der Drücken-Ziehen-Loslassen-Methode (**78**), in die Zeichnung ein (auf die Linie **L**)

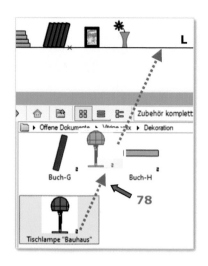

das Ergebnis

## Das Symbol skalieren

Die Lampe ist zu groß für die Vitrine. Sie soll auf 70% ihre Originalgröße skaliert werden.

Die Symbole können über die Info-Objekt-Palette skaliert werden. Bei skalierten Symbolen wird, neben dem Objekttyp „2D-Symbol", der Text „Skaliert" angezeigt (**79**). Die restlichen gleichen Symbolinstanzen in der Zeichnung werden dabei nicht skaliert.

- skalieren Sie das Symbol (symmetrisch) auf 70% seiner Größe, indem Sie:
  - die Option „Symmetrisch" (**80**), aus dem Einblendmenü „Skalierung:", auswählen
  - den Skalierungsfaktor „0,7" (**81**), in das Eingabefeld „Faktor:", eintragen

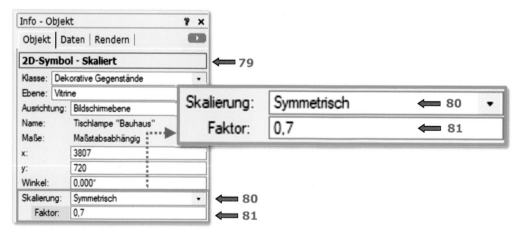

Sie können weitere dekorative Objekte zeichnen (z.B. zwei Kerzen).

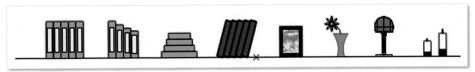

das Ergebnis

Das Hilfsdokument „Ohne Titel 1", das Ihnen geholfen hat die DWG-Datei richtig zu importieren, können Sie jetzt löschen.

## 4.7.5 Die gezeichneten Objekte verteilen (in der Vitrine)

Aufgabe:

Verteilen Sie die gezeichneten dekorativen Gegenstände im Inneren der Vitrine.

Anleitung:

Vorbereiten Sie das Dokument für die nächste Aufgabe:

- in der Navigation-Klassen-Palette stellen Sie die Klasse „Bemaßung" und die Klassengruppe „Tür" auf „Unsichtbar" (✗) (**1**) ein

- in der Zeigerfang-Palette schalten Sie folgende Fangmodi ein (**2**):
  *An Objekt ausrichten*
  *An Winkel ausrichten*
  *An Schnittpunkt ausrichten*
  *An Punkt ausrichten*

### Symbole gruppieren

- gruppieren Sie gleichartige **Buch**-Symbole, auf der Linie **L** (**3**):
  *Ändern – Gruppen - Gruppieren*

**Buch-S**

**Buch-K**

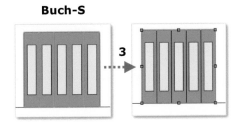

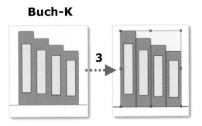

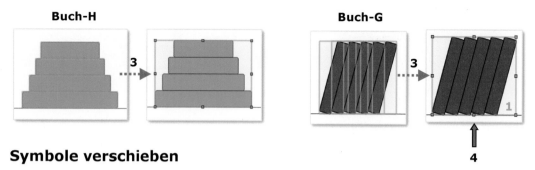

**Buch-H**

**Buch-G**

# Symbole verschieben

### Buch-G

Verschieben Sie zuerst die Gruppe mit den Symbolen **Buch-G**.

Diese Gruppe soll sich an der rechten Seite der Vitrine anlehnen. D.h. Sie müssen diese Gruppe mit ihrer rechten unteren Ecke (**1**) auf die rechte Seite eines Mittelbodens (**2**) positionieren.

- um die rechten unteren Ecke der Gruppe (**1**) greifbar zu machen, zeichnen Sie einen Hilfspunkt (**5**), rechts von der Gruppe, auf die Linie **L**

- aktivieren Sie beide Objekte (**6**), die Gruppe und den Hilfspunkt, und richten Sie beide nach rechts aus:
  *Ändern – Ausrichten – 2D Ausrichten…*:

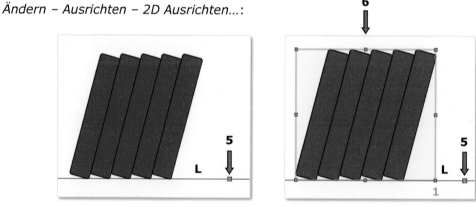

- in dem nun erscheinenden Dialogfenster „2D Ausrichten und verteilen" (**7**) wählen Sie unten, in dem Bereich welcher zuständig für die waagerechte Ausrichtung (**8**) ist, die folgenden Optionen aus:
  - „Ausrichten" (**9**)
  - „Rechts" (**10**)

Die Gruppe mit den Symbolen **Buch-G** wurde nach rechts, zu dem gezeichneten Hilfspunkt (**5**), verschoben. Jetzt können Sie die Gruppe von Punkt **1** bis zu der rechten Ecke eines Mittelbodens kopieren.

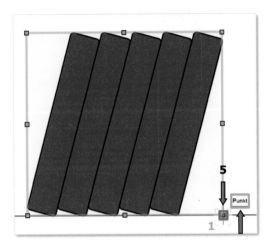

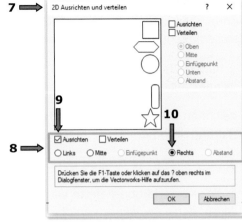

- aktivieren Sie nur die Gruppe **Buch-G** (**4**)

- in der Konstruktion-Palette wählen Sie das Werkzeug *Verschieben* und die Methoden - *Duplikate verschieben* (**11**) und - *Original erhalten* (**12**) aus, tragen Sie in das Eingabefeld „Anzahl Duplikate:" 1 ein

Der Mauszeiger findet jetzt die untere rechte Ecke der Gruppe (→ **1**) durch den, an der Stelle platzierten, Hilfspunkt (**5**).

○ klicken Sie auf den Startpunkt **1** und dann auf den Endpunkt **2** der Verschiebung (**13**)

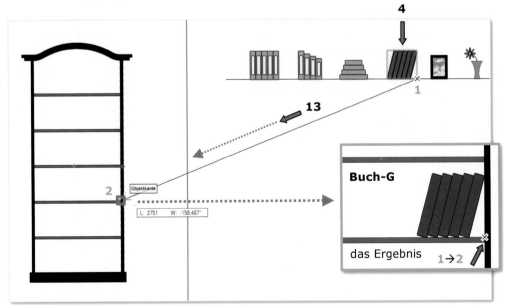

Verteilen Sie die verbleibenden dekorativen Gegenstände auf den Mittelböden in der Vitrine. Damit sie gut durch die Glastür zu sehen sind, positionieren Sie diese an den senkrechten Tür-Mittelachsen (**15**).

- schalten Sie die Klasse „Tür-Flügelrahmen", in der Navigation-Klassen-Palette, wieder auf sichtbar (**14**)

- zeichnen Sie zwei senkrechte Hilfslinien (**15**), durch die Mitte der beiden Türflügelrahmen → Tür-Mittelachsen

- aktivieren Sie die Gruppe mit den Symbolen **Buch-S** (**16**)

- in der Konstruktion-Palette wählen Sie wieder das Werkzeug *Verschieben,* die Methoden - *Duplikate verschieben* (**11**) und - *Original erhalten* (**12**) aus.

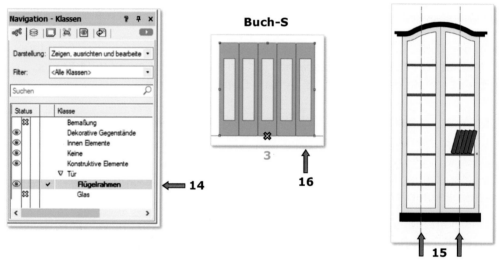

Verschieben (**17**) Sie die Gruppe (**16**) von Punkt **3** bis Punkt **4**
(= von der Mitte der unteren Seite der Gruppe **3** bis zu dem Schnittpunkt einer Tür-Mittelachse (**15**) und der oberen Seite eines Mittelbodens **4**):

   ◦ klicken Sie mit der LMT auf Punkt **3** und dann auf Punkt **4**

- wiederholen Sie dies bei allen verbleibenden 2D dekorativen Objekten.

Verteilen Sie die Objekte, nach Wunsch, in der Vitrine
(wie z.B. auf Abbildung **18** dargestellt)

- löschen Sie die zwei Hilfslinien/Tür-Mittelachsen (**15**)

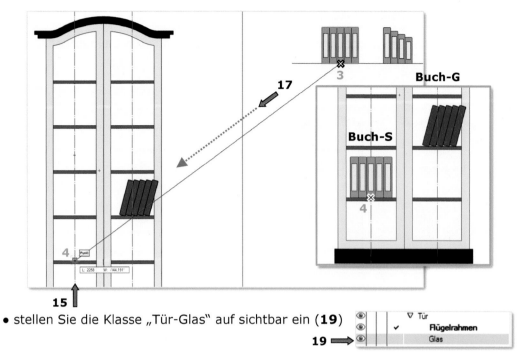

stellen Sie die Klasse „Tür-Glas" auf sichtbar ein (**19**)

19 ⟹

Die, eben in die Vitrine kopierten, Gegenstände sind in dem Vordergrund (vor der Tür) angeordnet.

- aktivieren Sie alle Tür-Elemente (Flügelrahmen und Glasflächen) und ordnen Sie diese in den Vordergrund (**20**) an:
  *Ändern – Anordnen – In den Vordergrund*

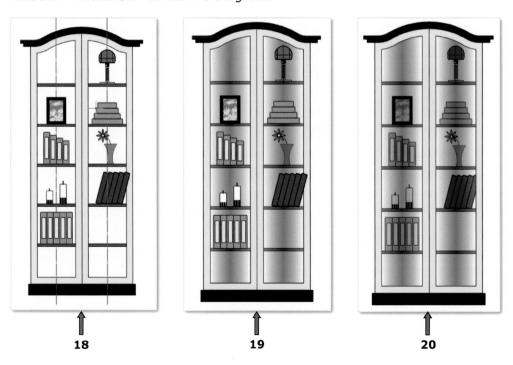

### 4.7.6 Die Layoutebene bearbeiten

- wechseln Sie in der Navigation-Klassen-Palette zu „Navigation-Layoutebenen"
  (**21**) und aktivieren Sie die Layoutebene „Vitrine" (**22**)

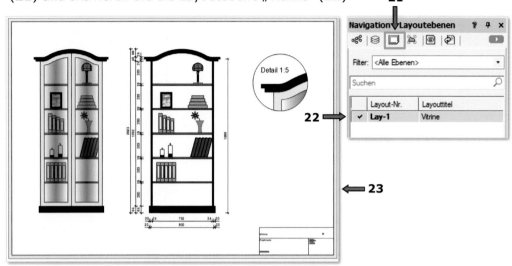

Die Layoutebene „Vitrine" wird geöffnet (**23**). Die dekorativen Gegenstände werden in der Layoutebene angezeigt.

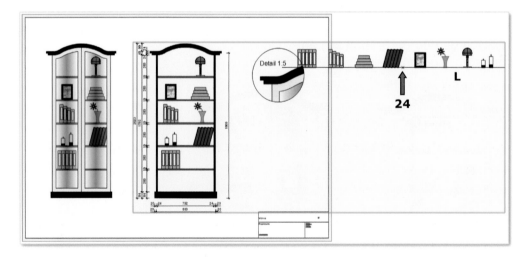

Sie haben die dekorativen Gegenstände außerhalb des Zeichenblattes gezeichnet und auf der Linie **L** platziert. Falls sich diese in einem der Ansichtsbereiche befinden (**24**), müssen Sie den Ansichtsbereich begrenzen:

- klicken Sie mit der RMT auf diesen Ansichtsbereich (**25**)
  - wählen Sie, aus dem nun erscheinenden Kontextmenü, den Befehl
    *Begrenzung bearbeiten* (**26**) aus

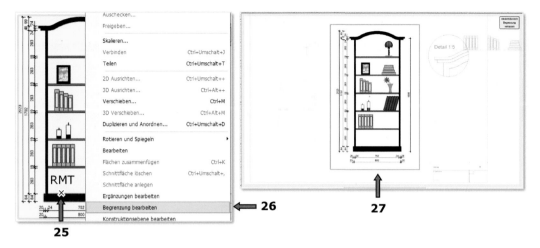

**25**

**26**

**27**

Der Bearbeitungsmodus „Begrenzung bearbeiten" wird geöffnet.

- zeichnen Sie ein Rechteck über den Ausschnitt, der in dem Ansichtsbereich sichtbar sein soll (**27**)

Alles was sich innerhalb dieses Rechtecks befindet, wird in dem Ansichtsbereich angezeigt. Elemente außerhalb des Rechtecks werden unsichtbar.

- schließen Sie den Bearbeitungsmodus mit einem Klick auf die Schaltfläche „Ansichtsbereich Begrenzung verlassen"

In dem Ansichtsbereich mit der Bemaßung sollten keine dekorativen Gegenstände angezeigt werden,
d.h. die Klasse „Dekorative Gegenstände" sollte aus diesem Ansichtsbereich ausgeblendet sein.

- aktivieren Sie den Ansichtsbereich mit der Bemaßung (**28**)

- in der Info-Objekt-Palette klicken Sie auf die Schaltfläche „Klassensichtbarkeit…" (**29**):

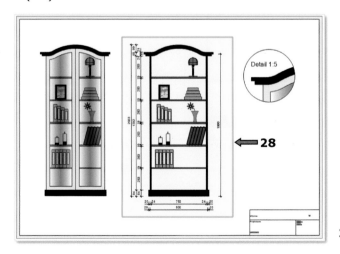

**28**

**29**

Das Dialogfenster „Klassensichtbarkeiten des Ansichtsbereich" (**30**) wird geöffnet.

- ◦ klicken Sie, neben der Klasse „Dekorative Gegenstände" (**31**), in der zweiten „Status"– Spalte, auf „Unsichtbar" (**32**)
- ◦ bestätigen Sie mit OK

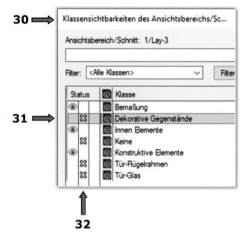

In diesem Ansichtsbereich (**34**) werden keine Objekte aus der Klasse „Dekorative Gegenstände" mehr angezeigt.

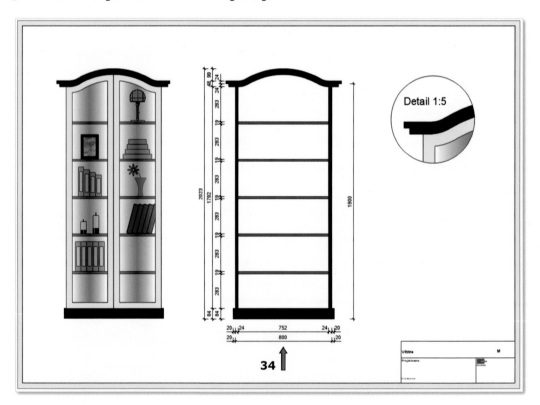

# 5. Erste Schritte in der 3D-Konstruktion

INHALT:

## Die Werkzeuge

- *3D-Punkt*
- *Linie*, Methode - *Drücken/Ziehen*
- *Linie*, Methode - *Drücken/Ziehen Zusammenfügen*
- *Flächen abschrägen*
- *Kurvenverbindung*
- *Hilfslinien*

**1.**

## Die Befehle

- *Verjüngungskörper anlegen...*
- *Schichtkörper anlegen...*
- *Volumen zusammenfügen*
- *Hohlkörper erzeugen...*
- *Rotationskörper anlegen...*
- *Extrusionskörper anlegen...*
- *NURBS anlegen*

- Automatische Arbeitsebene
- Textur
- Darstellungsart - OpenGL
- Darstellungsart - Renderworks

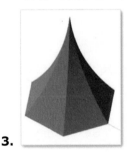

**2.**

**3.**

**3D-Modellieren**
In Vectorworks können Sie mit verschiedenen Techniken in 3D modellieren und damit z. B. architektonische Details, Möbel oder Skulpturen in allen Größen und Formen erzeugen.

**Arten der 3D-Modellierung**
Vectorworks enthält eine flexible Kombination von Werkzeugen und Befehlen, mit denen 3D-Modelle erzeugt und bearbeitet werden können. Jedes Modell kann auf verschiedenen Wegen erzeugt werden, aber wenn Sie die richtigen Objekte, Werkzeuge und Befehle in der richtigen Reihenfolge verwenden, können Sie effizienter arbeiten und bessere Ergebnisse erhalten.

**Konturen modellieren**
Objekte wie NURBS-Kurven und 3D-Polygone können im 3D-Raum Grundkörper bilden, indem ihre Scheitelpunkte und Konturen präzise manipuliert werden. Diese Grundkörper lassen sich dann in andere Objekte, wie Flächen und Vollkörper, umwandeln, um komplexere Formen zu erzeugen.

**Vollkörper modellieren**
Zu den Vollkörpern, die ein Volumen enthalten können, gehören Extrusionskörper (normal, verjüngt, geschichtet und entlang eines Pfads), Rotationskörper, Hohlkörper, Verrundungen, Fasen, solide Grundkörper (Kugeln, Kegel usw.), Vollkörper-Additionen/Subtraktionen und andere. Verschiedene Werkzeuge und Befehle, vor allem in der Werkzeuggruppe **Modellieren** und in den Menüs **Ändern** und **3D-Modell**, können Vollkörper erzeugen und umformen. [...]

**Flächen modellieren**
Verwenden Sie NURBS-Flächen und die damit verknüpften Werkzeuge und Befehle wie **Kurven-verbindung**, **Extrahieren**, **Projektion** oder die NURBS-Befehle, um nicht-rationale, freie Formen wie z. B. gekrümmte oder fließende Objekte zu erzeugen. Verwenden Sie dann gewichtete Scheitelpunkte, um die Fläche in Form zu „ziehen". [...] (siehe Vectorworks-Hilfe [1])

© Der/die Autor(en), exklusiv lizenziert durch
Springer Fachmedien Wiesbaden GmbH, ein Teil von Springer Nature 2021
A. Milinović, *Vectorworks 2021*, https://doi.org/10.1007/978-3-658-31902-1_5

**Subdivision-Modellierung**

Bei der Subdivision-Modellierung handelt es sich um eine sehr leistungsstarke und flexible Methode Objekte mit einer organischen oder freien Form zu erzeugen. Beginnen Sie mit einem geometrischen Subdivision-Grundkörper und manipulieren Sie dann einen polygonalen Käfig, um die gewünschte Form zu modellieren. [...]
(siehe Vectorworks-Hilfe [1])

Anleitung:

Versichern Sie sich, dass das automatische Sichern aktiviert ist.

# Ein neues Dokument anlegen

**I**  Wählen Sie als Vorlage „1_Leeres Dokument.sta"

**II**  Stellen Sie den **Maßstab** auf **1:10**

**III**  Stellen Sie die **Einheiten** auf **cm** ein:

- In der Menüzeile: *Datei – Dokument → Einheiten...-*
  - in dem nun erscheinenden Dialogfenster „Einheiten" öffnen Sie die Registerkarte „Bemaßungen":
    - in dem Gruppenfeld „Längen – Einheit" wählen Sie in dem Aufklappmenü die gewünschte Einheit → „Einheiten:" Zentimeter und „Dezimalstellen für Anzeige:" 0,1 aus

**IV**  Richten Sie das Blatt („Plangröße...") auf „Hochformat" aus, indem Sie mit der RMT auf eine leere Stelle auf dem Blatt klicken:

- in dem nun erscheinenden Kontextmenü wählen Sie den Befehl *Plangröße...* aus
  - klicken Sie auf die Schaltfläche „Drucken und Seiten einrichten..."
  - in dem neu erscheinenden Dialogfenster „Seite einrichten" wählen Sie für die „Ausrichtung" → „Hochformat" aus

**V**  Legen Sie bei „Standard-Projektionsart 3D-Ansicht:" die Option „Orthogonal" fest:
  - gehen Sie in der Menüzeile zu:
    *Extras* (**1**) *– Programm Einstellungen* (**2**) *– Programm...* (**3**)
  - in dem nun erscheinenden Dialogfenster „Einstellungen Programm" (**4**) öffnen Sie die Registerkarte „3D" (**5**)
  - in dem Aufklappmenü „Standard-Projektionsart 3D-Ansicht:" (**6**) wählen Sie die Projektionsart „Orthogonal" (**7**) aus

**VI**  Eine neue Ebenen und drei neue Klassen erstellen

- klicken Sie mit der RMT auf eine leere Stelle auf dem Plan, in dem nun erscheinenden Kontextmenü wählen Sie den Befehl *Organisation* aus
  - klicken Sie, in der Registerkarte „Konstruktionsebene", auf die Schaltfläche „Neu…" (→ in dem Dialogfenster „Organisation")

  - in dem Dialogfenster „Neue Konstruktionsebene" benennen Sie die neue Ebene: „3D Geometrie"

  - bestätigen Sie mit OK

Erstellen Sie drei neue Klassen mit den Namen:
  1. „Gartenhaus"
  2. „Tisch"
  3. „Kinderzelt"

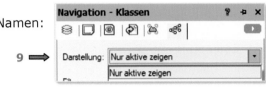

- legen Sie die Klassendarstellung, in der Navigation-Klassen-Palette (**8**), in „Nur aktive zeigen" (**9**) fest

## 5.1 Das Gartenhaus

Aufgabe:

Das kleine Gartenhaus soll nach den Skizzen **A**, **B** und **C** gezeichnet werden.
Die tragenden Elemente werden in dieser Übung nicht gezeichnet.
- die Gesamtgröße (Außenmaße) beträgt 150 x 150 x 220 cm (**1**)
- die Grundfläche (Außenmaße) beträgt 120 x 120 cm (**2**)
- die Tür hat die Maße 80 x 180 cm (**3**)
- die Dachneigung beträgt 30°
  - die Wandstärke ist 19 mm
  - die Fußbodenstärke ist 26 mm
  - die Tür soll mit 14 mm starken Holzbrettern gezeichnet werden
  - die Dachstärke ist 14 mm

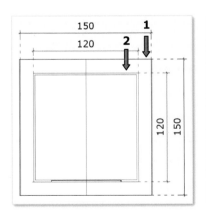

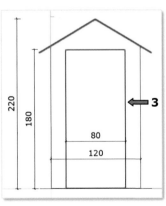

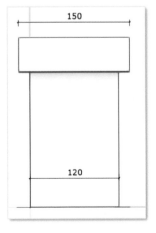

**A** - Oben          **B** - Vorne          **C** - Rechts

Anleitung:

Das Gartenhaus soll auf der Konstruktionsebene „3D Geometrie" und in der Klasse „Gartenhaus" gezeichnet werden.
Beide müssen aktiv sein.

- stellen Sie bei „Aktuelle Ansicht" (**1**) „Rechts vorne oben" (**2**) ein

- schalten Sie die Plangröße, in der Darstellungszeile, aus (**3**)

- aktivieren Sie, in der Zeigerfang-Palette (**4**), die Fangmodi *An Objekt ausrichten* und *An Winkel ausrichten* (**5**)
  - doppelklicken Sie auf das Symbol für den Fangmodus *An Winkel ausrichten* (**5**)
  - es wird das Dialogfenster „Einstellungen Zeigerfang" (**6**) geöffnet
    - die Registerkarte „Winkel" (**7**) ist bereits geöffnet:
      - aktivieren Sie, in dem Gruppenfeld „Standardwinkel" (**8**), die Option „Winkel" (**9**)
      - tragen Sie den Wert 30°, in das Eingabefeld rechts, ein (**10**) (falls er schon nicht eingetragen ist)

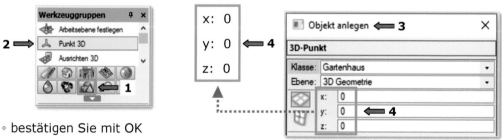

## 3D-Punkt

Um die Position von Objekten beim Zeichnen im 3D-Raum besser zu kontrollieren, zeichnen Sie einen 3D-Hilfspunkt mit den Koordinaten 0, 0, 0 (= Nullpunkt der Zeichnung):

- doppelklicken Sie auf das Werkzeug *3D-Punkt* (**2**) in der Werkzeuggruppe **Modellieren** (**1**)
  - in dem nun erscheinenden Dialogfenster „Objekt anlegen - 3D-Punkt" (**3**) tragen Sie die folgenden Werte (**4**) ein:
  - bestätigen Sie mit OK

Der 3D-Punkt wurde gezeichnet (**5**). An diesem Punkt können Sie Objekte, beim Zeichnen im 3D-Raum/Bereich von Vectorworks, ausrichten.

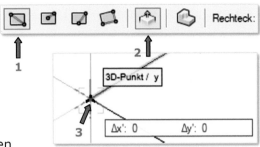

### 5.1.1 **Der Korpus**, das Außenvolumen
das Außenmaß beträgt 120 x 120 x 220 cm

- zeichnen Sie ein Rechteck mit dem Werkzeug *Rechteck* und der ersten Methode - *Definiert durch Diagonale* (**1**)
  ◦ aktivieren Sie auch die fünfte Methode - *Drücken/Ziehen* (**2**)

  ◦ klicken Sie mit der LMT auf den 3D-Hilfspunkt (**3**)

  ◦ bewegen Sie den Mauszeiger zur Seite und tragen Sie, in die nun erscheinende Objektmaßanzeige, für Δx: 120 (**4**) ein

  ◦ drücken Sie die Tabulatortaste (→ eine rot gestrichelte Hilfslinie erscheint -**5**) und tragen Sie, in das zweite Eingabefeld, für Δy: 120 (**6**) ein
  ◦ bestätigen Sie die Eingabe mit der Eingabetaste
  (→ eine zweite rot gestrichelte Hilfslinie erscheint - **7**)

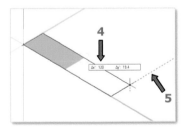

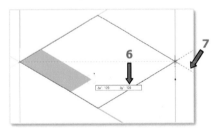

  ◦ drücken Sie noch einmal die Eingabetaste oder klicken Sie mit der LMT auf den Schnittpunkt der rot gestrichelten Hilfslinien (**8**)

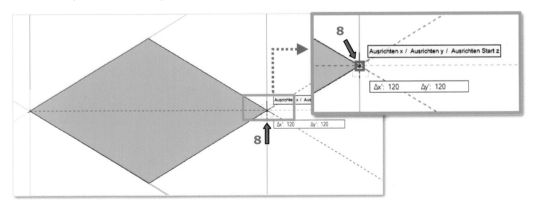

Das Quadrat wurde gezeichnet (**9**).

● bewegen Sie den Mauszeiger über das eben gezeichnete Quadrat (**9**)
(→ es wird rot angezeigt - **10**)

Die Funktion - *Drücken/Ziehen* wird aktiviert (die fünfte Methode in der Methodenzeile).

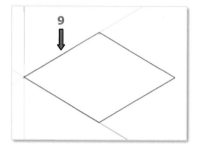

○ klicken Sie in die Fläche hinein (**11**) und ziehen Sie den Mauszeiger senkrecht nach oben (**12**)

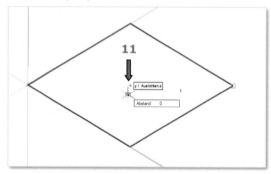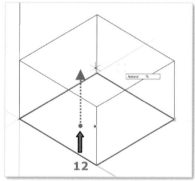

○ tragen Sie, in die Objektmaßanzeige, für den Abstand: 220 cm (**13**) ein

○ bestätigen Sie die Eingabe mit der Eingabetaste (→ das Ergebnis **14**)

○ drücken Sie die Eingabetaste ein zweites Mal

Quader **1** (120 x 120 x 220 cm) wurde gezeichnet (**15**).

Quader **1**

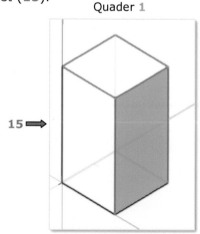

# Das Innenvolumen

Quader **2**, wessen Volumen dem Innenvolumen des Gartenhauses entspricht, soll aus dem eben gezeichneten Quader **1** herausgeschnitten werden.

- wählen Sie das Werkzeug *Rechteck* und die zweite Methode -
  *Definiert durch Mittelpunkt* (**16**) aus
  - aktivieren Sie auch die fünfte - *Drücken/Ziehen* (**17**) und die sechste Methode -
  *Drücken/Ziehen Zusammenfügen* (**18**)

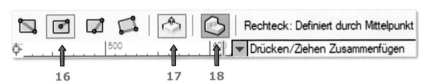

Die Innenmaße von Quader **2** berechnen:
für die Methode - *Definiert durch Mittelpunkt* (**16**) muss man die **halbe** Länge und Breite kennen

Grundfläche**/2** ...... $[(120 - 2 \times 1,9) / 2]^2 = [116,2 / 2]^2 = 58,1 \times 58,1$ cm
Höhe ...... $220 - 2,6 = 217,4$ cm  (Fußbodenstärke = 26 mm)

- aktivieren Sie „Ausrichtung Automatisch" (**19**) in der Darstellungszeile

- bewegen Sie den Mauszeiger über die obere Seite von Quader **1** (→ sie wird rot dargestellt - **20**)
- klicken Sie auf die Mitte dieser Seite
- bewegen Sie den Mauszeiger zur Seite und tragen Sie in die Objektmaßanzeige den Wert für Δx: 58,1 cm (**21**) ein
- drücken Sie die Tabulatortaste und tragen Sie, in das zweite Eingabefeld, den Wert für Δy: 58,1 cm (**22**) ein
- bestätigen Sie einmal mit der Eingabetaste (→ das Ergebnis **23**)
- drücken Sie ein zweites Mal die Eingabetaste

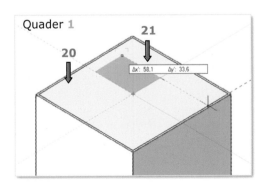

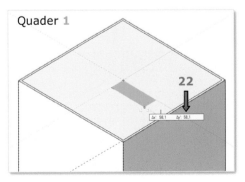

Das Quadrat wurde gezeichnet (**24**).

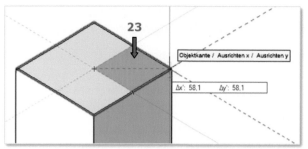

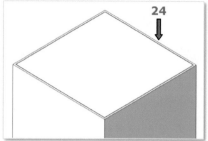

1. Im nächsten Schritt wird, durch die fünfte Methode - *Drücken/Ziehen* (**17**), der Quader **2** aus dem Quadrat (**24**) erzeugt
2. mit Hilfe der ausgewählten sechsten Methode - *Drücken/Ziehen Zusammenfügen* (**18**) wird das Volumen von Quader **2** von Quader **1** abgezogen (bis zu der Oberkante des Fußbodens).

220 cm (Gartenhaushöhe) – 2,6 cm (Stärke der Fußbodenbretter) = 217,4 cm

- bewegen Sie den Mauszeiger über das eben gezeichnete Quadrat (**24**) → es wird rot angezeigt (**25**)

- klicken Sie in die gefärbte Fläche hinein (**26**)

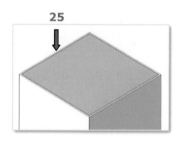

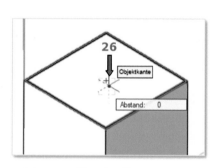

- bewegen Sie den Mauszeiger nach unten (**27**) und tragen Sie, in die Objektmaßanzeige, für den Abstand: (-217,4 cm) (**28**) ein

- bestätigen Sie mit der Eingabetaste

Die Kontur von Quader **2** wird sichtbar (**29**).

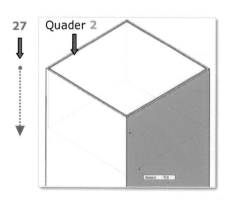

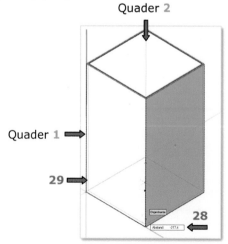

○ drücken Sie die Eingabetaste noch einmal

Quader **2** wurde gezeichnet und gleichzeitig
aus Quader **1** ausgeschnitten (**30**).
In der Info-Objekt-Palette können Sie
ablesen, dass durch dieses Verfahren
eine Vollkörper Subtraktion entstanden ist (**31**).

**31** ➡

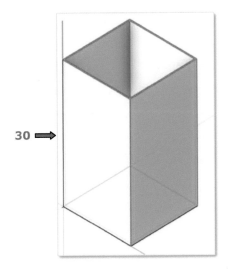

**30** ➡

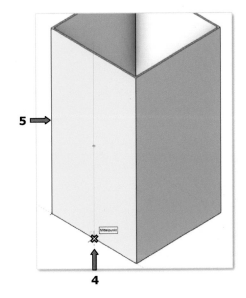

## 5.1.2 Die Tür

**Die Türöffnung** beträgt 80 x 180 cm.

Eine neue Funktion aus **Vectorworks 2021** kommt hier zum Einsatz.

Zeichnen Sie eine Tür-Öffnung, auf der Vorderseite des Vollkörpers.

● wählen Sie das Werkzeug *Rechteck* und die dritte Methode -
*Definiert durch Seitenmitte* (**1**) aus
  ○ aktivieren Sie auch die fünfte - *Drücken/Ziehen* (**2**) und die sechste Methode -
  *Drücken/Ziehen Zusammenfügen* (**3**)

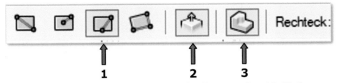

  ○ klicken Sie auf die Mitte der unteren Vorderkante des Vollkörpers (**4**)

Die Seite wird rot angezeigt (**5**).
Die „Ausrichtung Automatisch" muss aktiv sein (**6**).

**6**

- bewegen Sie den Mauszeiger nach oben (**7**)
- tragen Sie den Wert für die Hälfte der Breite Δx: 40 cm (**8**) in die Objektmaßanzeige ein
- drücken Sie die Tabulatortaste und tragen Sie in das nächste Eingabefeld den Wert für die Höhe der Tür Δy: 180 cm (**9**) ein
- bestätigen Sie mit der Eingabetaste
- bestätigen Sie nochmal mit der Eingabetaste oder klicken Sie auf den Schnittpunkt der gestrichelten Hilfslinien (**10**)

Der Umriss der Tür wurde gezeichnet.

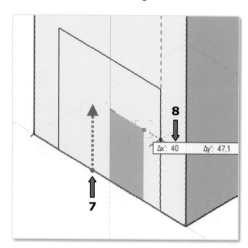
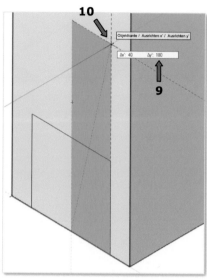

- bewegen Sie den Mauszeiger über die Türfläche (→ sie wird rot dargestellt - **11**)
  - klicken Sie auf diese Fläche (**12**)
  - bewegen Sie den Mauszeiger nach hinten (**h**) und klicken Sie, mit der LMT, auf die innere obere Ecke **1** des Vollkörpers → Abstand: (-1,9 cm) (**13**)

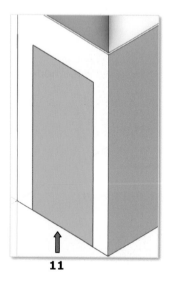
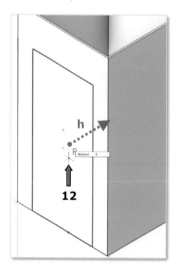
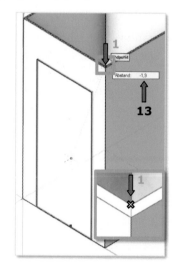

Die Türöffnung wurde gezeichnet und aus der Wand ausgeschnitten (**14**).

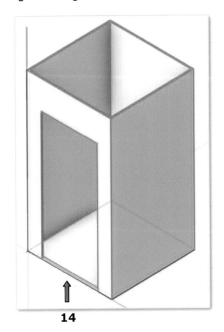

14

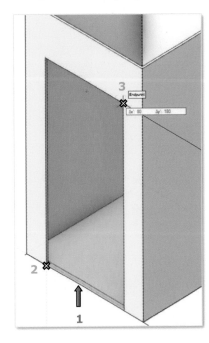

## Das Türblatt

In der Öffnung soll eine 14 mm dicke Tür gezeichnet werden.

- wählen Sie das Werkzeug *Rechteck*, die erste - *Definiert durch Diagonale* und die fünfte Methode - *Drücken/Ziehen* aus

- zeichnen Sie ein Rechteck mit zwei Klicks auf die äußeren diagonal gegenüberliegenden Ecken (**2** und **3**) der Öffnung (**1**)

Wichtig: Aktuelle Objektausrichtung →
„Ausrichtung Automatisch" muss aktiv sein.

- bewegen Sie den Mauszeiger über das gezeichnete Rechteck (**2**)
  (→ es wird rot angezeigt - **3**)
- klicken Sie auf diese gefärbte Fläche (**4**)
- ziehen Sie den Mauszeiger nach hinten (**5**)
- tragen Sie, in die Objektmaßanzeige, für den Abstand: (-1,4) (**6**) ein
- bestätigen Sie die Eingabe mit der Eingabetaste (→ das Ergebnis **7**)

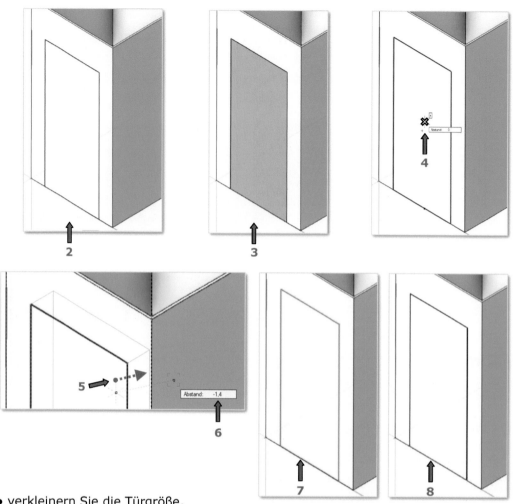

**2**      **3**      **4**

**5**     Abstand: -1,4     **6**

**7**      **8**

- verkleinern Sie die Türgröße,
  in der Info-Objekt–Palette, um 1 cm bei der Breite und Höhe
  (→ Δx: 79 cm; Δy: 179 cm)
  → das Ergebnis - **8**

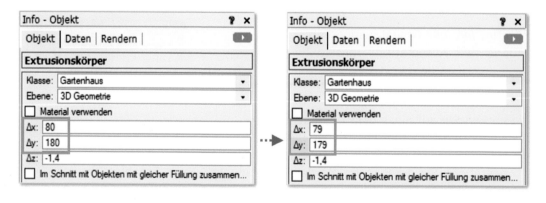

| Info - Objekt | ❓ ✕ |
|---|---|
| Objekt │ Daten │ Rendern │ | ◖▶ |

**Extrusionskörper**

| Klasse: | Gartenhaus | ▾ |
|---|---|---|
| Ebene: | 3D Geometrie | ▾ |
| ☐ Material verwenden | | |
| Δx: | 80 | |
| Δy: | 180 | |
| Δz: | -1,4 | |
| ☐ Im Schnitt mit Objekten mit gleicher Füllung zusammen... | | |

| Info - Objekt | ❓ ✕ |
|---|---|
| Objekt │ Daten │ Rendern │ | ◖▶ |

**Extrusionskörper**

| Klasse: | Gartenhaus | ▾ |
|---|---|---|
| Ebene: | 3D Geometrie | ▾ |
| ☐ Material verwenden | | |
| Δx: | 79 | |
| Δy: | 179 | |
| Δz: | -1,4 | |
| ☐ Im Schnitt mit Objekten mit gleicher Füllung zusammen... | | |

## 5.1.3 Das Dach

Die Wände wurden mit der Gesamthöhe des Gartenhauses (220 cm) gezeichnet d.h. von der Wand muss die Dicke des Daches abgezogen werden.

Zeigerfang-Palette

- aktivieren Sie, in der Zeigerfang-Palette (**1**), die Fangmodi *An Objekt ausrichten An Winkel ausrichten*, *An Schnittpunkt ausrichten* und doppelklicken Sie auf das Symbol für den Fangmodus *An Kante ausrichten* (**2**)
  - ◦ das Dialogfenster „Einstellungen Zeigerfang" (**3**) wird geöffnet
  - ◦ die Registerkarte „Ausrichtkante" (**4**) ist bereits geöffnet:
    - - aktivieren Sie die Option „Parallele zu Ausrichtkante mit Abstand:" (**5**)
    - - tragen Sie die Dicke der Dachbretter 1,4 cm (**6**) in das Eingabefeld rechts ein

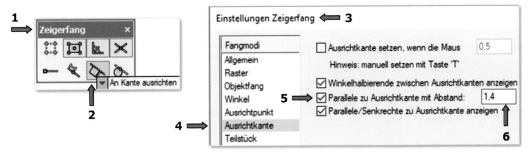

Aktuelle Ansicht soll „Rechts vorne oben" sein (**7**).

## Abschrägen der Wände

### 1. Die rechte Wand

### Hilfslinien

- wählen Sie das Werkzeug *Hilfslinie* (**1**) in der Konstruktion-Palette aus. Es ist irrelevant welche Methode (**2**) Sie auswählen.

Aktuelle Objektausrichtung → „Ausrichtung Automatisch" muss aktiv sein.

- bewegen Sie den Mauszeiger über die Vorderseite des Gartenhauses (→ sie wird rot angezeigt - **3**)

- zeichnen Sie eine Hilfsline, indem Sie:
  - auf die Mitte der oberen Kante der Vorderseite (**1**) klicken
    (die Kontur der Hilfslinie - **4** wird angezeigt und hängt an dem Mauszeiger)
  - den Mauszeiger nach unten rechts, mit einem Winkel von 30° bewegen
    (kontrollieren Sie den Winkel in der Objektmaßanzeige - **5**)
  - auf die Kontur einer Hilfslinie, die jetzt unter einem 30% Winkel steht, klicken
    (**6**)

Die Hilfslinie wird gezeichnet.

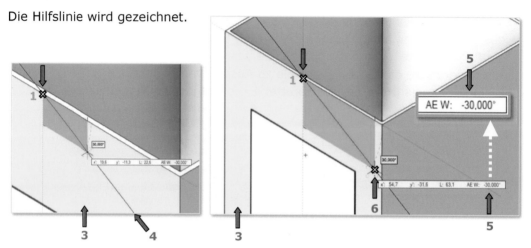

## Die Linie, „Drücken/Ziehen Zusammenfügen"

Zwei neue Funktionen aus **Vectorworks 2021** kommen jetzt zum Einsatz.

- wählen Sie das Werkzeug *Linie* in der Konstruktion-Palette aus
  - aktivieren Sie die erste - *In bestimmten Winkeln* (**7**), die dritte –
    *Aus Anfangspunkt* (**8**), die fünfte - *Drücken/Ziehen* (**9**) und die sechste Methode
    - *Drücken/Ziehen Zusammenfügen* (**10**)

  - vergrößern Sie den Zeichnungsausschnitt (→ ZOOM)
  - bewegen Sie den Mauszeiger direkt über die Hilfslinie und drücken Sie die
    Taste-**T**

Eine „Ausrichtkante" (**11**) wird entlang der Hilfslinie erzeugt. An dieser kann sich
jetzt der intelligente Zeiger, durch den aktiven Fangmodus *An Kante ausrichten*,
ausrichten.

  - bewegen Sie den Mauszeiger leicht, senkrecht nach unten. Wenn er die
    Entfernung 1,4 cm von der Hilfslinie („Ausrichtkante" - **11**) erreicht hat, blendet
    der intelligente Zeiger eine weitere rot gestrichelte Ausrichtkante ein
    (→ „Abstand zu ARK"- **12**)

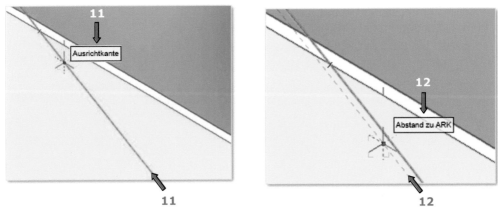

11                                        12

- zeichnen Sie eine Linie (**13**) von Punkt **1** bis zu Punkt **2** (diese beiden Punkte befinden sich auf der neuen Ausrichtkante „Abstand zu ARK")

Punkt **1** = der Schnittpunkt der zweiten Ausrichtkante → „Abstand zu ARK" und der oberen Kante der Vorderseite des Gartenhauses)

Punkt **2** = der Schnittpunkt der zweiten Ausrichtkante - „Abstand zu ARK" und der rechten Kante der Vorderseite des Gartenhauses

Die Linie wird auf die Fläche gezeichnet und teilt diese in zwei Teile auf.

Dank zwei neuer Methoden in Vectorworks (→ *Drücken/Ziehen* - **9** und *Drücken/Ziehen Zusammenfügen* - **10**) können Sie einen Volumenkörper umformen, indem Sie die Fläche, die durch eine Linie geteilt wurde, drücken und ziehen.

- bewegen Sie den Mauszeiger nach oben, zu dem Dreieck, das durch die gezeichnete Linie entstanden ist (**14**). Dadurch wird es rot angezeigt (**15**).

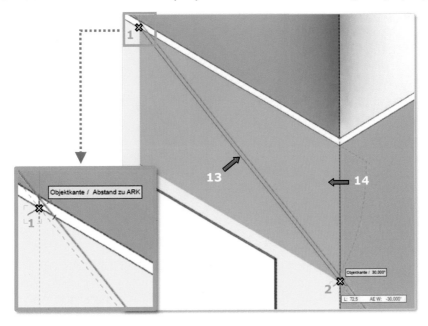

- klicken Sie auf diese rot gefärbte Fläche (**16**), lassen Sie die LMT los und
  ziehen Sie den Mauszeiger nach hinten (**17**)
  - klicken Sie auf eine Ecke der Hinterseite (**18**)

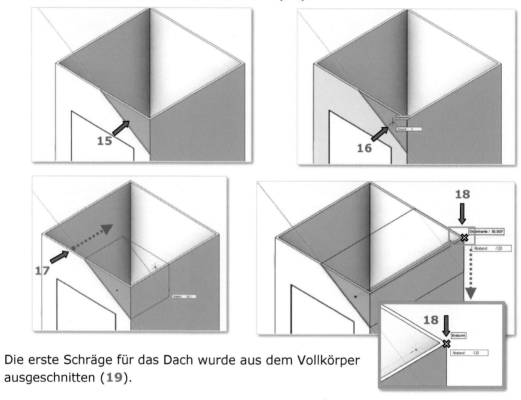

Die erste Schräge für das Dach wurde aus dem Vollkörper
ausgeschnitten (**19**).

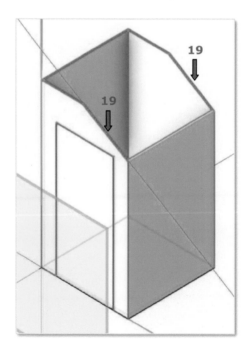

## 2. Die linke Wand

Um die linke Seite einfacher abzuschrägen, zeichnen Sie eine neue Hilfslinie:

• aktivieren Sie das Werkzeug *Hilfslinie*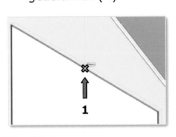

Sie soll senkrecht durch die Mitte der Vorderseite verlaufen.

   ◦ klicken Sie auf die Mitte der oberen Türöffnung (**1**)
   ◦ bewegen Sie den Mauszeiger senkrecht nach oben (**2**) (→ der Mauszeiger
     gleitet die senkrechte Hilfslinie entlang)
   ◦ klicken Sie auf einen Punkt dieser Linie (**3**), dadurch wird die Hilfslinie
     gezeichnet (**4**)

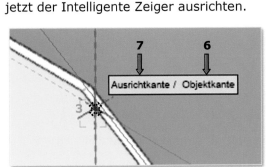
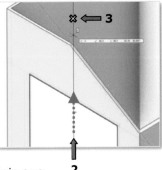
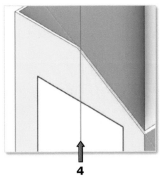

### Die Linie

• wählen Sie das Werkzeug *Linie* aus
   ◦ aktivieren Sie die Methoden: die erste - *In bestimmten Winkeln*, die dritte –
     *Aus Anfangspunkt*, die fünfte - *Drücken/Ziehen* und die sechste -
     *Drücken/Ziehen Zusammenfügen*

   ◦ vergrößern Sie den Zeichnungsausschnitt (→ ZOOM)

   ◦ bewegen Sie den Mauszeiger direkt über die senkrechte Hilfslinie (**4**) und
     drücken Sie die Taste-**T**

Eine „Ausrichtskante" (**5v**) wird entlang dieser Hilfslinie erzeugt. An dieser kann sich
jetzt der Intelligente Zeiger ausrichten.

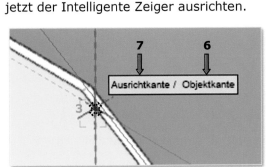
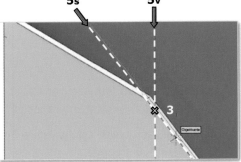

   ◦ bewegen sie danach den Mauszeiger über die schräge Vorderkante der Wand
     (**5s**) und drücken Sie erneut die Taste-**T**. Auch an dieser Kante kann sich jetzt
     der Intelligente Zeiger ausrichten.

(→ durch die aktiven Fangmodi *An Objekt ausrichten* - **6** und *An Kante ausrichten* - **7** kann sich der Intelligente Zeiger an Schnittpunkt **3** ausrichten).

Jetzt soll die Linie gezeichnet werden:
  ○ klicken Sie auf Punkt **3** (= der Schnittpunkt der senkrechten Hilfslinie und der eben gezeichneten Schräge des Daches)
  ○ bewegen Sie den Mauszeiger, unter einem Winkel von -150°, nach unten links (kontrollieren Sie den Winkel in der Objektmaßanzeige - **8**)
  ○ klicken Sie auf den Schnittpunkt der Hilfslinie und der linken Kante der Vorderseite des Gartenhauses (Punkt **4**)

Die Linie wird gezeichnet (**9**) und
teilt die Vorderseite des Gartenhauses
in zwei Teile auf (**10 +11**).

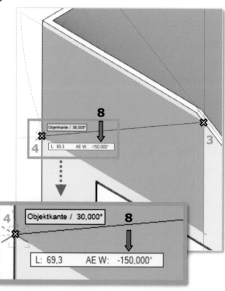

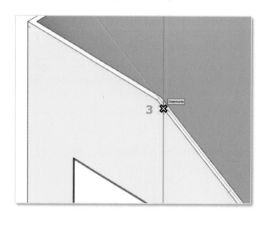

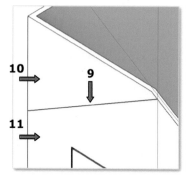

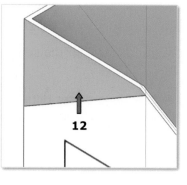

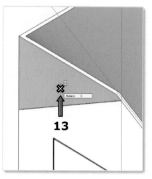

  ○ bewegen Sie den Mauszeiger leicht nach oben, zu dem Dreieck, das durch die gezeichnete Linie entstanden ist (**10**). Dadurch wird es rot angezeigt (**12**)

  ○ klicken Sie auf diese rot gefärbte Fläche (**13**) und lassen Sie die LMT los

  ○ ziehen Sie den Mauszeiger nach hinten (**14**) und klicken Sie auf eine Ecke der Hinterseite (**15**)

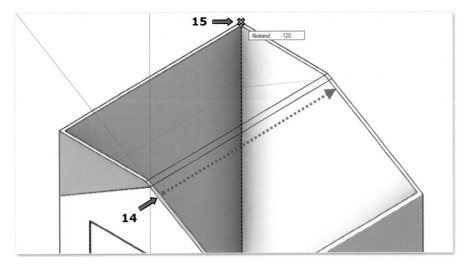

Die zweite Schräge für das Dach wurde aus dem Vollkörper ausgeschnitten (**16**).

## Hilfslinien löschen

- um viele Hilfslinien gleichzeitig zu löschen, wählen Sie das Werkzeug *Hilfslinien* und die dritte Methode (**17**) aus

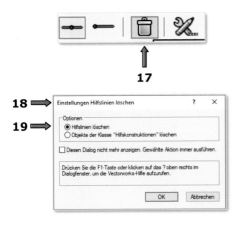

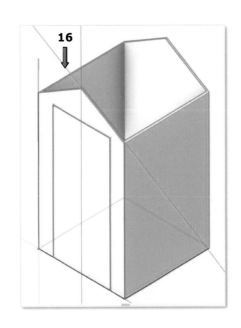

- ○ in dem nun erscheinenden Dialogfenster „Einstellungen Hilfslinien löschen" (**18**) aktivieren Sie die gewünschte Option (**19**)
- ○ bestätigen Sie mit OK

Ein Dialogfenster mit einer Warnung (**20**) wird geöffnet.

- ○ drücken Sie die Schaltfläche „Löschen" (**21**)

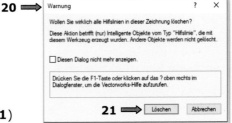

## Die Dachfläche (14 cm dick)

Eine Fläche soll über die rechten (abgeschrägte) Wand gezeichnet werden.

- zeichnen Sie ein Rechteck mit dem Werkzeug *Rechteck* und der ersten Methode - *Definiert durch Diagonale* (**1**)

Das Rechteck soll auf den rechten abgeschrägten Wänden (**2**) gezeichnet werden.

- bewegen Sie den Mauszeiger über die Schräge der rechten Wand. Sie wird rosa angezeigt (**2**)
- klicken Sie zuerst auf die Giebelspitze **1** und dann diagonal auf die gegenüberliegende Außenwandecke **2**

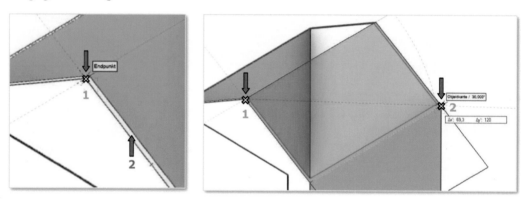

Das Rechteck wird gezeichnet (**3**).

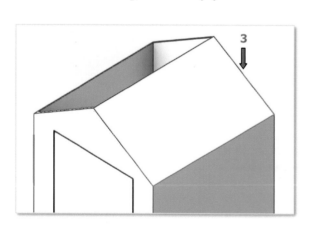

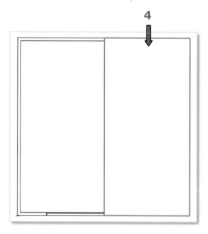

- wechseln Sie zu Aktuellen Ansicht „2D-Plan Draufsicht" (→ das Ergebnis - **4**)

- zeichnen Sie ein Rechteck/Dachkontur 150 x 150 cm mittig auf den Vollkörper (**6**)
  Dachkontur = Dachfläche + Dachüberstand

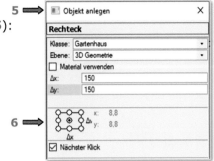

  ◦ Dialogfenster „Objekt anlegen - Rechteck" (**5**):

  - Δx: 150
  - Δy: 150
  - aktivieren Sie, in der schematischen
    Darstellung, die Mitte (**6**)
  - aktivieren Sie die Option
    „Nächster Klick"

  - bestätigen Sie mit OK

  ◦ klicken Sie mit der LMT auf die Mitte des Vollkörpers (**7**)

Das Quadrat 150 x 150 cm wird in dem Vordergrund gezeichnet (**8**).

- ordnen Sie es in den Hintergrund an, mit dem Befehl in der Menüzeile:
  *Ändern - Anordnen- In den Hintergrund* (→ das Ergebnis - **9**)

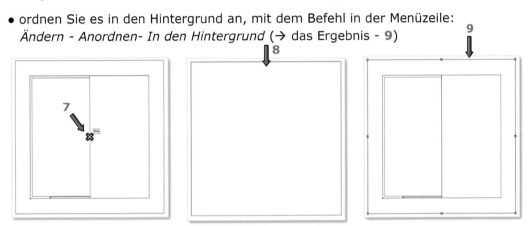

Formen Sie die zuerst gezeichnete schräge Dachfläche (**3**) um. Sie soll so
vergrößert werden, dass Sie an die eben gezeichnete Dachkontur 150 x 150 cm (**9**)
angepasst wird.

- aktivieren Sie das Werkzeug *Aktivieren* und klicken Sie auf die schräge
  Dachfläche (**3**) → die Umformpunkte (**A**, **B**, **C** usw.) werden angezeigt (**10**)

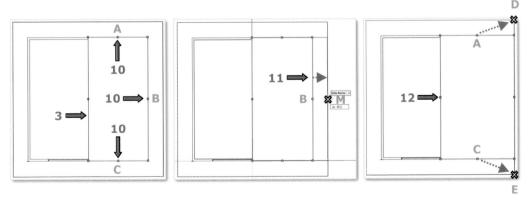

- klicken Sie zuerst auf den Umformpunkt **B**, lassen Sie die LMT los und ziehen Sie den Mauszeiger waagerecht (**11**) bis zu dem Mittelpunkt **M** der rechten Seite der eben gezeichneten Dachkontur (**9**) (→ das Ergebnis **12**)

- wiederholen Sie dies mit den Umformpunkten **A** und **C** (ziehen Sie die Punkte **A** und **C** nicht bis zu dem Mittelpunkt, sondern jeweils zu den Ecken **D** und **E**, wo der Intelligente Zeiger die Fangpunkte erkennen kann)
  → das Ergebnis **13**

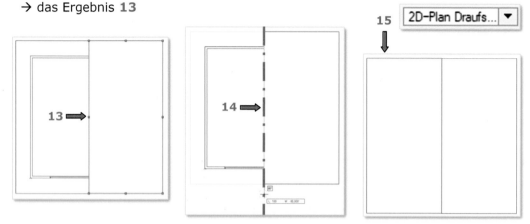

- spiegeln Sie diese Fläche auf die linke Seite, mit dem Werkzeug *Spiegeln* und der zweiten Methode - *Duplikat*

Die Spiegelachse soll senkrecht durch die Mitte des Vollkörpers verlaufen (**14**) (→ das Ergebnis **15**).

- wechseln Sie zu Aktuellen Ansicht „Rechts vorne oben" (**16**)

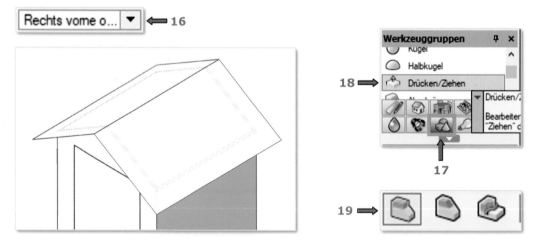

Die Dachfläche soll 1,4 cm dick sein.

- extrudieren Sie die Dachflächen mit dem Werkzeug *Drücken/Ziehen* (**18**) in der Werkzeuggruppe **Modellieren** (**17**) und der ersten Methode - *Fläche extrudieren* (**19**)

○ bewegen Sie den Mauszeiger über die rechte Dachfläche

Sie wird rot angezeigt (**20**).

  ○ klicken Sie auf diese Fläche (**21**) und ziehen Sie den Mauszeiger nach oben
    - tragen Sie in die Objektmaßanzeige für den Abstand: 1,4 cm (**22**) ein
    - bestätigen Sie zweimal mit der Eingabetaste ( → siehe Ergebnis **23**)

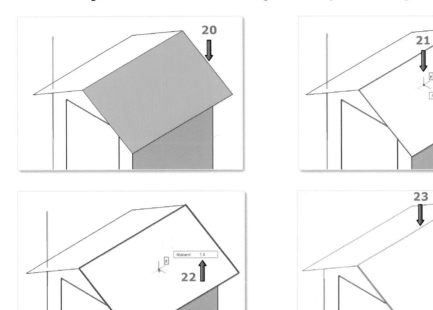

- drehen Sie die Ansicht, z.B. wechseln Sie Aktuelle Ansicht in „Links vorne oben"
  (**24**) um

24 ⟹ [ Links vorne oben ▼ ]

- wiederholen Sie dies mit der linken Dachfläche (→ siehe Ergebnis **25**)

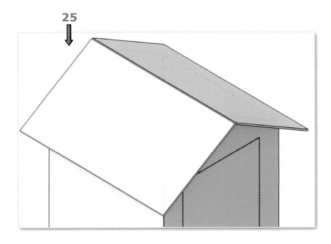

# Der First, Flächen abschrägen

Der First muss korrigiert werden (**1**).

Die zwei Dachseiten sollen an den Kanten
auf Gehrung geschnitten werden.

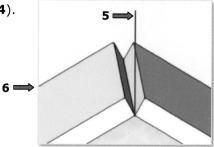

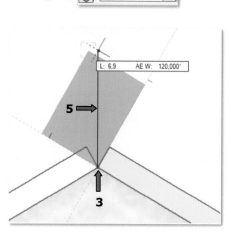

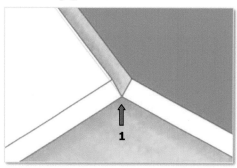

• wechseln Sie zu Aktuelle Ansicht „Vorne" (**2**)

## Die Hilfslinie

• zeichnen Sie zuerst eine Hilfsline (**5**), von dem Schnittpunkt beider Dachflächen
(**3**) senkrecht nach oben (siehe Objektmaßanzeige W: 120°)

„Ausrichtung Automatisch" muss aktiv sein (**4**).

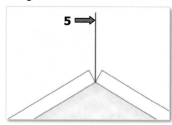

• drehen sie die Ansicht, wie auf Abbildung **6** dargestellt (mit der mittleren
Maustaste bei gedrückter Strg-/Ctrl-Taste)

### Flächen abschrägen

Mit dem Werkzeug **Abschrägen** ![icon] (Werkzeuggruppe „Modellieren") können Sie einzelne oder tangentiale
Flächen von 3D-Objekten in einem bestimmten Winkel in Bezug auf eine bestimmte Fläche abschrägen.
1. Aktivieren Sie das Werkzeug in der Arbeitsgruppe „Modellieren" und wählen Sie die gewünschte Methode.
2. Klicken Sie auf ein Objekt oder die Fläche eines Objekts, um die Bezugsfläche (den Drehpunkt der
Abschrägung) zu definieren. Dabei kann es sich um ein 2D-Objekt, wie z. B. ein Rechteck, um die Fläche eines
Körpers (einschließlich des Objekts, das abgeschrägt wird) oder eine planare NURBS-Kurve bzw. die Kante eines
Vollkörpers handeln. Wählbare Flächen werden markiert, wenn sich der Zeiger über ihnen befindet.
TIPP: Drücken Sie die Alt-Taste, um Objekte oder Flächen zu wählen, die sich hinter einem anderen Objekt
befinden.
3. Klicken Sie dann auf die Fläche, die abgeschrägt werden soll. Haben Sie die Methode „Tangentiale Flächen"
aktiviert, werden sowohl die angeklickte Fläche als auch die zu ihr tangentialen Flächen gewählt.
TIPP: Drücken Sie die Alt-Taste, um Flächen auf der Rückseite eines Objekts zu wählen.
4. Bewegen Sie den Zeiger, bis die Fläche den gewünschten Winkel aufweist (wird in einer textur angezeigt) oder
drücken Sie die Tabulaturtaste und geben Sie in der Objektmaßanzeige einen Winkel ein.
5. Klicken Sie noch einmal oder drücken Sie die Zeilenschaltertaste. Es wird ein einfacher Vollkörper erzeugt.
[...] (siehe Vectorworks-Hilfe [1])

## Die linke Dachfläche abschrägen

• wählen Sie das Werkzeug *Abschrägen* (**8**) in der Werkzeuggruppe **Modellieren** (**7**) und die zweite Methode - *Fläche* (**9**) aus

**9**

**8**

**7**

  ◦ klicken Sie zuerst auf die Bezugsfläche (**10**)

  ◦ klicken Sie danach auf die Fläche, die abgeschrägt werden soll (**11**)

  ◦ klicken Sie danach auf das obere Ende der Hilfslinie (**12**)

• löschen Sie die Hilfslinie

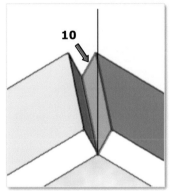
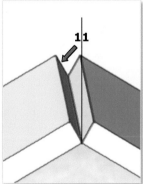
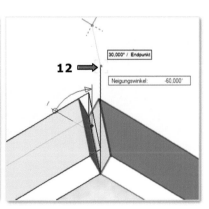

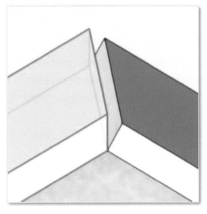

das Ergebnis

305

## Die rechte Dachfläche abschrägen

Um die rechte Dachfläche leichter an die linke anzupassen, drehen Sie wieder die Ansicht mit dem Mausrad bei gedrückter Strg-/Ctrl-Taste (→ Abbildung **14**).

**14**

 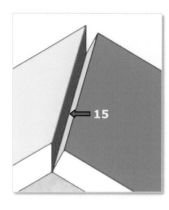 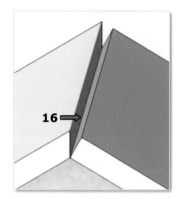

- wählen Sie wieder das Werkzeug *Abschrägen* in der Werkzeuggruppe **Modellieren** und die zweite Methode - *Fläche* aus

  ∘ klicken Sie zuerst auf die Bezugsfläche (**15**)
  ∘ klicken Sie danach auf die Fläche, die abgeschrägt werden soll (**16**)
  ∘ klicken Sie anschließend auf die obere Ecke der linken Dachfläche (**17**)

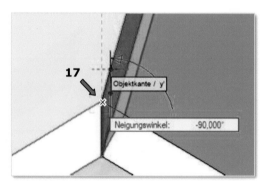 

das Ergebnis

Sie können die zwei Dachflächen zusammenfügen, indem Sie beide Dach-Objekte aktivieren und aus der Menüzeile den folgenden Befehl auswählen/aktivieren: *3D-Modell – Vollkörper anlegen – Volumen zusammenfügen*

- ändern Sie die Farben in der Attribute-Palette, wie z.B. unten vorgeschlagen:

  Wandfarbe in Solid – Classic 158
  Türfarbe in Solid - Classic 046
  Dachflächenfarbe in Solid – Classic 054
  Bodenflächenfarbe in Solid - Classic 051

das Ergebnis

## 5.2 Der Gartentisch

Aufgabe:

Zeichnen Sie einen runden Gartentisch.
Die Maße sind in Zentimetern angegeben und in den Abbildungen (**1**, **2**) dargestellt.
Zeichnen Sie zwei Gegenstände auf dem Tisch (**3**), eine Vase (**4**) und eine kleine
Schale (**5**).

1.1 Der Tisch = Verjüngungskörper (**6**) + Schichtkörper (**7**):
Höhe 76 cm
Tischplatte Ø 90 cm x 5 cm, Verjüngung 10° (**8**)

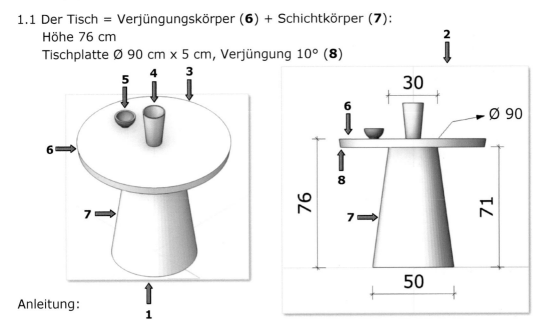

Anleitung:

Zeichnen Sie den Tisch auf der Konstruktionsebene „3D Geometrie" und in der
Klasse „Tisch" (beide müssen aktiv sein).

Anmerkung: Die Klassendarstellung, in der Navigation-Klassen-Palette, wurde in
„Nur aktive zeigen" festgelegt. Alternativ können Sie die Klasse „Gartenhaus" in der
Navigation-Klassen-Palette auf unsichtbar stellen.

## Die Tischplatte, ein Verjüngungskörper

**Verjüngungskörper anlegen**
Mit diesem Befehl **Verjüngungskörper anlegen** (Menü **3D-Modell**) können Sie Verjüngungskörper anlegen,
indem Sie einem beliebigen zweidimensionalen Objekt, einem 3D-Polygon oder einer NURBS-Kurve eine Tiefe
sowie den Seitenflächen einen Neigungswinkel zu einer Senkrechten zur Grundfläche zuweisen. Dadurch entsteht
ein Extrusionskörper, der sich nach oben verjüngt.

Dieser Befehl weist einem oder mehreren zweidimensionalen Objekten, 3D-Polygonen oder NURBS-Kurven eine Tiefe und einen Neigungswinkel, also eine dritte Dimension in Richtung der z-Achse des Bildschirms zu. Für die Lage des Verjüngungskörpers ist es entscheidend, in welcher Ansicht die aktive Konstruktionsebene angezeigt wird, während Sie **3D-Modell > Verjüngungskörper anlegen** wählen. Weisen Sie einem Objekt in der Ansicht „Oben" eine Tiefe und einen Neigungswinkel zu, handelt es sich dabei um die Höhe des Verjüngungskörpers. Weisen Sie einem Objekt in der Ansicht „Rechts" eine Tiefe und einen Neigungswinkel zu, handelt es sich um die Breite des Verjüngungskörpers. Im ersten Fall steht der Verjüngungskörper auf der Konstruktionsebene, im zweiten Fall liegt er auf ihr. [...] (siehe Vectorworks-Hilfe [1])

- zeichnen Sie einen Kreis mit dem Durchmesser 90 cm mittig auf dem Plan (**1**)
  (in der Ansicht „2D-Plan Draufsicht")

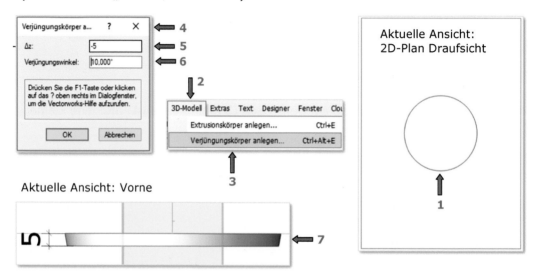

- wählen Sie den Befehl *Verjüngungskörper anlegen...* aus →
  in der Menüzeile: *3D-Modell* (**2**) - *Verjüngungskörper anlegen...* (**3**):
  - bestimmen Sie, in dem nun erscheinenden Dialogfenster „Verjüngungskörper anlegen" (**4**), die Tiefe des Körpers: Δz: (-5 cm) (**5**) und
    den „Verjüngungswinkel:" 10,00° (**6**)
  - bestätigen Sie mit OK

Sie können das Ergebnis in der Ansicht „Vorne" (**7**) sehen.

## Das Tischbein, ein Schichtkörper

**Schichtkörper anlegen**
Mit dem Befehl **Schichtkörper anlegen** (Menü **3D-Modell**) werden die aktiven zweidimensionalen Objekte zu einem Körper zusammengefasst. Die zweidimensionalen Grundflächen werden senkrecht zum Bildschirm mit einem bestimmten Abstand verschoben und die Eckpunkte miteinander verbunden.
Beim Anlegen eines Schichtkörpers werden die zweidimensionalen Grundflächen so senkrecht zur Bildschirmebene nach vorne geschoben, dass die Gesamttiefe des Schichtkörpers dem im Dialogfenster „Extrusionskörper" eingegebenen Wert entspricht. [...] (siehe Vectorworks-Hilfe [1])

- zeichnen Sie den ersten Kreis (**1**) mit dem Durchmesser 50 cm mittig auf die Tischplatte (**3**) (in der Ansicht „2D-Plan Draufsicht")

- zeichnen Sie den zweiten Kreis (**2**) mit dem Durchmesser 30 cm, mittig auf den ersten Kreis

Aktuelle Ansicht: 2D-Plan Draufsicht

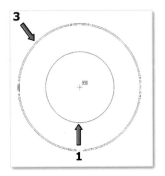 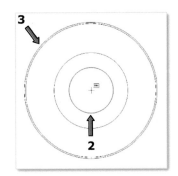 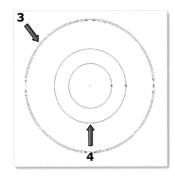

- aktivieren Sie beide Kreise (**4**)

Die Reihenfolge/Anordnung der zwei 2D-Objekte ist bei dem Befehl *Schichtkörper anlegen...* wichtig.
Das, in dem Vordergrund angeordnete, 2D-Objekt (**2**) wird mit einem Abstand (**8**) verschoben und mit dem, im Hintergrund angeordneten, Objekt (**1**) zu einem Körper verbunden (durch die Eckpunkte).

- wählen Sie den Befehl *Schichtkörper anlegen...* aus,
  in der Menüzeile: *3D-Modell* (**5**) - *Schichtkörper anlegen...* (**6**):
  ◦ bestimmen Sie, in dem nun erscheinenden Dialogfenster „Extrusions-/Schichtkörper anlegen" (**7**), die Tiefe des Körpers → Δz: 71 cm (**8**)

  ◦ bestätigen Sie mit OK

Sie können das Ergebnis in der Ansicht „Vorne" (**9**) sehen.

Aktuelle Ansicht: Vorne

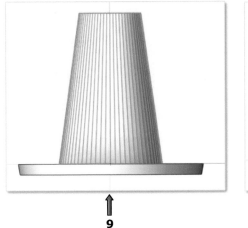 

# Verschieben der Tischplatte

- aktivieren Sie die Tischplatte (**10**)

- verschieben sie die Tischplatte mit dem Befehl *3D Verschieben...*:
  in der Menüzeile: *Ändern* (**11**) – *Verschieben* (**12**) – *3D Verschieben...* (**13**)
  - tragen Sie, in dem nun erscheinenden Dialogfenster „3D Verschieben" (**14**), den
    Wert für die Verschiebung ein → Δz: 76 cm (**15**)

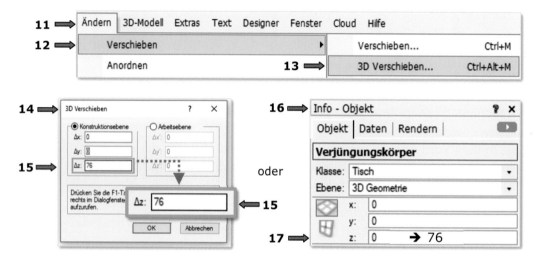

Sie können die Tischplatte noch einfacher mit Hilfe der Info-Objekt-Palette (**16**),
nach oben positionieren.

Tragen Sie in das Eingabefeld für die Koordinate z → z: 76 cm (**17**) ein.

Aktuelle Ansicht: Vorne

Aktuelle Ansicht: Rechts vorne oben

das Ergebnis

# Volumen zusammenfügen

Das Volumen der zwei Tischteile (→ Verjüngungskörper + Schichtkörper) soll zu
einem Volumen zusammengefügt werden (→ Vollkörper Addition):

- aktivieren Sie den Verjüngungskörper (**18**) und den Schichtkörper (**19**)

- gehen Sie in die Menüzeile zu dem folgenden Befehl:
  *3D-Modell* (**20**) – *Vollkörper anlegen* (**21**) – *Volumen zusammenfügen* (**22**)

Die zwei 3D Körper (**23**) wurden zu einem Vollkörper → Vollkörper Addition (**24**), zusammengefügt.

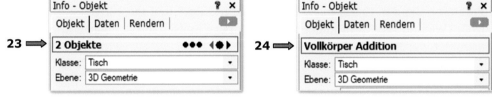

## 5.2.1 Die Vase

Aufgabe:

Die Vase (**1**) → aus einem Schichtkörper (**2**) soll ein Hohlkörper (**3**) erstellt werden
    Durchmesser unten - Ø 9 cm
    Durchmesser oben – Ø 13 cm
    Höhe – 21 cm
    Dicke – 0,5 cm
        Füllung → Solid-Farbe:
        Farbmischung aus
        Rot:203; Grün: 237; Blau: 239

Anleitung:

**Der erste Kreis**

- öffnen Sie das Dialogfenster „Objekt anlegen" (**4**), mit einem Doppelklick auf das Werkzeug *Kreis*

◦ in dem nun erscheinenden Dialogfenster „Objekt anlegen - Kreis" (**4**) tragen sie den Wert für den Radius ein:
- Radius: 4,50 cm (**5**)
- der Einfügepunkt auf dem Plan soll mit der Option „Nächster Klick" (**6**) festgelegt werden

◦ bestätigen Sie mit OK

Der Kreis „hängt" jetzt am Mauszeiger.

**Wichtig**: bevor Sie den Kreis auf die Tischplatte platzieren, müssen Sie die „Aktuelle Objektausrichtung" (**7**) auf „Ausrichtung automatisch" (**8**) einstellen
- bewegen sie den Mauszeiger über die obere Seite der Tischplatte, bis diese andersfarbig angezeigt wird (**9**)

**Automatische Arbeitsebene**
Um das Zeichnen in 3D-Ansichten zu erleichtern, dreht sich die Arbeitsebene automatisch immer auf diejenige Fläche eines Objekts, die sich gerade unter dem Zeiger befindet. Voraussetzung dafür ist, dass unter **Aktuelle Objektausrichtung** in der Darstellungszeile **Ausrichtung Automatisch** gewählt ist. Diese sogenannte „Automatische Arbeitsebene" wird mit einer Farbfüllung in der Objektfläche angezeigt.
HINWEIS: Die automatische Arbeitsebene wird nur dann angezeigt, wenn Sie ein Werkzeug aktiviert haben, mit dem 2D- oder 3D-Objekte angelegt werden, sowie bei bestimmten Bearbeiten-Werkzeugen wie Rotieren oder Spiegeln. [...] (siehe Vectorworks Hilfe [1])

• platzieren Sie den Kreis, mit dem „Nächsten Klick", auf die Mitte der Tischplatte (**10**) (Wichtig: vor dem Klicken soll die obere Seite der Tischplatte andersfarbig anzeiget werden - **9**).

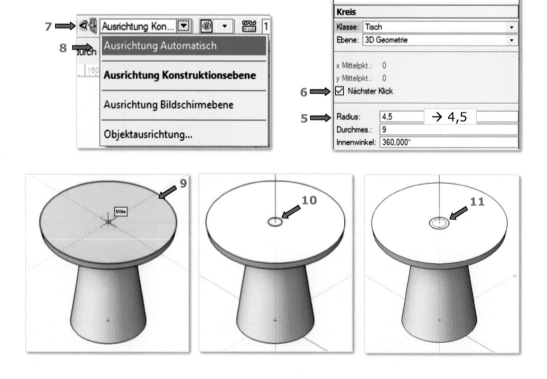

**Der zweite Kreis**

- öffnen Sie das Dialogfenster „Objekt anlegen", mit einem Doppelklick auf das Werkzeug *Kreis*
  - in dem nun erscheinenden Dialogfenster „Objekt anlegen - Kreis" tragen sie den Wert für den Radius ein → Radius: 6,50 cm

Der Einfügepunkt auf dem Plan soll mit dem „Nächsten Klick" festgelegt werden.

- platzieren Sie den zweiten Kreis, mit Hilfe der automatischen Objektausrichtung „Ausrichtung automatisch" (**8**), mittig zu dem ersten Kreis (**11**)

## Der Schichtkörper

- aktivieren Sie beide Kreise (**12**)

- wählen Sie den Befehl *Schichtkörper anlegen...* aus der Menüzeile: *3D-Modell - Schichtkörper anlegen...*
  - bestimmen Sie, in dem nun erscheinenden Dialogfenster „Extrusions-/Schichtkörper anlegen" (**13**), die Tiefe des Körpers → Δz: 21 cm (**14**)

Achten Sie auf die Anordnung der Kreise auf dem Plan:

der Kreis Ø 4,50 cm → in dem Hintergrund
der Kreis Ø 6,50 cm → in dem Vordergrund

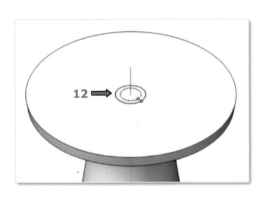

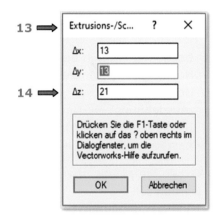

das Ergebnis

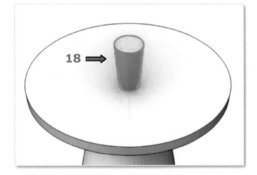

## Die Solid-Farbe ändern

- klicken Sie auf das Vorschau-Fenster **Füllfarbe** (**15**), in der Attribute-Palette:

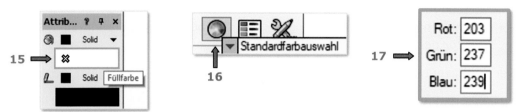

- erstellen Sie, in der Standardfarbauswahl (Farbkreis) (**16**) und im nun erscheinenden Dialogfenster „Farbe", die Farbe aus einer Mischung der drei Primärfarben Rot, Grün und Blau:
  Rot: 203; Grün: 237; Blau: 239 (**17**)

- bestätigen Sie mit OK (→ das Ergebnis - **18**)

# Der Hohlkörper

**Hohlkörper aus Vollkörpern, NURBS-Flächen und planaren Objekten erzeugen**
Das Werkzeug **Hohlkörper** (Werkzeuggruppe „Modellieren") wandelt einen bestehenden Körper in einen Hohlkörper um bzw. verleiht NURBS-Flächen und planaren 2D-Objekten eine Dicke. Bei einem Hohlkörper handelt es sich um ein 3D-Objekt, das hohl ist, eine bestimmte Wanddicke und eine Öffnung aufweist. Ein „Hohlkörper" ist ein eigener Objekttyp, dessen Wandstärke über die Infopalette verändert werden kann. [...]
(siehe Vectorworks-Hilfe [1])

- aktivieren Sie die Werkzeuggruppe **Modellieren** (**19**), wählen sie das Werkzeug *Hohlkörper* (**20**) aus und klicken Sie auf die zweite Methode – *Hohlkörper Werkzeug Einstellungen* (**21**):
  - bestimmen Sie, in dem nun erscheinenden Dialogfenster „Einstellungen 3D-Hohlkörper" (**22**), die Richtung der Ausdehnung und die Dicke der Wand des Hohlkörpers:
    „Ausdehnung" → „Nach innen" (**23**)
    „Dicke:" 0,5 cm (**24**)
  - bestätigen Sie mit OK (**25**)

- klicken Sie auf die obere Fläche des Schichtkörpers (**26**), wo die Öffnung erstellt werden soll
Sie sollte andersfarbig angezeigt werden.

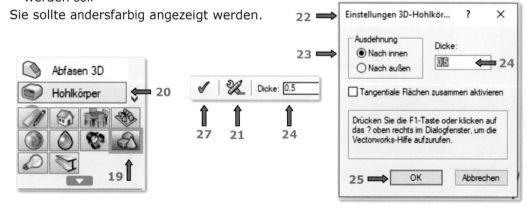

- bestätigen Sie die Eingaben mit einem Klick auf die Schaltfläche
  „Schließt den Vorgang ab" (**27**) → grünes Häkchen

26 ⇒ ⊗

## 5.2.2 Die Schale

1.2 Aufgabe:

das Ergebnis

Die Schale → ein Rotationskörper (Abbildung **1**)

Durchmesser oben – Ø 12 cm
Höhe – 6 cm
Dicke – 1 cm (**2**)
Füllung → Solid-Farbe:
Classic 050

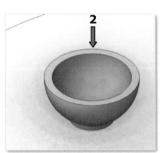

2

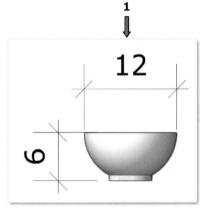

1

12

6

Anleitung:

**Ein 2D-Objekt**, das später **als Grundfläche für den Rotationskörper** dienen
wird, soll gezeichnet werden.

Sie können, anstatt diese Übung weiter zu befolgen, ein eigenes 2D-Objekt
zeichnen z.B. mit dem Werkzeug *Polylinie.*

- aktivieren Sie die Ansicht „Vorne" → | Vorne ▼ |

- erstellen Sie ein Quadrat 6 x 6 cm (**4**), das als Hilfskonstruktion dienen wird (über
  das Dialogfenster „Objekt anlegen" - **3**) → Abbildung **5**
  ○ positionieren Sie das Quadrat mit einem minimalen Abstand (**6**) über die
    Tischplatte
    (dadurch wird es einfacher die Fangpunkte des Quadrats zu erreichen)

Das Verschieben von einem aktiven Objekt können Sie in kleinen Schritten
ausführen, indem Sie auf die Pfeile auf der Tastatur klicken und gleichzeitig die
Umschalttaste gedrückt halten.

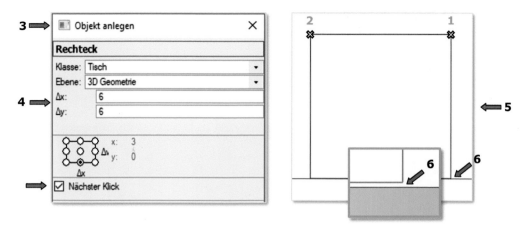

Ein Kreisbogen mit dem Radius 6 cm und Innenwinkel 62,0° soll gezeichnet werden.

- zeichnen Sie einen Kreisbogen mit dem Werkzeug *Kreisbogen* 🠒 und der ersten Methode - *Definiert durch Mittelpunkt und Radius* 🠒 :
  - ◦ setzen Sie den Mittelpunkt des Kreisbogens mit einem Klick auf die obere rechte Ecke des Quadrats → Punkt 1
  - ◦ definieren Sie den Radius, indem sie auf die obere linke Ecke des Quadrats klicken → Punkt 2
  - ◦ bewegen Sie danach den Mauszeiger nach unten (7) und tragen Sie in die erschienene Objektmaßanzeige den Wert für den „Innenwinkel:" → 62° (8) ein
  - ◦ bestätigen sie mit der Eingabetaste (→ das Ergebnis 9)

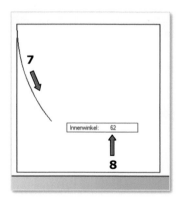
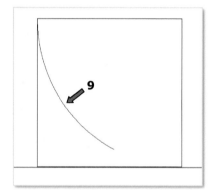

## Der untere Teil der Schale

Der Kreisbogen

- zeichnen Sie eine Linie (**10**), indem Sie das Werkzeug *Linie* und die erste Methode - *In bestimmten Winkel* aktivieren:
  - ◦ klicken Sie auf die Punkte 3 und 4 (→ auf das Ende des Kreisbogens **9** und dann senkrecht nach unten, W: -90,00° →**11**, auf die untere Rechteckseite)

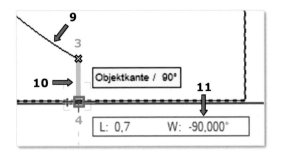

Ein Kreisbogen/Viertelkreis mit dem Radius 5 cm (Innenwinkel 90,0°) soll
gezeichnet werden → Innenwand der Schale.

- zeichnen Sie einen Viertelkreis mit dem Werkzeug *Kreisbogen* und der ersten
  Methode - *Definiert durch Mittelpunkt und Radius*:
  - setzen Sie den Mittelpunkt des Kreisbogens mit einem Klick auf die obere rechte
    Ecke des Quadrats → Punkt 1
  - bewegen Sie den Mauszeiger waagerecht nach links (**12**) und tragen Sie, in die
    Objektmaßanzeige, den Wert für den Radius → L: 5 (**13**) ein
  - bestätigen sie die Eingabe für den Radius mit der Eingabetaste
  - drücken sie die Eingabetaste ein zweites Mal (→ dadurch wird der Winkel 180°
    definiert-**14**)

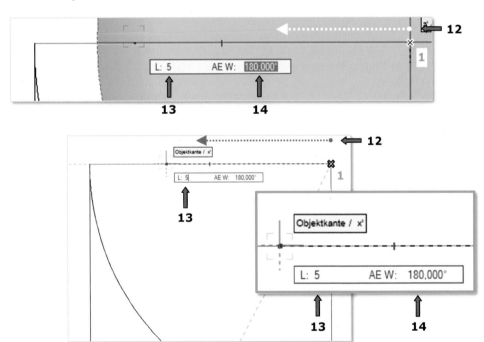

- bewegen Sie den Mauszeiger nach unten (**15**) und klicken Sie anschließend auf
  die untere rechte Ecke des Quadrats → Punkt 5

Der Viertelkreis wurde gezeichnet (**16**).

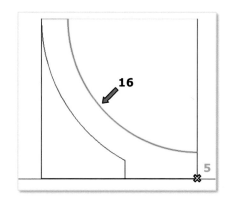

## Wegschneiden

Schließlich wird das gesuchte 2D-Rotationsprofil erzeugt, indem die linke und die rechte Seite des Quadrats wegschnitten werden.

- aktivieren Sie das Werkzeug *Wegschneiden* (**17**) und die erste Methode - *Alle Objekte (***18***):

- ○ bewegen Sie den Mauszeiger über das Quadrat, es wird rot angezeigt (**19**)
- ○ klicken Sie auf die linke Seite des Quadrats (**20**)

Die linke und die untere Kante des Quadrats werden weggeschnitten → (**21**).

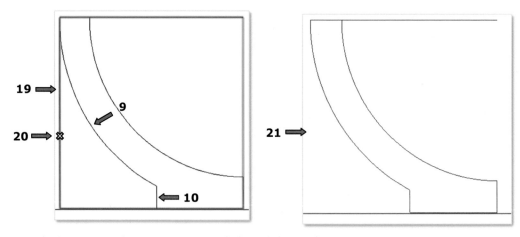

- wiederholen Sie dies, mit einem Klick auf die rechte Seite des Quadrats (**22**)

- aktivieren Sie alle verbleibenden 2D-Objekte (**23**) und verbinden Sie diese, mit dem Befehl in der Menüzeile *Verbinden*, zu einer Polylinie (**25**)

*Ändern- Verbinden (**24**)*

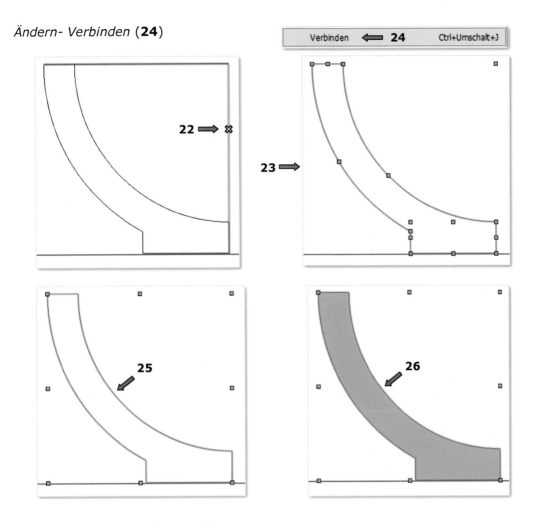

Die Solid-Farbe soll geändert werden.

• ändern Sie die Farbfüllung der Polylinie in der Attribute-Palette in Classic 050 um (**26**)


## Der Rotationskörper

### Rotationskörper anlegen
Mit dem Befehl **Rotationskörper anlegen** (Menü **3D-Modell**) werden die aktivierten zweidimensionalen Objekte durch eine Rotation um eine Achse in einen Rotationskörper verwandelt. Dabei können Maße wie der Rotationswinkel (360°), der Segmentwinkel (23°), die Steigung (0) usw. frei bestimmt werden.
### Lage der Rotationsachse
Die Lage der Rotationsachse ist abhängig davon, in welcher Ansicht die aktivierte Konstruktionsebene angezeigt wird, wenn Sie **Rotationskörper anlegen** wählen. Wird die aktivierte Konstruktionsebene in der Ansicht „Vorne" angezeigt, dient eine Senkrechte zur aktiven Konstruktionsebene als Rotationsachse. Wird die aktivierte Konstruktionsebene in der Ansicht „2D-Plan" oder „Oben" angezeigt, liegt die Rotationsachse parallel zur y-Achse der Konstruktionsebene. […] (siehe Vectorworks-Hilfe [1])

• zeichnen Sie einen Punkt 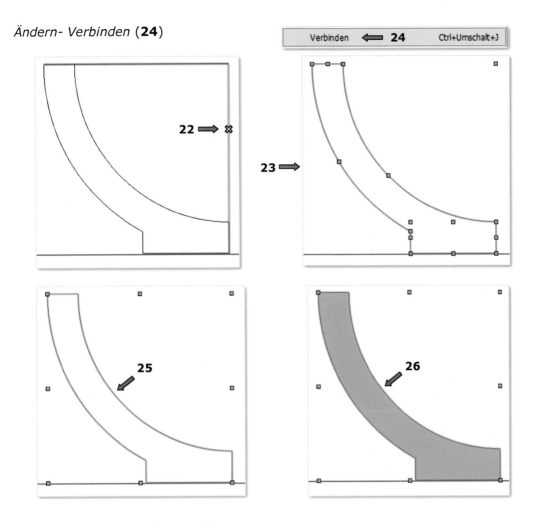 (**27**), unten rechts auf die eben gezeichneten Polylinie, um das Rotationszentrum zu definieren

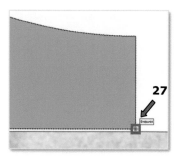

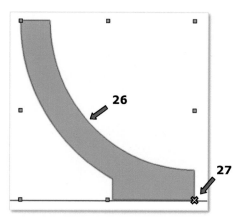

- aktivieren Sie die Polylinie (**26**) und
den Punkt (**27**)

- wählen Sie den Befehl *Rotationskörper anlegen…* aus:
  in der Menüzeile, *3D-Modell - Rotationskörper anlegen…* (**28**):
  ○ bestätigen Sie die Eingaben in dem nun erscheinenden Dialogfenster
  „Rotationskörper" (**29**) mit OK (**30**)

**29** ➡

Aktuelle Ansicht: Vorne
Aktuelle Darstellungsart: OpenGL

das Ergebnis

Aktuelle Ansicht: Rechts vorne oben
Aktuelle Darstellungsart: OpenGL

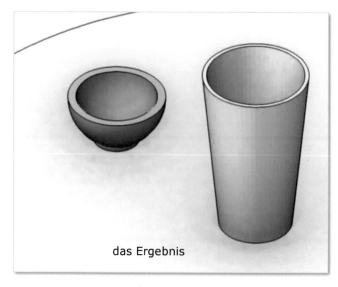

das Ergebnis

320

## 5.3  Das Kinderzelt

Aufgabe:

Zeichnen Sie ein Kinderzelt (Abbildung **1**).
Seine Bodenfläche soll die Form eines
regelmäßigen Sechsecks haben.
Der Umkreisradius des Sechsecks beträgt 70 cm.
Die Höhe des Kinderzeltes beträgt 160 cm.

**1**➡️

Anleitung:

Das Kinderzelt soll auf der Konstruktionsebene
„3D Geometrie" und in der Klasse „Kinderzelt" gezeichnet werden

- aktivieren Sie beide

Anmerkung: Die Klassendarstellung, in der Navigation-Klassen-Palette, wurde in
„Nur aktive zeigen" festgelegt. Alternativ können Sie die Klassen „Gartenhaus" und
„Tisch" in der Navigation-Klassen-Palette auf unsichtbar stellen.

- nutzen Sie die Ansicht „2D-Plan Draufsicht", um den Zeltboden zu zeichnen

- wählen Sie in der Darstellungszeile die Darstellungsart - **OpenGL** aus
  (siehe Seite 22 f.)

**OpenGL** - OpenGL ist ein von Silicon Graphics entwickeltes Renderverfahren, das ~~nicht eine vektororientierte~~
Darstellung (keine Flächen), sondern ein Bild (lauter einzelne Bildpunkte) erzeugt. Das Modell wird ohne
Reflexionen gerendert. Über **Einstellungen OpenGL** können Sie die Einstellungen für die Darstellungsart
vornehmen. […] (siehe Vectorworks Hilfe **¹**)

**Der Zeltboden**, ein Sechseck mit dem Umkreisradius 70 cm

- klicken Sie mit der RMT auf das Werkzeug *Polygon* (**2**) in der Konstruktion -
  Palette und wählen Sie, aus dem Aufklappmenü, das Werkzeug
  *Regelmäßiges Vieleck* (**3**) aus:
  ◦ aktivieren Sie die erste Methode - *Definiert durch Umkreis* (**4**)
  ◦ tragen Sie in das Eingabefeld „Anzahl Ecken:" 6 ein (**5**)

- klicken Sie auf die Mitte des Plans (**6**), bewegen Sie den Mauszeiger waagerecht
  zur Seite (**7**) und tragen Sie in die Objektanzeige den Wert für den Umkreisradius
  L: 70 cm (**8**) ein
  ◦ bestätigen Sie zweimal mit der Eingabetaste (→ das Ergebnis **9**)

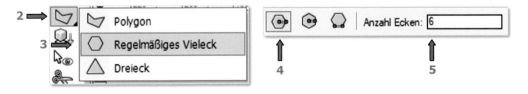

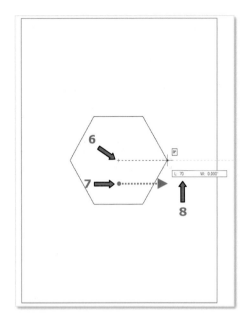

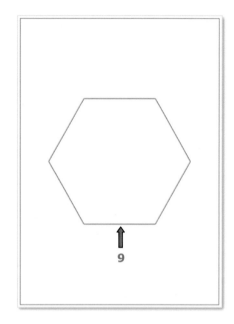

## Schnittform des Zeltes

**Extrusionskörper anlegen**

Mit **Extrusionskörper anlegen** (Menü **3D-Modell**) wird das aktivierte zweidimensionale Objekt in einen sogenannten „Extrusionskörper" verwandelt, indem der zweidimensionalen Grundfläche eine Tiefe zugewiesen wird. Dabei wird eine Kopie der zweidimensionalen Grundflächen senkrecht zum Bildschirm in den Raum geschoben und die Eckpunkte werden miteinander verbunden.

**Extrusionskörper anlegen** weist einem oder mehreren zweidimensionalen Objekten eine Tiefe, also eine dritte Dimension in Richtung der z-Achse des Bildschirms zu. Für die Lage des Extrusionskörpers ist es entscheidend, in welcher Ansicht die aktive Konstruktionsebene angezeigt wird, während Sie **Extrusionskörper anlegen** wählen. Weisen Sie einem zweidimensionalen Objekt in der Ansicht „Oben" eine Tiefe zu, handelt es sich dabei um die Höhe des Extrusionskörpers. Weisen Sie einem Objekt in der Ansicht „Rechts" eine Tiefe zu, handelt es sich um die Breite des Extrusionskörpers. Im ersten Fall steht der Extrusionskörper auf der Konstruktionsebene, im zweiten Fall liegt er auf ihr. [...] (siehe Vectorworks-Hilfe [1])

## Der Querschnitte/das Profil zeichnen

# Der Extrusionskörper

Zuerst soll eine Hilfsfläche gezeichnet werden. Auf dieser wird es einfacher die Schnittform zu zeichnen. Sie soll senkrecht zu dem Zeltboden stehen.

- zeichnen Sie eine Linie waagerecht von der Mitte des Sechecks zu der rechten Ecke (**10**)
  - geben Sie der Linie eine Höhe mit dem Befehl *Extrusionskörper anlegen...* →
    in der Menüzeile: *3D-Modell* (**11**) – *Extrusionskörper anlegen...* (**12**)
    - tragen Sie, in das nun erscheinende Dialogfenster „Extrusions-/Schichtkörper" (**13**), den Wert für die Höhe/Tiefe Δz: 160 cm ein (**14**) (= die Zelthöhe)
    - bestätigen Sie mit OK

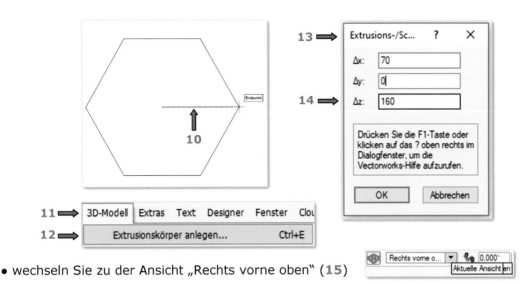

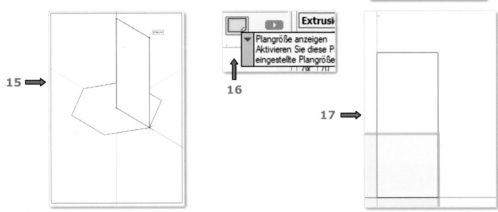

- wechseln Sie zu der Ansicht „Rechts vorne oben" (**15**)

- schalten Sie, rechts in der Darstellungszeile, die Option „Plangröße anzeigen" (**16**) aus

- wechseln Sie zu der Ansicht „Vorne" (**17**)

Aktuelle Ansicht: Rechts vorne oben

Aktuelle Ansicht: Vorne

- zeichnen Sie eine Polylinie auf die Hilfsfläche, zwischen der oberen linken Ecke (**OL**) und der unteren rechten Ecke (**UR**) der Hilfsfläche, wie z.B. auf Abbildung **19** oder alternativ auf Abbildung **18** dargestellt.

Sie sollte den Querschnitt einer der Seiten darstellen.

## Die NURBS-Kurve

**NURBS-Kurve**
Werkzeuggruppe „**Modellieren**"
[...] **NURBS-Kurven** („Non Uniform Rational Basic Splines") sind ein mathematisches Verfahren zur Beschreibung von dreidimensionalen Polylinien und sehen auch wie 3D-Polylinien aus. Sie können als Pfad für Pfadkörper verwendet werden. Außerdem dienen NURBS-Kurven als Grundlage der Geometriebeschreibung für das Rendering von 3D-Objekten wie Tiefen-, Rotations-, Schichtkörper usw. Mit 3D-Modell > NURBS anlegen können 2D-Objekte, z. B. Kreise, in NURBS umgewandelt werden. [...] (siehe Vectorworks-Hilfe [1])

Aktuelle Ansicht: Vorne

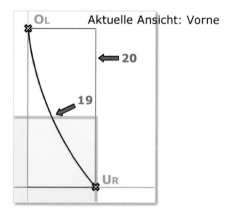

Aktuelle Ansicht: Vorne

- aktivieren Sie die Hilfsfläche/den Extrusionskörper (**20**) und löschen Sie diesen
  → (**21**)

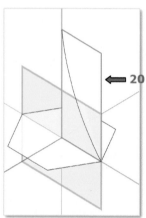

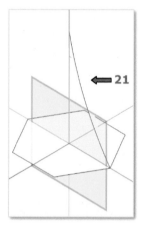

**NURBS anlegen** - sie werden als Pfad und Profil verwendet, um mit dem
Werkzeug *Kurvenverbindung* einen Vollkörper zu erstellen.

- aktivieren Sie die Polylinie (**19**) und wandeln Sie diese, in eine NURBS-Kurve
  (**23**) um → mit dem Befehl *NURBS anlegen*,
  in der Menüzeile: *3D-Modell – NURBS anlegen* (**22**)

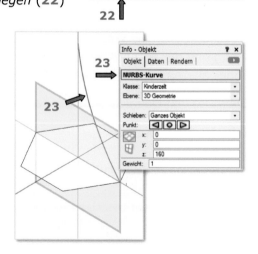

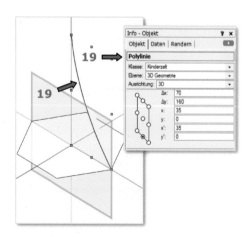

- wiederholen Sie dies bei dem Sechseck (**9**) → wandeln Sie es auch in eine
  NURBS-Kurve (**24**) um → mit dem Befehl *NURBS anlegen*

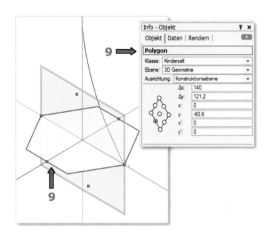

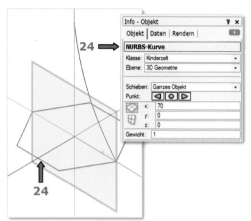

# Kurvenverbindung anlegen

### Kurvenverbindung anlegen

Mit dem Werkzeug **Kurvenverbindung** 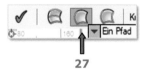 (Werkzeuggruppe „Modellieren") können Sie einen Körper oder eine NURBS-Fläche definieren, indem Sie zwei oder mehr NURBS-Kurven zeichnen, die Profile (Querschnitte) oder Pfade repräsentieren, durch die der Körper bzw. die Fläche verlaufen soll, und diese anschließend in der richtigen Reihenfolge miteinander verbinden. Sie können wahlweise mehrere Kurven ohne Pfad (engl. rail), eine oder mehrere Kurven entlang eines Pfads oder eine Kurve entlang von zwei Pfaden miteinander verbinden.

Bevor das Werkzeug **Kurvenverbindung** zum Einsatz kommen kann, müssen Sie – je nach Methode – einen oder mehrere Profile sowie einen oder zwei Pfade zeichnen. Diese können mit den gewohnten 2D- oder 3D-Werkzeugen konstruiert und ausgerichtet werden. Mit **3D-Modell > NURBS anlegen** wandeln Sie die Objekte anschließend in NURBS-Kurven um, die in den gewünschten Abständen im Raum verteilt werden können, bei aufrecht stehenden Körpern beispielsweise durch Zuordnung von entsprechenden z-Werten. Dieses Vorgehen ist empfehlenswert, da Sie so eine bessere Kontrolle über die Objekte haben, als wenn Sie direkt 3D-Kurven mit den NURBS-Werkzeugen zeichnen. Sind alle Objekte an der richtigen Position, wählen Sie eine geeignete Ansicht, in der sie alle gut sichtbar sind, beispielsweise „Rechts vorne oben". Es muss sich hierbei keineswegs um eine Standardansicht handeln, Sie können durchaus auch das Werkzeug **Ansicht rotieren** benützen. [...]

[...] **Ein Pfad**

Mit dieser Methode können Sie aus NURBS-Kurven eine NURBS-Fläche oder einen Körper erzeugen, indem Sie ein oder mehr Profile entlang eines Pfads duplizieren. [...] (siehe Vectorworks-Hilfe [1])

### Das Zelt, ein Vollkörper

- aktivieren Sie das Werkzeug *Kurvenverbindung* (**26**), aus der Werkzeuggruppe
  **Modellieren** (**25**), und wählen Sie die Methode - *Ein Pfad* (**27**) aus

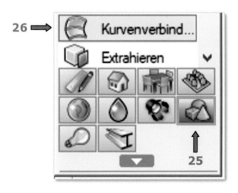

• Sie müssen zuerst auf den Pfad klicken → das „NURBS-Sechseck"

Der Pfad wird rot angezeigt (**28**).

• klicken Sie erst dann auf das Profil/den Querschnitt → die „NURBS-Polylinie"

Das Profil wird auch rot angezeigt (**29**).

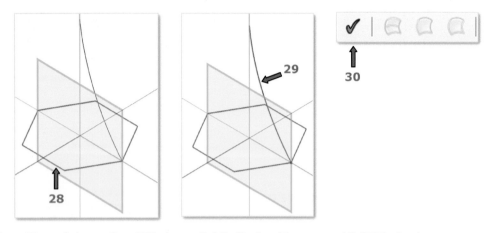

• klicken Sie auf das grüne Häkchen „Schließt den Vorgang ab" (**30**), in der Methodenzeile

Es erscheint das Dialogfenster „Einstellungen 3D-Kurvenverbindung" (**31**):
  ◦ schalten Sie die Option „Vollkörper erzeugen" (**32**) ein

Dadurch wird ein „Einfacher Vollkörper" (**33**) erzeugt. Falls diese Option ausgeschaltet ist, erzeugt Vectorworks eine Gruppe von sechs NURBS-Flächen (**34**).
  ◦ mit einem Klick auf die Schaltfläche „Vorschau" (**35**) können Sie das Ergebnis ansehen (**36**)
  ◦ bestätigen Sie mit OK (**37**) (→ das Ergebnis - **38**)

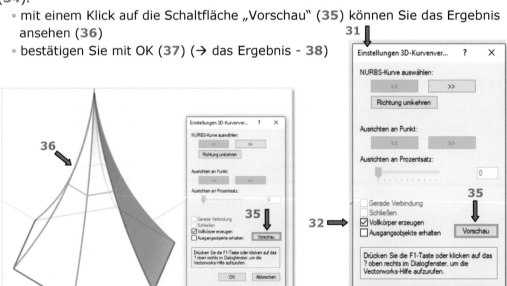

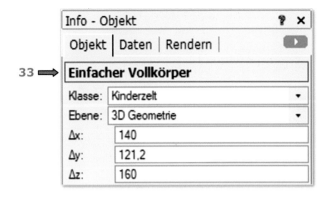

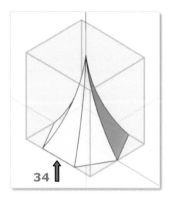

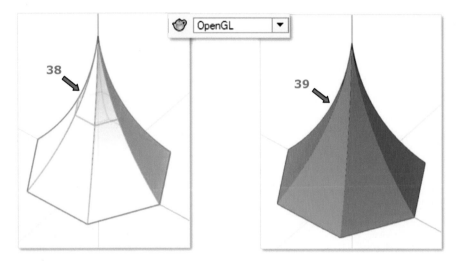

- bestimmen Sie in der Darstellungszeile die Darstellungsart - **OpenGL**

- ändern Sie die Farbfüllung in der Attribute-Palette zu einer beliebigen Farbe um
  (hier ist die Farbe aus einer Mischung der drei Primärfarben
  Rot: 125; Grün: 125; Blau: 255 gewählt - **39**)

## Die Textur

- alternativ können Sie dem aktiven Objekt in der Registerkarte „Rendern" (**41**), in
  der Infopalette (**40**), die Textur zuweisen (siehe Seite 376):
  - wählen Sie aus dem Aufklappmenü „Textur" (**42**) die Einstellung „Textur" (**43**)
    aus
  - klicken Sie in dem Vorschau-Fenster (**44**) auf den Pfeil (**45**)

In dem Aufklappmenü „Textur" können Sie aus dem Zubehör-Manager die Textur
wählen.
Die ausgewählte Textur wird dann aus dem Zubehör-Manager in Ihr Dokument
heruntergeladen und dem aktiven Objekt zugewiesen.
Durch die Anwendung von Texturen und mit der Darstellungsart **Renderworks**
können Sie fotorealistische Bilder erzeugen.

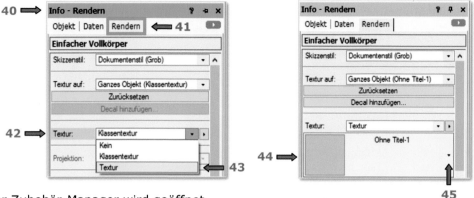

Der Zubehör-Manager wird geöffnet.

- wählen Sie, aus den **Vectorworks-Bibliotheken** (**46**) und aus dem Ordner „Renderworks-Texturen" (**47**), die gewünschte Textur aus
  - wie z.B. hier: Textilien RT.vwx (**48**) - **Textilien Leinen 02 RT** (**49**)
  - am Schluss klicken Sie, unten rechts, auf die Schaltfläche „Auswählen" (**50**) (→ das Ergebnis - **51**)

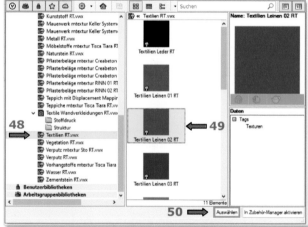

# Die Darstellungsart - Renderworks

- bestimmen Sie, in der Darstellungszeile (**52**), die „Aktuelle Darstellungsart" (**53**)
  **Renderworks** (**54**) (→ das Ergebnis - **55**)

**Renderworks** - Mit der Darstellungsart „Renderworks" erreichen Sie die beste Darstellungsqualität. Die Objekte werden mit den zugewiesenen Texturen sowie Transparenzen, Anti-Aliasing und NURBS-Flächen dargestellt. Diese Darstellungsart beansprucht viel mehr Rechenzeit als die Darstellungsart „Renderworks schnell". [...] (siehe Vectorworks Hilfe [1])

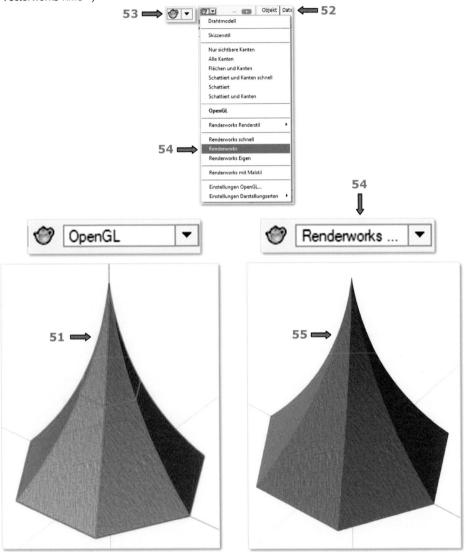

Zeltformen können Sie auch mit dem Befehl *Profil an Pfad rotieren* zeichnen, in der Menüzeile: *3D-Modell – Profil an Pfad rotieren*

### Profil an Pfad rotieren
Mit dem Befehl **Profil an Pfad rotieren** (Menü **3D-Modell**) können Sie ein 3D-Profil entlang eines 3D-Pfads um eine Rotationsachse rotieren und so eine NURBS-Fläche bzw. eine Gruppe von NURBS-Flächen erzeugen. [...] (siehe Vectorworks-Hilfe [1])

# 6. Der Turm

INHALT:

## Die Werkzeuge

- *Rotieren*
- *Extrahieren*
- *Arbeitsebene festlegen*
- *Doppelpolygon*
- *Verschieben,* Methode -
  *In Bezug auf Bezugspunkt verschieben*
- *Ähnliches aktivieren*
- *Wegschneiden*

## Die Befehle

- *Schnittfläche löschen*
- *Volumen zusammenfügen*
- *Extrusionskörper anlegen...*
- *Verbinden*
- *Vollkörper bearbeiten*
- *Unterobjekte bearbeiten*
- *Mehrere Ansichtsfenster verwenden*
- *Pfadkörper anlegen...*
- *NURBS-Kurve anlegen*
- *Schnittbox*

- Ebene bearbeiten
- Automatische Arbeitsebene
- Temporärer Nullpunkt
- Senkrecht auf Arbeitsebene Blicken
- Klasse bearbeiten
- Renderworks-Texturen
- Projektionsart „Auf jede Fläche einzeln"
- Darstellungsart - OpenGL
- Darstellungsart - Renderworks

© Der/die Autor(en), exklusiv lizenziert durch
Springer Fachmedien Wiesbaden GmbH, ein Teil von Springer Nature 2021
A. Milinović, *Vectorworks 2021*, https://doi.org/10.1007/978-3-658-31902-1_6

# Der Turm, ein 3D-Modell

Versichern Sie sich, dass das automatische Sichern aktiviert ist.

Aufgabe:

Zeichnen Sie ein 3D-Modell in Form eines Turms.
Die Maße sind in Metern angegeben und in den Abbildungen (**1**, **2**, **3**, **4**) angezeigt.
In dieser Übung wird auf mehreren Konstruktionsebenen, die auf verschiedenen
Höhen liegen, gezeichnet.
Weisen Sie dem 3D-Modell folgende
Texturen zu:
Turmspitze: Ziegelstein
Turmkranz: Beton
Turmschaft: Kalksandstein

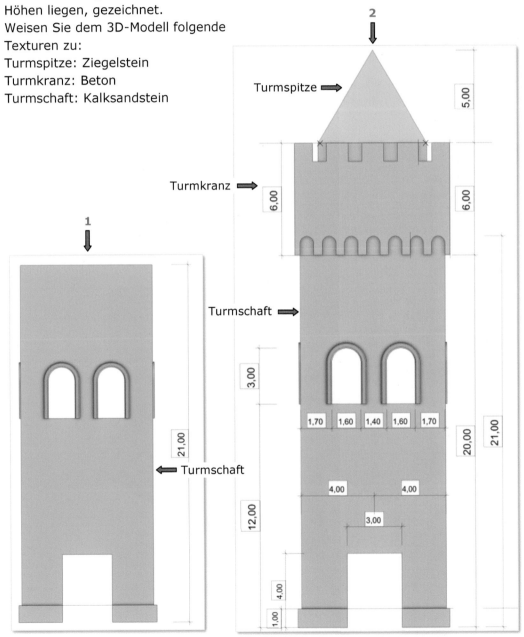

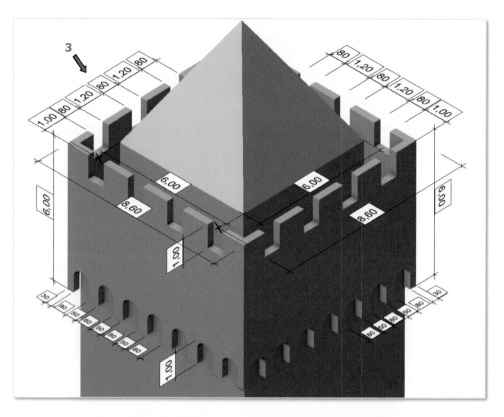

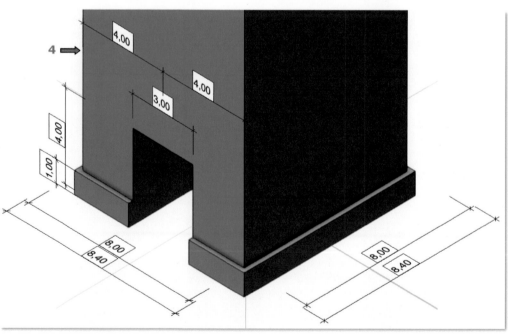

Anleitung:

# Ein neues Dokument anlegen

**I**   Erstellen Sie ein **neues Dokument**:
   - wählen Sie als Vorlage „1_Leeres Dokument.sta"

**II**   Stellen Sie den **Maßstab** auf **1:100**

**III**   Stellen Sie die **Einheiten** auf **m**:

- in der Menüzeile: *Datei – Dokument Einstellungen – Einheiten…*-
  ◦ in dem nun erscheinenden Dialogfenster „Einheiten" öffnen Sie die
    Registerkarte „Bemaßungen":
    - in dem Gruppenfeld „Längen – Einheit" wählen Sie, in dem Aufklappmenü,
      die gewünschte Einheit → „Einheiten:" Meter und
      „Dezimalstellen für Anzeige:" 0,01 aus

**IV**   Richten Sie das Blatt („Plangröße…") auf „Hochformat" aus, indem Sie mit
   der RMT auf eine leere Stelle auf dem Blatt klicken:

- in dem nun erscheinenden Kontextmenü wählen Sie den Befehl *Plangröße…* (**1**)
  aus
  ◦ klicken Sie auf die Schaltfläche „Drucken und Seiten einrichten…" (**2**)
  ◦ in dem neu erscheinenden Dialogfenster „Seite einrichten" (**3**) wählen Sie für
    „Ausrichtung" (**4**) → „Hochformat" (**5**) aus

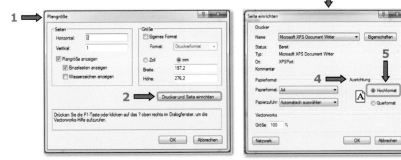

## Drei neue Konstruktionsebenen und eine neue Klasse

**I**   Erstellen Sie drei neue Konstruktionsebenen mit den Namen:

**1.**   „Konstruktionsebene 0,00 m"

- klicken Sie mit der RMT auf eine leere Stelle auf dem Plan, in dem nun
  erscheinenden Kontextmenü, wählen Sie den Befehl *Organisation* aus
  ◦ klicken Sie, in dem Dialogfenster „Organisation" (**1**) in der Registerkarte
    „Konstruktionsebene" (**2**), auf die Schaltfläche „Neu…" (**3**)
    - in dem Dialogfenster „Neue Konstruktionsebene" benennen Sie die neue
      Ebene: „Konstruktionsebene 0,00 m"
    - bestätigen Sie mit OK

## Die Ebene bearbeiten

- markieren Sie, in dem Dialogfenster „Organisation", die eben erstellte Ebene „Konstruktionsebene 0,00 m" (**4**), sie wird blau hinterlegt
  - klicken Sie auf die Schaltfläche „Bearbeiten..." (**5**)
  - tragen Sie die gewünschte Ebenenbasishöhe in das Dialogfenster „Konstruktionsebene bearbeiten" (**6**) ein:
    - stellen Sie die „Ebenenbasishöhe (z):" (**7**) auf 0,00 m ein
    - bestätigen Sie mit OK

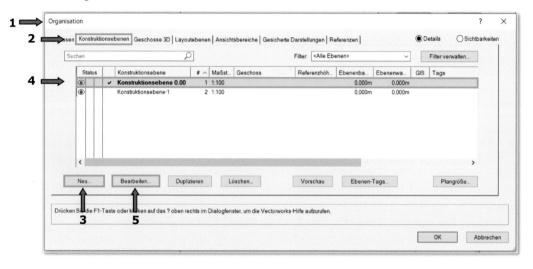

Erstellen Sie zwei weitere Ebenen und bearbeiten Sie diese:

**2.** „Konstruktionsebene 20,00 m"

- klicken Sie auf die Schaltfläche „Bearbeiten" und stellen Sie die „Ebenenbasishöhe (z):" auf 20,00 m ein
  - bestätigen Sie mit OK

**3.** „Konstruktionsebene 21,00 m"

- klicken Sie auf die Schaltfläche „Bearbeiten..." und stellen Sie die
  „Ebenenbasishöhe (z):" auf 21,00 m ein
  - bestätigen Sie mit OK

**II** Erstellen Sie eine neue Klasse mit dem Namen „2D Geometrie"

- bearbeiten Sie die Klasse „2D Geometrie" (**1**), indem Sie in der Registerkarte
  „Attribute" (**2**) die Option „Automatisch zuweisen" (**3**) aktivieren
  - wählen Sie bei der Standardfarbauswahl (Farbkreis) (**4**) die Füllung aus:
  Solid (**5**) - Farbe (**6**):
  Rot: 160, Grün: 160, Blau: 160 (**7**)

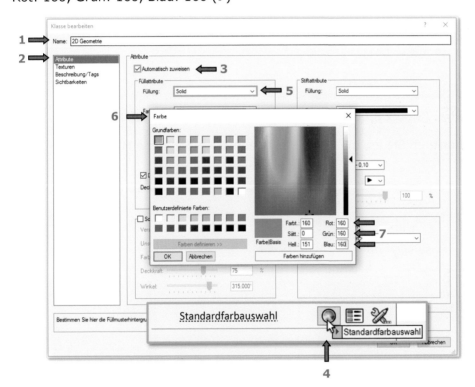

## 6.1 Der Turmschaft und der Sockel des Turms (die Basis)

Die quadratische Basis des Turms wird auf der Konstruktionsebene
„Konstruktionsebene 0,00 m" (**1**) und in der Klasse „2D Geometrie" (**2**) gezeichnet
(beide müssen aktiv sein)

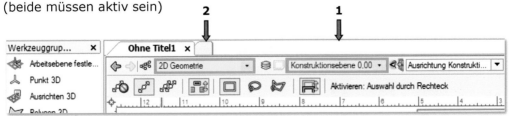

Ein Quadrat soll mittig auf dem Zeichenblatt/Plan gezeichnet werden.

- doppelklicken Sie auf das Werkzeug *Rechteck* in der Konstruktion-Palette:
  - in das nun erscheinende Dialogfenster „Objekt anlegen - Rechteck" (**3**) tragen
    Sie die Maße (**4**) und den Einfügepunkt (**5**) des Rechtecks ein
  - bestimmen Sie den Einfügepunkt auf dem Plan (**6**)
  - bestätigen Sie mit OK (**7**)

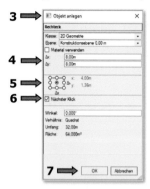

Maße (**4**):  Δx = 8,00 m; Δy = 8,00 m
Einfügepunkt (**5**) des Rechtecks: Mitte
Einfügepunkt auf dem Plan (**6**): „Nächster Klick"

Das Quadrat (8,00 x 8,00 m - **8**) „hängt" jetzt (mittig - **5**) am Mauszeiger.

  - positionieren Sie es, mit dem „Nächsten Klick" (**6**), in die Mitte des Plans A4

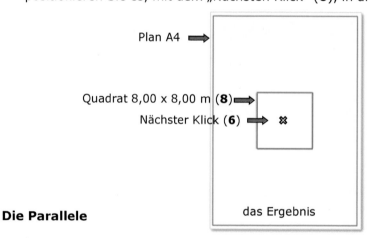

Plan A4 ➡

Quadrat 8,00 x 8,00 m (**8**)➡

Nächster Klick (**6**) ➡ ✖

das Ergebnis

**Die Parallele**

Zu dem Quadrat 8,00 x 8,00 m soll eine Parallele gezeichnet werden.

- aktivieren Sie das Quadrat 8,00 x 8,00 m

- in der Konstruktion-Palette klicken Sie auf das Werkzeug *Parallele*
  - in der Methodenzeile, wählen sie die erste - *Mit bestimmten Abstand* (**1**) und
    die dritte Methode - *Originalobjekt beibehalten* (**2**) aus,
    geben Sie für den Abstand: 0,20 m ein (**3**)

○ klicken Sie nach außen (an die Seite wo die Parallele gezeichnet werden soll)

Es wird ein neues Quadrat gezeichnet, das auf allen Seiten um 0,20 m größer ist als das Originalquadrat. Es bleibt aktiv und verdeckt das zuerst gezeichnete Quadrat.

• ordnen Sie es in den Hintergrund an:
        in der Menüzeile: *Ändern - Anordnen – In den Hintergrund* (→ **4**)

• aktivieren Sie beide Quadrate und schneiden Sie die Schnittfläche aus:
        in der Menüzeile: *Ändern – Schnittfläche löschen*

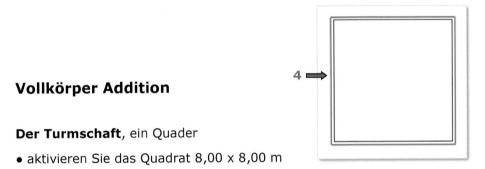

## Vollkörper Addition

**Der Turmschaft**, ein Quader

• aktivieren Sie das Quadrat 8,00 x 8,00 m

• gehen Sie in die Menüzeile: *3D–Modell – Extrusionskörper anlegen…*
    ○ in dem nun erscheinenden Dialogfenster „Extrusions-/Schichtkörper" tragen Sie für Δz: 21,00 m (**1**) ein → der Turmschaft

**Der Turmsockel**, ein Extrusionskörper

• aktivieren Sie die Polylinie (**2**) und machen Sie daraus auch einen Extrusionskörper mit Δz: 1,00 m (**3**) → der Turmsockel

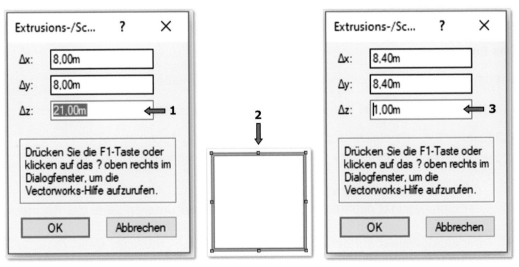

       **Der Turmschaft**                                   **Der Turmsockel**

- gehen Sie in die Darstellungszeile (**4**) zu „Aktuelle Ansicht" (**5**):

Rechts vorne oben (**6**)

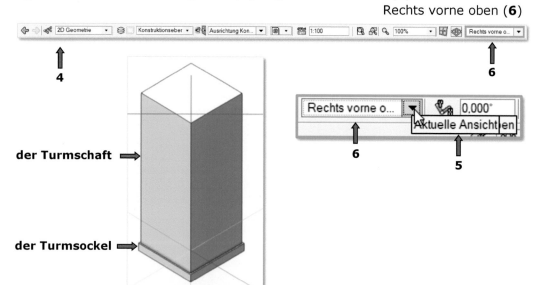

**der Turmschaft** ➡

**der Turmsockel** ➡

Diese zwei Extrusionskörper sollen zu einem Vollkörper zusammengefügt werden.

- markieren Sie die zwei, auf der „Konstruktionsebene 0,00 m", zuletzt gezeichneten, dreidimensionalen Objekte (Turmschaft + Turmsockel)

Die „Konstruktionsebene 0,00 m" muss weiterhin aktiv sein (und die beiden 3D-Körper müssen sich auf dieser Konstruktionsebene befinden).

- gehen Sie in der Menüzeile zu:
  *3D-Modell – Vollkörper anlegen – Volumen zusammenfügen*

Diese zwei dreidimensionalen Objekte wurden, mit dem Befehl *Volumen zusammenfügen,* zu einer Vollkörper Addition zusammengefügt.

## Das Eingangstor

Um das Eingangstor zu zeichnen gehen Sie folgendermaßen vor:

- in der Darstellungszeile: Aktuelle Ansicht soll „Rechts vorne oben" aktiv sein

- aktivieren Sie, mit einem Doppelklick, das Werkzeug *Rechteck* (**1**)
  ◦ in dem nun erscheinenden Dialogfenster „Objekt anlegen" (**2**) tragen Sie die Werte:
    - Δx: 3,00 m; Δy: 4,00 m (**3**) ein
    - der Einfügepunkt des Rechtecks soll die Mitte der unteren Seite des Rechtecks (**4**) sein
    - der Einfügepunkt auf dem Plan soll mit der Option „Nächster Klick" (**5**) festgelegt werden
  ◦ bestätigen Sie mit OK
Das Rechteck, mit den eben eingegebenen Maßen, „hängt" jetzt am Mauszeiger.

○ platzieren Sie das Rechteck, mit dem „Nächsten Klick", in die Mitte der unteren Seite des Sockels (**6**)

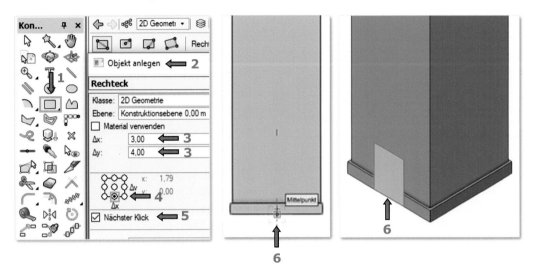

**6**

**Wichtig**: bevor Sie das Rechteck einfügen, müssen Sie die
Aktuelle Objektausrichtung auf „Ausrichtung automatisch" (**7**) einstellen.
Vor dem Klicken (um das Rechteck auf dieser Seite zu platzieren) soll die vordere
Sockelseite andersfarbig angezeigt werden (**8**).

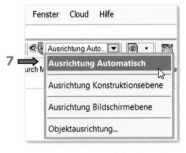

**8**

Das Rechteck 3,00 x 4,00 m bleibt aktiv (**9**).

• gehen Sie in die Menüzeile: *3D–Modell – Extrusionskörper anlegen…*
  ○ in dem nun erscheinenden Dialogfenster „Extrusions-/Schichtkörper" tragen Sie
    für Δz: (- 8,40 m) ein (→ das Ergebnis - **10**)

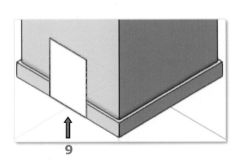

**9**

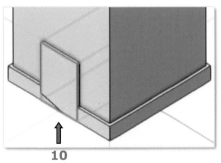

**10**

## Schnittvolumen löschen

• markieren Sie den gerade gezeichneten Quader (**10**) und den Turmschaft (**11**)

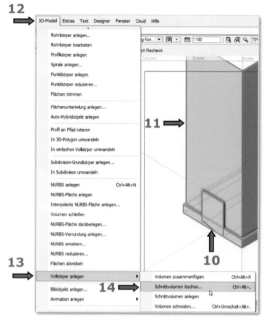

**WICHTIG:**
Beide Körper müssen auf der gleichen
Ebene liegen und diese Ebene muss
aktiv sein, sonst können die zwei Körper
nicht in ein Volumen zusammengefügt
oder das Volumen von einem von dem
anderen abgezogen werden.

Der Turmschaft muss rot angezeigt
werden (**16**)
○ betätigen Sie die Pfeile (**15**) so lange,
 bis der Turmschaft rot angezeigt wird,
 damit das Volumen des gezeichneten
 Quaders (**10**) von ihm abgezogen
 werden kann

○ bestätigen Sie mit OK

• gehen Sie in die Menüzeile:
 *3D-Modell* (**12**) – *Vollkörper anlegen*
 (**13**) – *Schnittvolumen löschen...* (**14**)

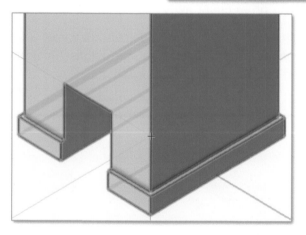

das Ergebnis

340

## 6.2 Fenster

Um die **Fenster** zu zeichnen gehen Sie folgendermaßen vor:

• in der Darstellungszeile: Aktuelle Ansicht soll „Rechts vorne oben" aktiv sein

Das Rechteck/die Basisfläche des Fensterlochs soll auf den Turmschaft, mit der Zeichenhilfe Temporärer Nullpunkt (Taste-**G**), eingesetzt werden.

• aktivieren Sie, mit einem Doppelklick, das Werkzeug *Rechteck*
  ◦ in dem erscheinenden Dialogfenster tragen sie die Werte:
    Δx: 1,60 m
    Δy: 3,00 m ein
    der Einfügepunkt des Rechtecks: die Mitte der unteren Seite des Rechtecks
    der Einfügepunkt auf dem Plan: „Nächster Klick"   **1** ➡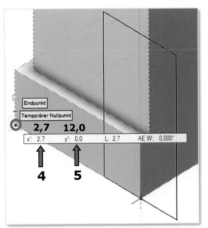
  ◦ bestätigen Sie mit OK

  ◦ kontrollieren Sie, ob in dem Aufklappmenü „Aktuelle Objektausrichtung",
    in der Darstellungszeile, die Option „Ausrichtung Automatisch" (**1**) aktiv ist

  ◦ bewegen Sie den Mauszeiger über den Turmsockel → die vordere
    Sockelseite wird andersfarbig dargestellt (**2**)

  ◦ bewegen Sie den Mauszeiger, weiter ohne zu klicken, zu der linken unteren Ecke
    des Turmsockels → „Endpunkt" (**3**) und drücken Sie die Taste-**G**:
    - in die nun erscheinende Objektmaßanzeige tragen Sie, mit der Tabulatortaste,
    folgendes ein:
    x`:   2,70 m (**4**) und
    y`: 12,00 m (**5**) ein

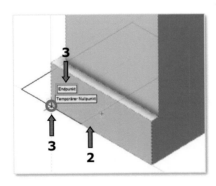

- bestätigen Sie zweimal mit der Eingabetaste

Zwei rot gestrichelte Hilfslinien (**6**) erscheinen.

  ◦ klicken Sie, mit der LMT, auf den Schnittpunkt (**7**) dieser zwei Hilfslinien

Das Rechteck wurde platziert (**8**).

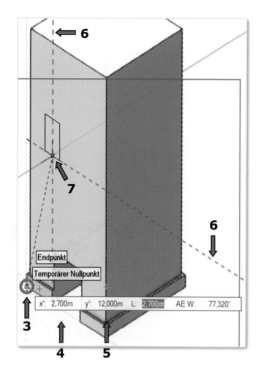

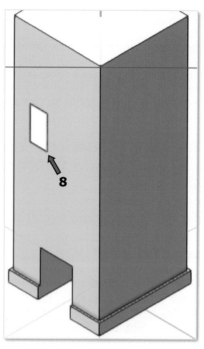

- dieses Rechteck spiegeln 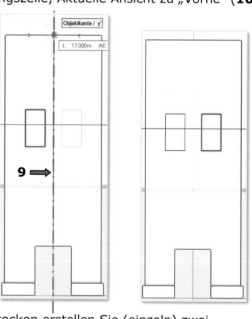 Sie (als - *Duplikat*) über die senkrechte Spiegelachse (**9**)
  - dafür wechseln Sie, in der Darstellungszeile, Aktuelle Ansicht zu „Vorne" (**10**)

Aktuelle Ansicht

**10** ➡️ Vorne ▼

**11** ➡️

Extrusions-/Sc... ? ✕

$\Delta x$: 1,60

$\Delta y$: 3,00

$\Delta z$: -8,40

Drücken Sie die F1-Taste oder klicken auf das ? oben rechts im Dialogfenster, um die Vectorworks-Hilfe aufzurufen.

OK    Abbrechen

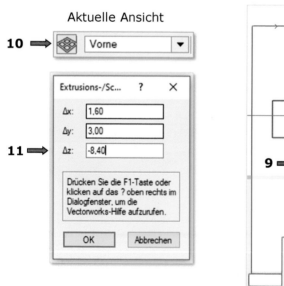

- aus beiden, eben gezeichneten, Rechtecken erstellen Sie (einzeln) zwei Extrusionskörper mit $\Delta z$: (-8,40 m) (**11**):

  in der Menüzeile: *3D–Modell – Extrusionskörper anlegen…*

**Rotieren**

- aktivieren Sie die zwei, eben erstellten, Extrusionskörper (**12**) und wechseln Sie in dem Aufklappmenü „Aktuelle Ansicht" zu „2D-Plan Draufsicht" (**13**)

- rotieren Sie die zwei markierten Objekte (Extrusionskörper), mit der zweiten Methode – *Duplikat* 🔲 , um 90°:
  ◦ mit dem ersten Klick (**14**) auf den Mittelpunkt 1 (zwischen beiden Extrusionskörpern) definieren Sie das Rotationszentrum
  ◦ bewegen Sie den Mauszeiger, ohne zu klicken, senkrecht nach oben

Eine gestrichelte blaue Hilfsline erscheint (**15**).

  ◦ klicken Sie auf diese Hilfslinie (**16**) und ziehen Sie den Mauszeiger nach unten rechts

Die Kopien (**17**) von den zwei zu rotierenden Objekten erscheinen in blauer Farbe und bleiben an dem Mauszeiger „hängen".

  ◦ klicken Sie, wenn die blaue Hilfslinie eine waagerechte Position einnimmt (**18**)

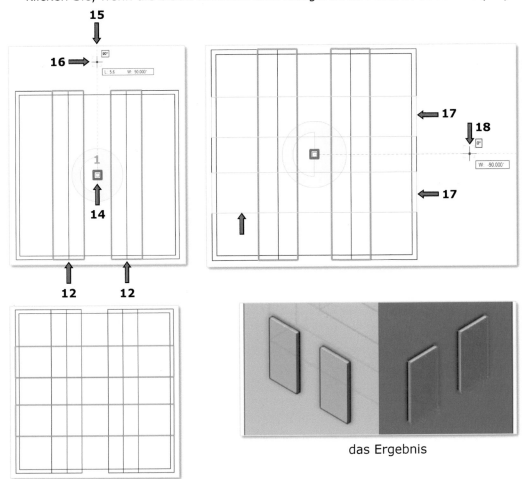

das Ergebnis

# Schnittvolumen löschen

Alle vier gezeichneten Extrusionskörper (**19**) sollen aus dem Volumen des Turmschafts (**20**) ausgeschnitten werden → dadurch entstehen Fensterlöcher

- aktivieren Sie:
  1. alle vier Extrusionskörper (**19**)
     (→ mit Hilfe von dem Werkzeug *Ähnliches aktivieren* 🪄 , schalten Sie, in den Einstellungen, „Objekttyp" und „Größe" ein) und
  2. den Turmschaft (**20**) (bei gedrückter Umschalttaste ⇧ )

- gehen Sie in die Menüzeile zu dem folgenden Befehl:
  *3D-Modell – Vollkörper anlegen – Schnittvolumen löschen...*
  ◦ in dem Dialogfenster „Objekt auswählen" (**21**) betätigen Sie die Pfeile (**22**) so lange, bis der Turmschaft rot angezeigt wird (**23**)
  ◦ bestätigen Sie mit OK

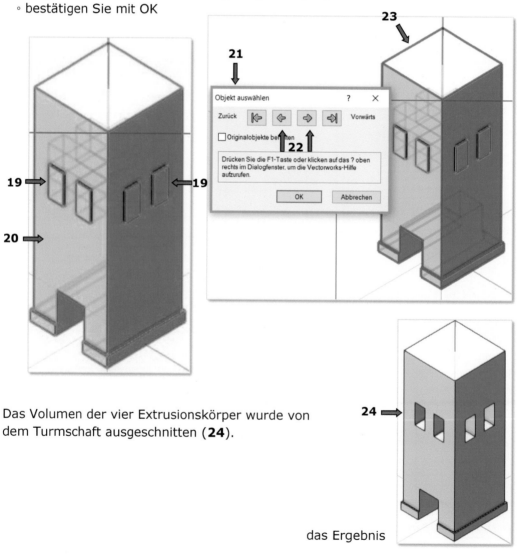

Das Volumen der vier Extrusionskörper wurde von dem Turmschaft ausgeschnitten (**24**).

das Ergebnis

344

## 6.3 Der obere Teil des Turmschaftes

**Geometrie extrahieren**
Mit dem Werkzeug Extrahieren 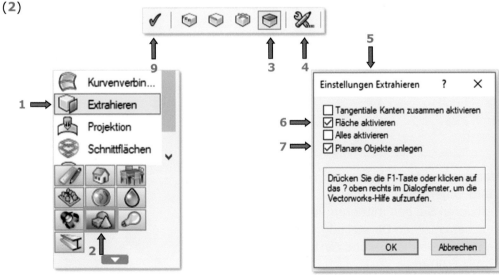 (Werkzeuggruppe „Modellieren") können Sie von einer oder mehreren beliebigen 3D-Kanten, 3D-Kurven oder 3D-Flächen ein Duplikat in Form von Punktobjekten, einer NURBS-Kurve, von Iso-Kurven oder einer NURBS-Fläche anlegen. Dabei kann es sich um Kanten, Kurven oder Flächen von 3D-Polygonen oder Körpern handeln. [...]

**Fläche**
Aktivieren Sie diese Methode, können Sie aus einer oder mehreren beliebigen Flächen ein NURBS-Duplikat anlegen. Klicken Sie mit dem aktivierten Werkzeug auf eine Kante der umzuwandelnden 3D-Fläche. (In einer soliden Ansicht, z. B. „Schattiert und Kanten", kann auch direkt auf die Fläche geklickt werden.) Falls an diese Kante andere Flächen angrenzen, müssen Sie in einem Dialogfenster zunächst die gewünschte auswählen. Die gerade aktive Fläche wird durch eine dicke, rote Umrandung markiert. [...]
Ist die gewünschte Fläche aktiviert, schließen Sie das Dialogfenster mit OK. Klicken Sie jetzt auf die Methode „Schließt den Vorgang ab" ☑ oder drücken Sie die Eingabetaste. Die NURBS-Fläche wird deckungsgleich mit der ursprünglichen Fläche gezeichnet, sie wurde in der Abbildung unten leicht verschoben. Sie ist rot und wird automatisch immer in der Unterklasse „Fläche" der Klasse „NNA" abgelegt. Sie ist nach dem Anlegen aktiviert. [...] (siehe Vectorworks-Hilfe ¹)

Die quadratische Basis, auf der oberen Seite des Turmschaftes, wird auf der Ebene „Konstruktionsebene 21,00 m" und in der Klasse „2D Geometrie" gezeichnet (beide müssen aktiv sein).

• aktivieren Sie die Ebene „Konstruktionsebene 21,00 m"

Alles was jetzt gezeichnet wird, wird auf der Höhe 21,00 m gezeichnet.

## Extrahieren

Es soll eine neue quadratische Fläche/Rechteck 6,00 x 6,00 m, mit dem Werkzeug *Extrahieren* (**1**) und der Methode - *Fläche* 📦, erstellt werden (mittig auf der oberen Seite des Turmschaftes).

• aktivieren Sie das Werkzeug *Extrahieren* (**1**) in der Werkzeuggruppe **Modellieren** (**2**)

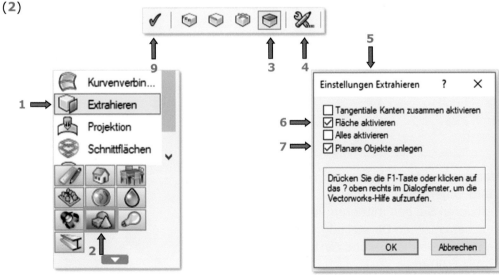

○ in der Methodenzeile, wählen Sie die fünfte - *Fläche* (**3**) und die sechste Methode - *Extrahieren Werkzeug Einstellungen* (**4**) aus

- wählen Sie, aus dem nun erscheinenden Dialogfenster „Einstellungen Extrahieren" (**5**), die folgenden Optionen aus:

        „Fläche aktivieren" (**6**)

        „Planare Objekte anlegen" (**7**) (→ um ein Polygon- **10** und keine Nurbs-Kurve zu bekommen)

- bestätigen Sie mit OK

∘ klicken Sie auf die obere Fläche des Turmschaftes (**8**)
∘ schließen Sie den Vorgang mit einem Klick auf ✅ ab (**9**)

Es wurde ein Polygon (**10**) 8,00 x 8,00 m (**11**) gezeichnet.

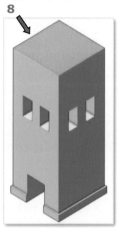

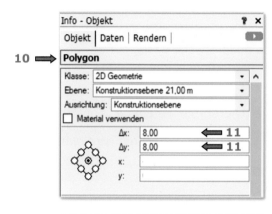

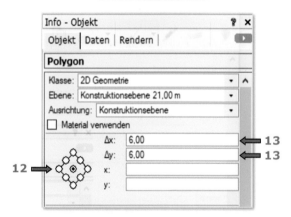

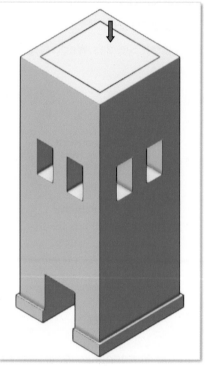

- formen Sie das Polygon, mit Hilfe der Info-Objekt–Palette, um:
  ∘ fixieren Sie den mittleren Punkt in der schematischen Darstellung (**12**)
  ∘ ändern Sie die Δx- und Δy-Werte in
  Δx: 6,00 m
  Δy: 6,00 m (**13**) um

das Ergebnis

- aus dem eben gezeichneten Quadrat erstellen Sie einen Extrusionskörper (**14**)
  mit Δz: 5,00 m (**15**)
  (in der Menüzeile: *3D–Modell – Extrusionskörper anlegen…*)

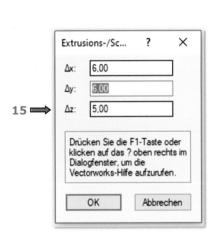

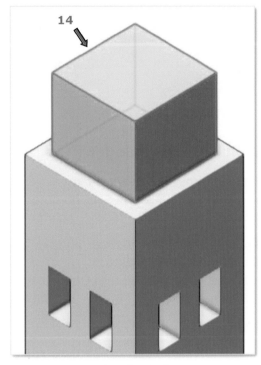

## 6.4  Die Turmspitze

das Ergebnis

Zeichnen Sie weiterhin auf der Ebene „Konstruktionsebene 21,00 m" und in der Klasse „2D Geometrie" (beide müssen aktiv sein).

Die obere Fläche des eben gezeichneten Quaders (6,00 x 6,00 x 5,00 m) soll extrahiert werden → sie wird als Basis für den Schichtkörper (die Turmspitze) dienen.

- aktivieren Sie das Werkzeug *Extrahieren* in der Werkzeuggruppe
  **Modellieren**

  - in der Methodenzeile wählen Sie die fünfte - *Fläche* und die sechste
    Methode - *Extrahieren Werkzeug Einstellungen* aus:
    - wählen Sie, aus dem nun erscheinenden Dialogfenster „Einstellungen
      Extrahieren", die folgenden Optionen aus:
                    „Fläche aktivieren"
                    „Planare Objekte anlegen"
  - klicken Sie auf die obere Fläche des Quaders (**1**)
  - mit ✓ schließen Sie den Vorgang ab

Sie haben ein Polygon 6,00 x 6,00 m gezeichnet (**2**).

**2 ⟹** 

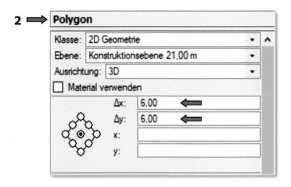

## Schichtkörper anlegen

Um die Turmspitze zu zeichnen,
benutzen Sie den Befehl *Schichtkörper anlegen ...*:
in der Menüzeile: *3D–Modell – Schichtkörper anlegen...*

Um den Befehl *Schichtkörper anlegen* auszuführen, brauchen Sie zwei
zweidimensionale Objekte:
1. das eben extrahierten Quadrat 6,00 x 6,00 m (**1**) und
2. einen 2D-Punkt (**2**), der als Spitze des Turms dienen soll

**Der Punkt** (2D-Punkt)

• in der Darstellungszeile: Aktuelle Ansicht soll „Rechts vorne oben" aktiviert sein

• aktivieren Sie das Werkzeug *Punkt* ⌗ , in der Konstruktion-Palette:
  ◦ bevor Sie den Punkt einfügen, kontrollieren Sie, in der Darstellungszeile, ob
    Aktuelle Objektausrichtung auf „Ausrichtung automatisch" eingestellt ist
  ◦ zeichnen Sie einen Punkt (**3**) mittig auf das extrahierte Quadrat (**1**)

Der Punkt bleibt aktiv.

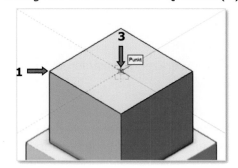

Der Schichtkörper soll die Höhe
Δz: 5,00 m haben.

• aktivieren Sie zusätzlich zu dem Punkt auch das extrahierte Quadrat (**4**)
  (mit dem Werkzeug *Aktivieren*, bei gedrückter Umschalttaste ⇧ )

Der Punkt muss oben auf dem Quadrat liegen.
Falls das nicht zutrifft, markieren Sie den Punkt und schieben Sie ihn in den
Vordergrund mit dem Befehl aus der Menüzeile:
*Ändern – Anordnen – In den Vordergrund*

- gehen Sie in die Menüzeile: *3D-Modell – Schichtkörper anlegen...*:
  - in das nun erscheinende Dialogfenster „Extrusions-/Schichtkörper anlegen" (**5**) tragen Sie für den Δz-Wert 5,00 m ein:
    Δz: 5,00 m (**6**)

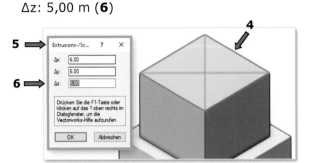

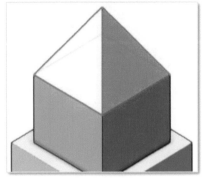

das Ergebnis

## 6.5 Der Turmkranz (~ Kranzgesims)

Der Turmkranz wird auf der Ebene „Konstruktionsebene 20,00 m" und in der Klasse „2D Geometrie" gezeichnet (beide müssen aktiv sein).

- aktivieren Sie in der Navigation-Palette die „Konstruktionsebene 20,00 m" (**1**) und die Klasse „2D Geometrie" (**2**)
- die Aktuelle Ansicht soll „2D-Plan Draufsicht" (**3**) sein

## Doppelpolygon

- aktivieren Sie in der Konstruktion-Palette das Werkzeug *Doppelpolygon* (**4**)
  - wählen Sie in der Methodenzeile die dritte Methode - *Rechter Rand* (**5**) aus und geben Sie für den Abstand: 0,30 m ein (**6**)
  - klicken Sie auf die fünfte Methode - *Doppelpolygon Werkzeug Einstellungen* (**7**)
    - in dem nun geöffneten Dialogfenster „Einstellungen..." (**8**) wählen Sie die Option „Polygone" (**9**) aus

- zeichnen Sie das Doppelpolygon um die oberste Fläche des Turmschaftes (**10**) herum

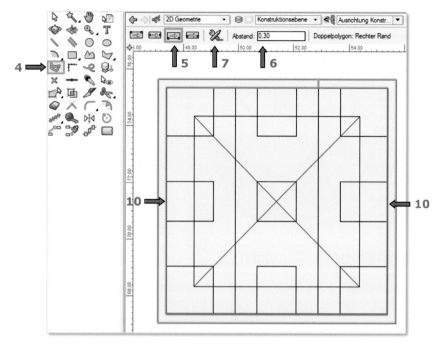

- aus dem, eben gezeichneten (aktiv gebliebenen), Doppelpolygon erstellen Sie einen Extrusionskörper (**12**) mit Δz: 6,00 m (**11**):
  in der Menüzeile: *3D–Modell – Extrusionskörper anlegen…*

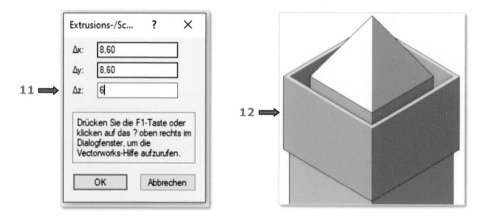

## 6.6 Der Zahnschnittfries (oben) auf dem Turmkranz

**Werkzeug „Arbeitsebene festlegen"**
**Arbeitsebene**
Die Arbeitsebene ist die Ebene, auf der sich der Zeiger bewegt, wenn Sie im dreidimensionalen Raum zeichnen. Zeichnen Sie ein neues Element, wird dieses immer auf der Arbeitsebene gezeichnet; verschieben Sie ein dreidimensionales Objekt, wird es parallel zur Arbeitsebene verschoben. [...]
**Arbeitsebene festlegen**
Mit diesem Werkzeug ⬛ (Werkzeugpalette „**Konstruktion**", Werkzeuggruppe „**Modellieren**") können Sie Lage und Position der Arbeitsebene bestimmen. Die Arbeitsebene kann entweder auf eine bestehende Fläche gelegt oder durch Anklicken von drei bestehenden Punkten definiert werden.
**Methoden**
Aktivieren Sie **Arbeitsebene festlegen**, erscheinen in der Methodenzeile zwei Symbole. ⬛ ⬛ [...]

**Definiert durch Fläche**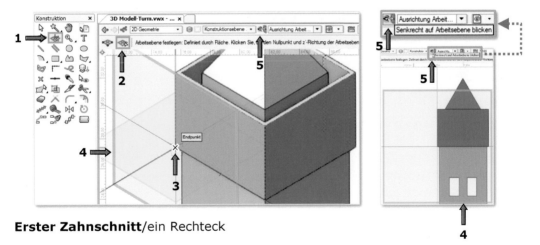

Ist diese Methode aktiviert, können Sie die Arbeitsebene auf eine beliebige Fläche legen. Die Arbeitsebene kann auch auf eine NURBS-Kurve gelegt werden. Dabei wird die z-Achse der Arbeitsebene tangential zum angeklickten Punkt der NURBS-Kurve ausgerichtet. [...]

1. Aktivieren Sie die zweite Methode. Eine Vorschau der Arbeitsebene wird angezeigt.
2. Klicken Sie auf eine Kante oder Fläche eines Körpers. (Die Ausrichtpunkte des Körpers werden – abhängig davon, welche Fangmodi eingeschaltet sind – angezeigt.)
3. Der Nullpunkt der Arbeitsebene wird an der angeklickten Stelle eingesetzt.
4. Die Arbeitsebene bleibt aktiviert, so dass Sie diese mit Hilfe der Rotationspunkte rotieren können [...]
(siehe Vectorworks-Hilfe [1])

## Der Zahnschnittfries oben am Turmkranz

Zeichnen Sie weiterhin auf der Konstruktionsebene „Konstruktionsebene 20,00 m" und in der Klasse „2D Geometrie".

• in der Darstellungszeile ändern Sie Aktuelle Ansicht in „Rechts vorne oben"

Um auf einer Seite des Turmkranzes zeichnen zu können, muss eine **Arbeitsebene**/Zeichenfläche auf dieser festgelegt werden:

• wählen Sie, in der Konstruktion-Palette, das Werkzeug *Arbeitsebene festlegen* (**1**) und die zweite Methode - *Definiert durch Fläche* (**2**) aus:
  ○ fahren Sie mit dem Mauszeiger über die Seite des Turmkranzes, sie soll andersfarbig dargestellt werden
  ○ klicken Sie auf die linke untere Ecke der Seite (**3**)

Eine Arbeitsebene (**4**) wurde auf der gewünschten Stelle angelegt.

• klicken Sie auf die Schaltfläche „Senkrecht auf Arbeitsebene blicken" (**5**)

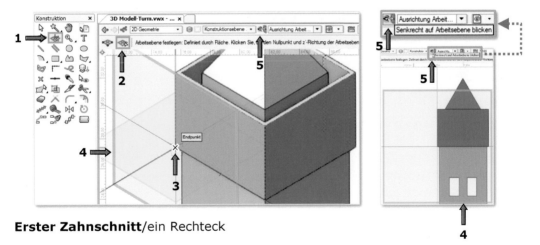

## Erster Zahnschnitt/ein Rechteck

• doppelklicken Sie auf das Werkzeug *Rechteck* in der Konstruktion-Palette und geben Sie folgende Werte ein:

        Δx: 0,75 m
        Δy: 1,00 m
        der Einfügepunkt:  unten links
        der Einfügepunkt auf dem Plan: „Nächster Klick"

## Temporärer Nullpunkt

- setzen Sie das Rechteck (**6**) in x-Richtung 0,3 m entfernt von der linken unteren Ecke (**3**) des Turmkranzes ein:
  - mit der Zeichenhilfe Temporärer Nullpunkt (**7**), drücken Sie die Taste-**G**:
    - drücken Sie die Tabulatortaste
    - tragen Sie folgendes in der Objektmaßanzeige ein:
      x': 0,30 m (**8**) und y': 0,00 m (**9**)
    - bestätigen Sie einmal mit der Eingabetaste
  - klicken Sie auf den Schnittpunkt der eingeblendeten gestrichelten Hilfslinien

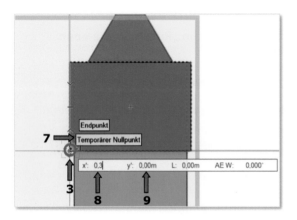

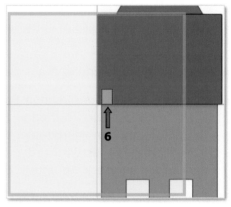

- dieses Rechteck spiegeln ⊲⊳ Sie (als -*Duplikat* ⊲⊳ ) auf die obere Kante des Turmkranzes (wie unten gezeigt) (**10**)

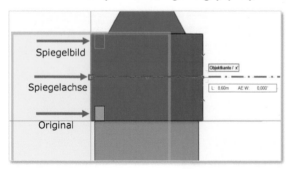

Senkrecht auf Arbeitsebene
blicken

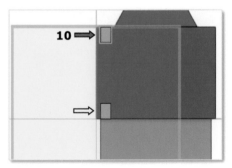

das Ergebnis

## In Bezug auf Bezugspunkt verschieben

- verschieben Sie das obere Rechteck (**10**) auf die richtige Position
  (1,01 m von Punkt 1 entfernt),
  mit dem Werkzeug *Verschieben* (**11**) (in der Konstruktion-Palette) und mit der
  vierten Methode - *In Bezug auf Bezugspunkt verschieben* (**12**):
  - klicken Sie zuerst auf den Bezugspunkt 1 (**13**)
    (= obere linke Ecke des Turmkranzes)

- klicken Sie danach auf den Punkt (**2**) des aktiven Objekts (**14**), der verschoben werden soll (= obere linke Ecke des aktiven Rechtecks)
- in dem nun erscheinenden Dialogfenster „Abstand" (**15**) aktivieren Sie die Option „Bezugspunkt" (**16**) und in den Eingabefeld „Abstand:" tragen Sie den Wert 1,01 m (**17**) ein (→ das Ergebnis **18**)

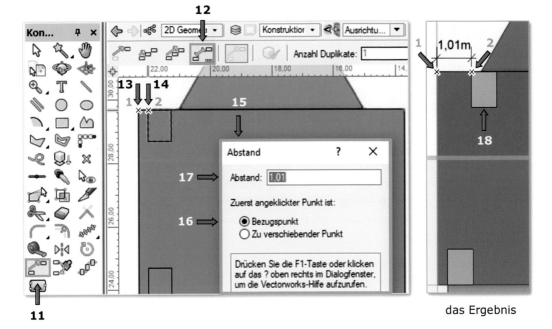

das Ergebnis

## Duplizieren an Pfad

Die Hilfslinie

Um dieses Rechteck einfacher entlang der oberen Kante des Turmkranzes zu verteilen, zeichnen Sie zuerst eine Hilfslinie.

**Wichtig:** Sie zeichnen weiterhin auf der zuvor festgelegten Arbeitsebene (**4**).

- in der Konstruktion–Palette wählen Sie das Werkzeug *Linie* ⬛ aus

- zeichnen Sie eine Linie von der oberen linken Ecke des Turmkranzes (**3**) bis zu der Mitte der oberen Seite des Rechtecks (**4**)

- spiegeln Sie diese Linie (**1**) mit der zweiten Methode - *Duplikat* auf die rechte Seite des Turmkranzes (**2**) über die Spiegelachse (**3**)
  (sie verläuft senkrecht, durch die Mittelachse des Turmkranzes **3**)

Das Rechteck soll entlang der oberen Kante des Turmkranzes verteilt werden. Benutzen Sie dafür das Werkzeug *Duplizieren an Pfad*.

- aktivieren Sie das Rechteck

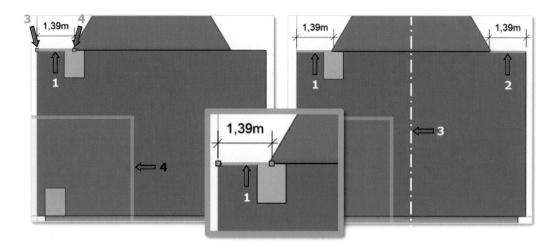

- aktivieren Sie das Werkzeug *Duplizieren an Pfad* (**4**) in der Konstruktion-Palette
  - wählen Sie die zweite Methode in der Methodenzeile - *An neuen Pfad* (**5**) und die dritte Methode - *Einstellungen Duplizieren an Pfad* (**6**) aus
    - in dem eben geöffneten Dialogfenster „Duplizieren an Pfad" (**7**) tragen Sie folgende Werte ein:

„Einfügepunkt" - „Nächster Klick" (**8**)
„Erstes Duplikat" – Abstand: 0,00m (**9**)
„Folgende Duplikate" – Anzahl: 4 (**10**)
„Allgemein" – „Letztes Duplikat erzeugen" (**11**)

  - bestätigen Sie mit OK (**12**)

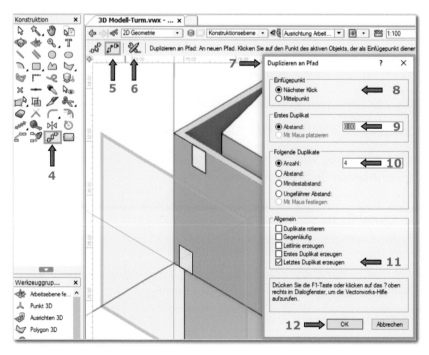

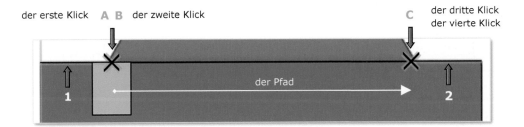

der erste Klick  A B  der zweite Klick                                  C  der dritte Klick
                                                                           der vierte Klick

der Pfad

1                                                                       2

◦ nach dem Schließen des Dialogfensters klicken Sie zuerst an den Punkt des zu
  duplizierenden Rechtecks, der als Einfügepunkt dienen soll - in unserem Beispiel
  befindet er sich in der Mitte der oberen Seite dieses Rechtecks (A) →
  der erste Klick

◦ jetzt klicken Sie an die Stelle, wo der Pfad beginnen soll - in unserem Beispiel
  ist es wieder die Mitte der oberen Seite des Rechtecks (B) → der zweite Klick

◦ ziehen Sie eine Linie bis zum Endpunkt des Pfades - in unserem Beispiel ist es
  der linke Endpunkt (C) der rechten gespiegelten Hilfslinie (2)

◦ doppelklicken Sie auf diesen Punkt (C) → der dritte und der vierte Klick,
  der vierte Klick definiert das Ende des Pfades

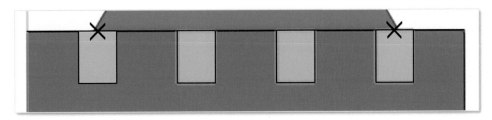

das Ergebnis

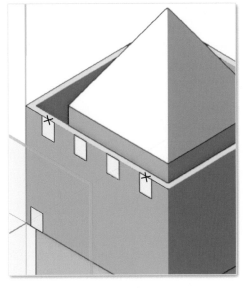

das Ergebnis

# Extrusionskörper

- wechseln Sie Aktuelle Ansicht zu „Rechts vorne oben"

- aktivieren Sie das erste Rechteck (**1**)

- geben Sie ihm die Tiefe (-8,60 m) (**3**),
  gehen Sie in der Menüzeile zu dem Befehl:
  *3D-Modell - Extrusionskörper anlegen...*
  (→ Dialogfenster „Extrusions-/Schichtkörper" - **2**)

- wiederholen Sie dies bei jedem anderen Rechteck an der oberen Kante des
  Turmkranzes (**4**)

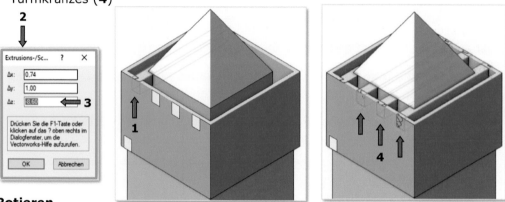

## Rotieren

Die vier gezeichneten Extrusionskörper sollen gedreht (und dupliziert) werden.

- wechseln Sie wieder Aktuelle Ansicht zu „2D-Plan Draufsicht"

- markieren Sie alle vier 3D-Objekte/Extrusionskörper (**5**) und rotieren Sie diese
  um 90° (**6**), mit dem Werkzeug *Rotieren* 🔄 in der Konstruktion-Palette und mit
  der zweiten Methode - *Duplikat*:
  Klick **1** → Rotationszentrum
  Klick **2** → Startpunkt der Rotation
  Klick **3** → Endpunkt der Rotation

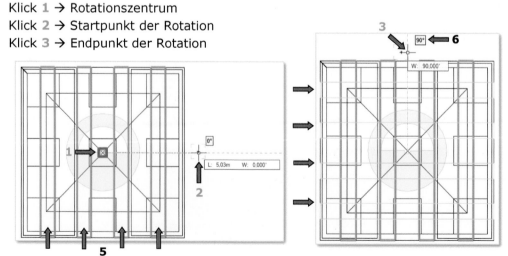

## Ähnliches aktivieren

• aktivieren Sie alle acht eben gezeichneten Extrusionskörper (**7**) mit dem
  Werkzeug *Ähnliches aktivieren* 🔍 (**8**), in den Einstellungen (**9**) schalten Sie die
  Einstellungen „Objekttyp" und „Größe" (**10**) ein:
  ◦ klicken Sie auf einen der Extrusionskörper (**11**)

Mit diesem Klick werden alle Extrusionskörper aktiviert (**12**).

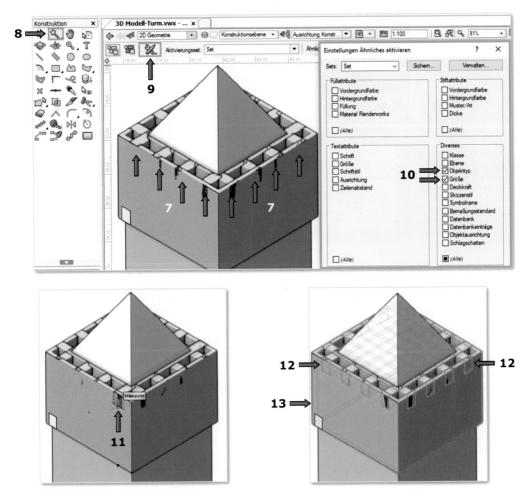

• aktivieren Sie neben den acht aktiven Extrusionskörper zusätzlich den Turmkranz
  (**13**), mit dem Werkzeug *Aktivieren* + gedrückte Umschalttaste ⇧

## Schnittvolumen löschen

Das Volumen aller acht Extrusionskörper (**12**) soll von dem Volumen des
Turmkranzes (**13**) ausgeschnitten werden.

• gehen Sie in die Menüzeilezu dem Befehl:
  *3D-Modell – Vollkörper anlegen – Schnittvolumen löschen…*

○ in dem Dialogfenster „Objekt auswählen" (**14**) betätigen Sie die Pfeile (**15**) so lange bis der Turmkranz rot angezeigt wird (**16**)
○ bestätigen Sie mit OK

Der Zahnschnittfries (auf der oberen Seite des Turmkranzes) wurde gezeichnet (**17**).

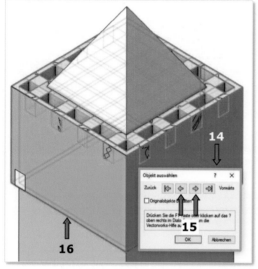

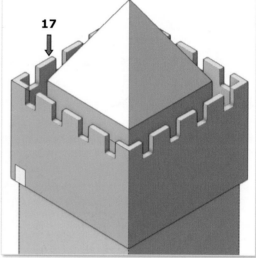

das Ergebnis

## 6.7 Der Zahnschnittfries (unten) an dem Turmkranz

Zeichnen Sie weiterhin auf der Ebene „Konstruktionsebene 20,00 m" und in der Klasse „2D Geometrie".

• ändern Sie, in der Darstellungszeile, die Aktuelle Ansicht zu „Rechts vorne oben"

Zeichnen Sie innerhalb des unteren Rechtecks (**1**) einen Kreis mit der Methode - *Definiert durch drei Tangenten.* Um seine Seiten als Tangenten für den Kreis benutzen zu können, zerlegen Sie das Rechteck (**1**), gezeichnet auf dem Turmkranz unten links, in seine Einzelteile → mit dem Befehl *Teilen*:

• aktivieren Sie das untere Rechteck (**1**) ⟹

• gehen Sie in der Menüzeile zu dem Befehl: *Ändern - Teilen*

Das Rechteck wurde in vier Linien aufgeteilt (**2**).

### Der Kreis

• wählen Sie in der Konstruktion-Palette das Werkzeug *Kreis* (**3**) und die vierte Methode - *Definiert durch drei Tangenten* (**4**) aus
○ klicken Sie auf drei Linien des geteilten Rechteckes (**1**, **2**, **3**) und bestätigen Sie die Position des Kreises mit dem vierten Klick (**4**)

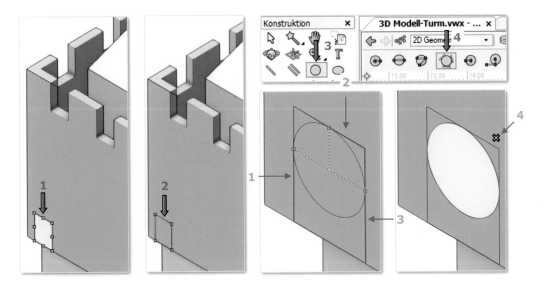

## Wegschneiden

- schneiden Sie, mit dem Werkzeug *Wegschneiden* (**5**) und der ersten Methode - *Alle Objekte* (**6**), die oberen Enden der Linien (**5**, **6**, **7**, **8**) und die untere Hälfte des Kreises (**9**) weg
  (→ durch das Klicken auf diese Linien- und Kreisteile, die weggeschnitten werden sollen)

## Verbinden

- aktivieren Sie alle verbleibenden Linien und den Halbkreis (**7**) und verbinden Sie diese mit dem Befehl *Verbinden* (Menüzeile: *Ändern – Verbinden*)

Eine Polylinie ist entstanden (**8**).

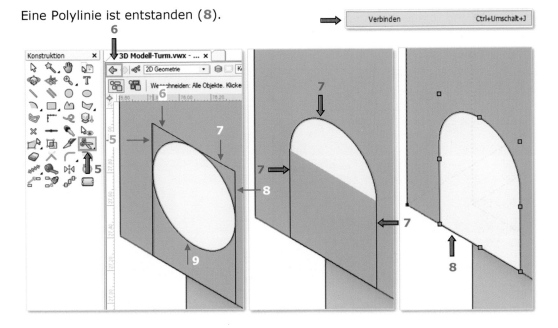

## Der Extrusionskörper

Geben Sie der eben gezeichneten Polylinie (**8**) die Tiefe (-8,60 m):
- in der Menüzeile: *3D–Modell – Extrusionskörper anlegen...*
  - in dem nun erscheinenden Dialogfenster „Extrusions-/Schichtkörper" tragen Sie für Δz: (-8,60 m) (**9**) ein

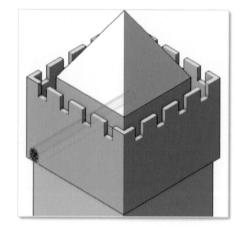

Um diesen Extrusionskörper einfacher unten auf dieser Seite des Turmkranzes zu verteilen, zeichnen Sie zuerst eine Hilfslinie.

- in der Darstellungszeile: Aktuelle Ansicht soll „Rechts vorne oben" eingestellt sein

Eine **Arbeitsebene**/Zeichenfläche soll auf dieser Seite des Turmkranzes festgelegt werden.
- wählen Sie, in der Konstruktion-Palette, das Werkzeug *Arbeitsebene festlegen* und die zweite Methode - *Definiert durch Fläche* aus:
  - fahren Sie mit dem Mauszeiger über die Seite des Turmkranzes, sie soll andersfarbig dargestellt werden
  - klicken Sie auf die linke untere Ecke dieser Seite (**10**)

- klicken Sie auf die Schaltfläche „Senkrecht auf Arbeitsebene Blicken" (**11**)

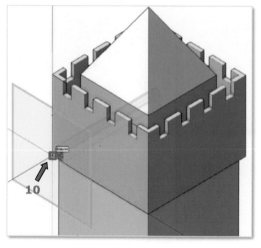

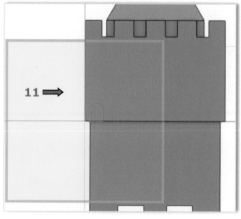

Senkrecht auf Arbeitsebene
blicken

**Duplikate verteilen**, Werkzeug *Verschieben*

Die Hilfslinie

- zeichnen Sie die Hilfslinie von Punkt **1** (= die linke untere Ecke des Turmkranzes) bis Punkt **2** (= die linke untere Ecke der Polylinie)

- spiegeln Sie die Hilfslinie (**12**) mit der ersten Methode - *Original* (= ohne eine Kopie zu erstellen) (→ **13**), ziehen Sie mit dem Mauszeiger eine Leitlinie senkrecht durch die Mitte des Turmkranzes, die als Spiegelachse dienen soll (**14**)

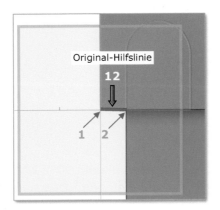
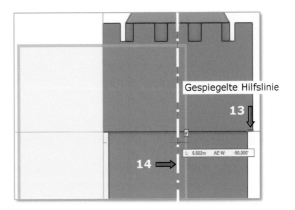

- markieren Sie den Extrusionskörper (**15**)

- verteilen Sie den Extrusionskörper, mit dem Werkzeug *Verschieben* (**16**), mit der dritten - *Duplikate verteilen* (**17**), der fünften - *Original erhalten* (**18**) und der sechsten Methode - *Original aktiviert lassen* (**19**)
    - Anzahl Duplikate: 6 (**20**),
Verteilen Sie diesen sechsmal entlang der unteren Kante des Turmkranzes von Punkt **3** (von der rechten unteren Ecke des Extrusionskörpers) bis zu Punkt **4** (zu dem linken Ende der gespiegelten Linie).

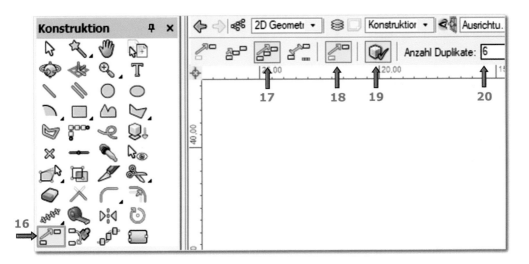

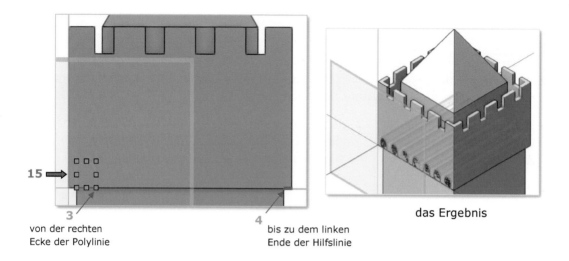

das Ergebnis

15 ⟹

3
von der rechten
Ecke der Polylinie

4
bis zu dem linken
Ende der Hilfslinie

## Rotieren

- wechseln Sie Aktuelle Ansicht zu „2D-Plan Draufsicht"

- die eben gezeichneten sieben Extrusionskörper (**21**) rotieren Sie um 90° (**22**) und duplizieren, mit dem Werkzeug *Rotieren* 🔄 und der Methode - *Duplikat* (→ das Ergebnis **23**)

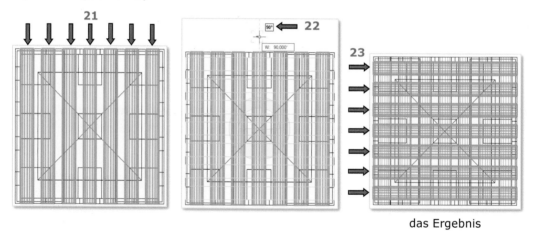

das Ergebnis

## Ähnliches aktivieren

- wechseln Sie Aktuelle Ansicht zu „Rechts vorne oben"

- aktivieren Sie alle 14 Extrusionskörper (**24**) mit dem Werkzeug *Ähnliches aktivieren* 🪄
  (schalten Sie in den Einstellungen „Objekttyp" und „Größe" ein)

- mit dem Werkzeug *Aktivieren* und gleichzeitig gedrückte Umschalttaste aktivieren Sie zusätzlich den Turmkranz (**25**)

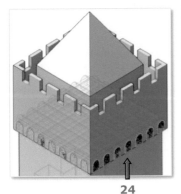

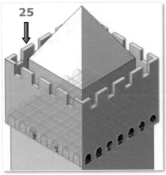

24

## Schnittvolumen löschen

Das Volumen aller 14 Extrusionskörper (**24**) soll von dem Volumen des
Turmkranzes (**25**) ausgeschnitten werden.

- gehen Sie in die Menüzeile:
  *3D-Modell – Vollkörper anlegen – Schnittvolumen löschen...*
  - in dem Dialogfenster „Objekt auswählen" betätigen Sie die Pfeile so lange, bis
    der Turmkranz rot angezeigt wird (**26**)
  - bestätigen Sie mit OK   (→ das Ergebnis **27**)

- wechseln Sie auf die Ebene „Konstruktionsebene 0,00m", bleiben Sie in der
  Klasse „2D Geometrie"

- in der Darstellungszeile wählen Sie für
  „Aktuelle Darstellungsart"  - **OpenGL** aus

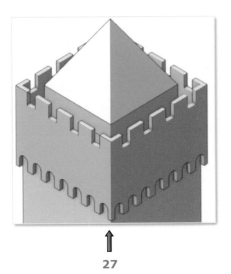

27

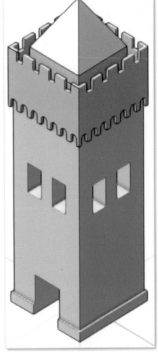

das Ergebnis

## 6.8 Umformen der Fenster, Vollkörper bearbeiten

**Vollkörper bearbeiten**

Ein Vollkörper ist ein dreidimensionaler Körper, der aus mehreren dreidimensionalen Objekten besteht, die mit den Befehlen des Untermenüs „Vollkörper anlegen" in einen Vollkörper umgewandelt wurden. Mit Hilfe Gruppe bearbeiten ist es möglich, auf die einzelnen Unterobjekte zuzugreifen und diese zu verändern.
Aktivieren Sie einen Vollkörper und wählen Sie Ändern > Gruppen > Gruppe bearbeiten (oder „Vollkörper bearbeiten"), werden nur noch die dreidimensionalen Unterobjekte angezeigt, aus denen der Vollkörper erzeugt wurde.
Diese Unterobjekte können Sie mit den entsprechenden 3D-Werkzeugen und Befehlen umformen. [...]
(siehe Vectorworks-Hilfe 2020)

**Neu im Jahr 2021**

Das Unterobjekt eines Vollkörpers bearbeiten:
1. Klicken Sie mit der RMT auf das Vollkörper und wählen Sie im Kontextmenü entweder den Befehl „Vollkörper bearbeiten" oder „Unterobjekte bearbeiten"
Wahlweise können Sie mit einem Doppelklick auf das Vollkörper in Bearbeitungsmodus „Vollkörper" gelangen.
Bewegen Sie den Mauszeiger über das zu bearbeitenden Unterobjekt. Seine Fläche erscheint andersfarbig und eine Bildschirmanzeige zeigt die Aktionen, mit welchen das Unterobjekt bearbeitet wurde.
2. Klicken Sie auf die abgefärbte Fläche, in der „Objekt-Info"-Palette könne Sie das Objekt bearbeiten.
3. oder klicken Sie mit der RMT auf diese Fläche und eine Bildschirmanzeige, mit möglichen Bearbeitungsoptionen, erscheint
4. verlassen Sie das Bearbeitungsmodus durch das Klicken auf der Schaltfläche → Bearbeitungsmodus „Verlassen" oder mit einem Klick auf oberste Ebene in dem Aufklappmenü wo sind alle Schritte der Bearbeitung angezeigt
(siehe Vectorworks-Hilfe [1])

## Vollkörper bearbeiten

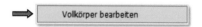

Eins der eckigen Fenster soll in ein Rundbogenfenster umgeändert werden.

Das Fenster ist ein Unterobjekt des Vollkörpers/Turmschafts. Um es bearbeiten zu können, müssen Sie in den Bearbeitungsmodus „Vollkörper bearbeiten" wechseln.

- aktivieren Sie den Turmschaft (**1**)

- gehen Sie in der Menüzeile zu dem folgenden Befehl:

**I**  *Ändern – Gruppen* (**2**) – *Vollkörper bearbeiten* (**3**)

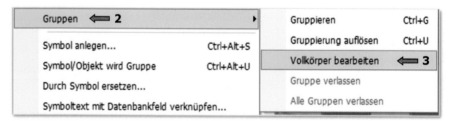

Alternativ:

**II**   über einen Doppelklick auf den Turmschaft, aus dem Dialogfenster „Vollkörper bearbeiten" (**4**) wählen Sie entweder die Option „Vollkörper bearbeiten" (**5**) oder die Option „Unterobjekte bearbeiten" (**6**)

**III**  mit einem Klick der RMT auf den Turmschaft und dann entweder den Befehl *Vollkörper bearbeiten* (**7**) oder den Befehl *Unterobjekte bearbeiten* (**8**) in dem Kontextmenü auswählen

Es werden die dreidimensionalen Unterobjekte angezeigt, aus welchen der Vollkörper/ Turmschaft erzeugt wurde z.B. vier Quader (**3**), die durch den Befehl *Schnittvolumen löschen* aus dem Turm ausgeschnitten wurden (→ um das Fensterloch zu erstellen).

Sie sind jetzt im Bearbeitungsmodus „Vollkörper Subtraktion...“ (**6**).

- doppelklicken Sie auf einen der Quader (**7**), um zu seiner 2D-Grundform (ein Rechteck) zurückzukommen (**8**)

Doppelklick
auf den Quader

Bearbeiten Sie das Rechteck so, dass die obere Seite in einen Halbkreis umgewandelt wird (**12**).

Sie sind jetzt in Bearbeitungsmodus „Extrusionskörper …" (**9**).

### Kreis - Definiert durch drei Tangenten

- in der Konstruktion-Palette wählen Sie das Werkzeug *Kreis* und die vierte Methode - *Definiert durch drei Tangenten* aus
  - klicken Sie jetzt nacheinander auf die Seiten des Rechtecks (**1**,**2**,**3**), diese werden zu den Tangenten des Kreises (**10**)
  - mit dem letzten Klick positionieren Sie den Kreis innerhalb des Rechtecks (**4**)

### Wegschneiden

- mit dem Werkzeug *Wegschneiden* und der ersten Methode - *Alle Objekte*, schneiden Sie die oberen Ecken des Rechtecks (**5**,**6**) und die untere Hälfte des Kreises (**7**) weg (**11**)

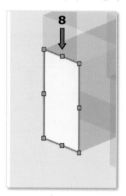 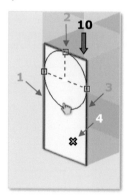 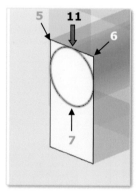 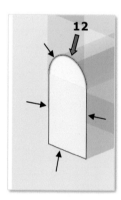

### Verbinden

- aktivieren Sie den Halbkreis und den Rest von dem Rechteck (**12**) und verbinden Sie alle diese Objekte mit dem Befehl *Verbinden*,
  (mit dem Befehl aus der Menüzeile: *Ändern – Verbinden*)
Eine Polylinie (**13**) ist entstanden.

- verlassen Sie den Bearbeitungsmodus „Extrusionskörper" mit einem Klick auf die Schaltfläche „Extrusionskörper verlassen" (**14**)

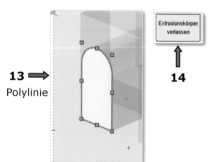 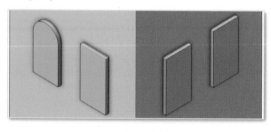

das Ergebnis

● ändern Sie jetzt die anderen drei Fenster (**15**), wie eben gezeigt

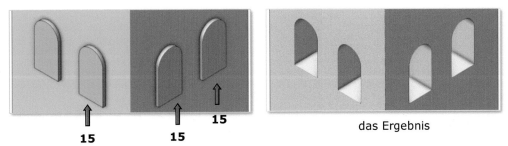

15   15   **15**                          das Ergebnis

● verlassen Sie den Bearbeitungsmodus
„Extrusionskörper" mit einem Klick auf die
oberste Ebene (in der Darstellungszeile),
in dem Aufklappmenü „Aktive Ebene" (**16**)
→ „Konstruktionseben 0,00 m" (**17**)

**16**
**17**

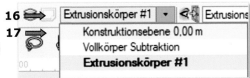

## 6.9   Mehrfenstertechnik

Sie können mit mehreren Ansichtsfenstern arbeiten.

Um die Mehrfenstertechnik ein- und auszuschalten, gehen Sie in die Menüzeile, zu
dem folgenden Befehl:
*Ansicht – Ansichtsfenster – Mehrere Ansichtsfenster verwenden*
(siehe Seite 26 f.)

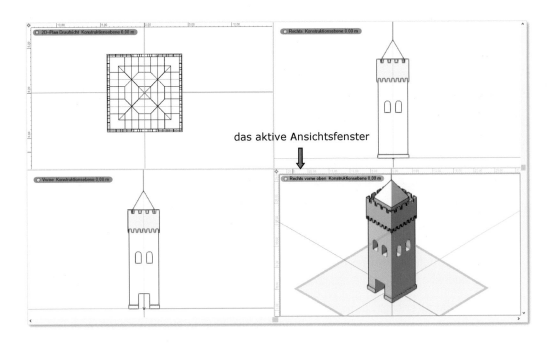

das aktive Ansichtsfenster

# 6.10 Die Fensterumrandung

### Pfadkörper anlegen

Mit dem Befehl Pfadkörper anlegen (**Menü 3D-Modell**) können Sie Pfadkörper anlegen, indem ein planares Objekt so entlang eines dreidimensionalen Pfads dupliziert wird, dass ein 3D-Objekt entsteht, das wie ein Rohr aussieht. Der Pfad kann durch ein beliebiges 2D-Objekt, eine NURBS-Kurve oder ein 3D-Polygon definiert werden.
1.Um einen Pfadkörper anzulegen, müssen Sie Vectorworks das gewünschte Profil (den Querschnitt) sowie den Verlauf des Körpers mitteilen. Als Vorlage für das Profil kann jedes beliebige planare 2D- oder 3D-Objekt dienen, also z. B. ein Kreis, Rechteck oder Polygon (auch ein offenes). Der Verlauf des Körpers, d. h. der Pfad, wird mit einem 2D-Objekt, einer NURBS-Kurve oder einem 3D-Polygon festgelegt.
2.Aktivieren Sie den Pfad und das Profilobjekt und wählen Sie 3D-Modell > Pfadkörper anlegen.
3.Legen Sie im erscheinenden Dialogfenster fest, welches Objekt als Pfad dienen soll.
4.Sobald Sie das Dialogfenster schließen, dupliziert Vectorworks das Profil so entlang des Pfades, dass der Pfad immer durch den Mittelpunkt des Profils verläuft. Das als Pfad dienende Objekt wird immer in eine NURBS-Kurve umgewandelt. [...] (siehe Vectorworks-Hilfe [1])

Zeichnen Sie weiterhin auf der Ebene „Konstruktionsebene 0,00 m" und in der Klasse „2D Geometrie".

In der Navigation-Konstruktionsebenen-Palette (**1**), in dem Einblendemenü „Darstellung" (**2**), ändern Sie die Ebenendarstellung auf „Nur aktive zeigen" (**3**). Die gerade aktive Ebene „Konstruktionsebene 0,00 m" (**4**) wird sichtbar, alle anderen nicht aktiven Ebenen werden ausgeblendet/unsichtbar (→ das Ergebnis **5**).

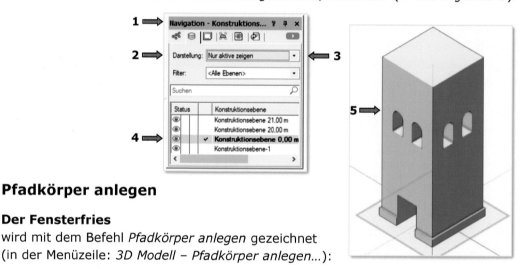

## Pfadkörper anlegen

### Der Fensterfries

wird mit dem Befehl *Pfadkörper anlegen* gezeichnet
(in der Menüzeile: *3D Modell – Pfadkörper anlegen...*):

**I  Der Pfad**, der entlang der Fensterkante verläuft:

### Extrahieren

- zeichnen Sie den Pfad mit dem Werkzeug *Extrahieren* 🔲 (**2**) aus der Werkzeuggruppe **Modellieren** 🔷 (**1**), wählen Sie die dritte - *NURBS-Kurve* (**3**) und die sechste Methode – *Extrahieren Werkzeug Einstellungen* (**4**) aus

  ○ in dem  Dialogfenster „Einstellungen Extrahieren" (**5**) aktivieren Sie die Optionen „Tangentiale Kanten zusammen aktivieren" (**6**) und „Planare Objekte anlegen" (**7**)
  ○ bestätigen Sie mit OK

**NURBS-Kurve**

- klicken Sie auf die Kante von einem Fenster (**8**)
  (→ der Pfad, um den Sie einen Fensterfries zeichnen werden)

- schließen Sie den Vorgang, mit dem grünen Haken, ab (**9**)

Es wird eine Gruppe (**10**) von NURBS-Kurven angelegt.

Die Gruppe (**10**) bleibt aktiv.

- lösen Sie die Gruppe, mit dem folgenden Befehl in der Menüzeile, auf:
  *Ändern – Gruppen* (**11**) *– Gruppierung auflösen* (**12**)

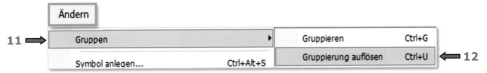

Die drei Objekte (Fensterkanten **1**,**2**,**3**) bleiben aktiv.
- verbinden Sie diese (**13**) mit dem Befehl in der Menüzeile: *Ändern – Verbinden*

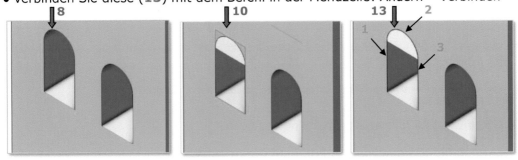

Es ist eine Polylinie (**14**) entstanden.

- wählen Sie, für die gerade erstellte Polylinie (**14**), in der Attribute-Palette, unter
  dem Aufklappmenü „Füllung" den Eintrag „Leer" (**15**) aus

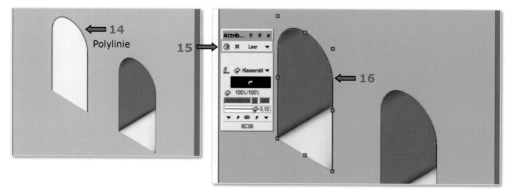

Sie haben den Pfad (**16**) gezeichnet. Es wurde eine NURBS-Kurve angelegt.

## II Das Profil

Das Profil soll auf der Höhe der Fensterbank gezeichnet werden.

### Arbeitsebene

- dafür legen Sie eine Arbeitsebene auf der Höhe der Fensterbank an:
  - wählen Sie das Werkzeug *Arbeitsebene festlegen* (**1**) und die zweite Methode - *Definiert durch die Fläche* (**2**) aus

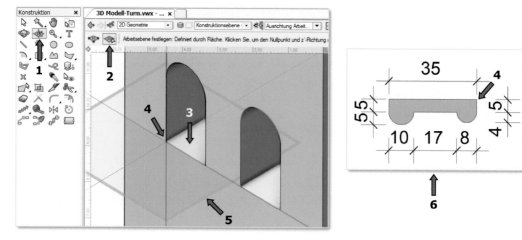

- bewegen Sie den Zeiger auf der Fläche der Fensterbank (**3**) und positionieren Sie die Arbeitsebene (**5**), mit einem Klick, auf die untere linke Ecke des Fensters (**4**)

[...] die Arbeitsebene wird auf die Fläche gelegt, die sich gerade unter dem Zeiger befindet, [...]
(siehe Vectorworks-Hilfe [1])

Das Profil wird auf dieser Arbeitsebene gezeichnet.

- zeichnen Sie das gewünschte Profil auf der Arbeitsebene, wie z.B. auf der Abbildung (**6**) gezeigt, mit den Werkzeugen *Polylinie*, *Rechteck*, oder *Kreis* und bearbeiten Sie die Geometrie mit den 2D-Werkzeugen z.B. *Schnittfläche löschen*, *Flächen zusammenfügen* usw.

Sie haben das Profil (**6**) gezeichnet.

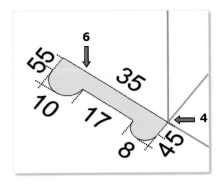 

## Der Fensterfries / der Pfadkörper

- aktivieren Sie:
    1. den Pfad (**7**)
       falls diese Polylinie verdeckt ist, können Sie das verdeckte Objekt mit Hilfe
       der Taste-**R** (Röntgenblick) aktiveren (**8**)
    2. das Profil (**6**)

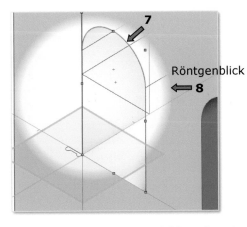 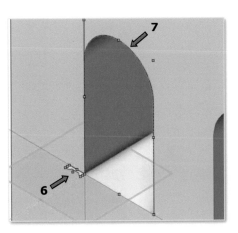

- wählen Sie den folgenden Befehl in der Menüzeile aus:
  *3D-Modell – Pfadkörper anlegen...*
    ◦ es erscheint das Dialogfenster „Pfadkörper" (**9**):
    - in dem Gruppenfeld „Pfad wählen:" (**10**) legen Sie mit den Pfeilen (**11**) fest,
      welches Objekt als Pfad dienen soll

Der gewünschte Pfad erscheint in rot (**12**).

- aktivieren Sie die Option „Profil fixieren" (**13**)
- schließen Sie das Dialogfenster mit OK

Vectorworks dupliziert das Profil entlang des Pfades (**14**).

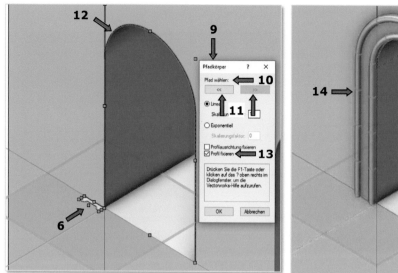
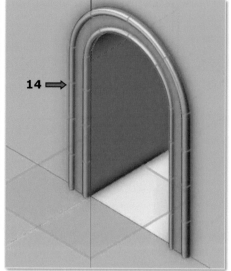

Das Ergebnis

- zeichnen Sie den Fensterfries bei allen anderen Fenstern
  (entweder durch das Zeichnen des Pfadkörpers oder durch Kopieren (**15**) des
  gerade gezeichneten Fensterfrieses (**14**), von Punkt **A** bis Punkt **B**, zusätzlich
  rotieren bzw. spiegeln)

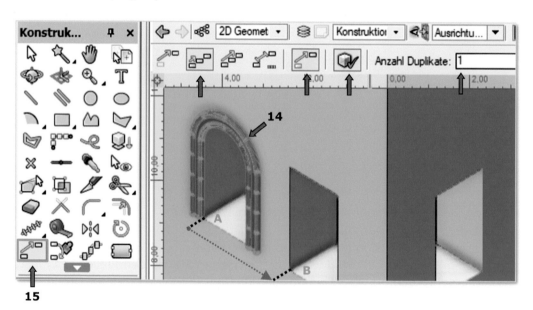

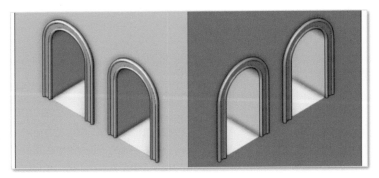

Das Ergebnis

In der Navigation-Konstruktionsebenen-Palette (**1**), in dem Einblendemenü
„Darstellung" (**2**), ändern Sie die Ebenendarstellung auf „Zeigen, ausrichten und
bearbeiten" (**3**).
Alle anderen, nicht aktiven, Ebenen werden jetzt sichtbar und Sie können auch
Objekte, die auf diesen Ebenen liegen, bearbeiten.

### Zeigen, ausrichten und bearbeiten

Objekte, die auf der aktiven Konstruktionsebene angelegt oder bearbeitet werden, können an den Objekten der
anderen sichtbaren Konstruktionsebene ausgerichtet werden. Außerdem ist es möglich, alle sichtbaren Objekte,
die auf anderen Konstruktionsebenen liegen, zu bearbeiten. […]
(siehe Vectorworks-Hilfe [1])

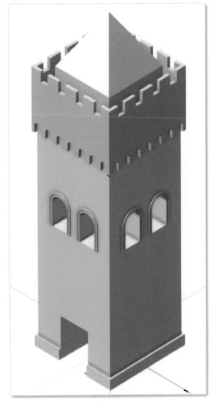

das Ergebnis

## 6.11 Die Schnittbox

**Schnittbox**
**Menü „Ansicht"**
Mit Hilfe dieses Befehls lassen sich Bereiche innerhalb eines 3D-Modells freistellen. Auf diese Weise können Sie zum Beispiel das ganze Modell bis auf einen bestimmten Raum ausblenden und dann nur noch in diesem einen Raum arbeiten. Es wird dann nur an den sichtbaren Elementen innerhalb der Schnittbox ausgerichtet.
**Schnittbox** funktioniert nur in den Darstellungsarten „Drahtmodell" und „OpenGL". [...]
(siehe Vectorworks-Hilfe [1])

Mit dem Befehl *Schnittbox* (Menü „Ansicht") können Sie in das Objekt hineinschauen und die, in dem Objekt eingeschlossene, Elemente sichtbar machen. In diesem Innenraum können Sie auch zeichnen oder bestehende Objekte weiterbearbeiten.

Die Schnittbox lässt sich in dem Menü *Ansicht* ein- oder ausschalten (**1**).

• aktivieren Sie das eben gezeichnete 3D-Modell (**2**).

Alles was aktiv ist, wird in der Schnittbox angezeigt.
Die aktuelle Darstellungsart muss entweder **Drahtmodell** oder **OpenGL** sein.

• aktivieren Sie in der Menüzeile: *Ansicht -Schnittbox* (**1**)

Es werden die Kanten eines Quaders/einer Schnittbox um die aktiven Objekte angezeigt.

  ◦ bewegen Sie den Mauszeiger über eine Kante der Schnittbox

Sie wird rot angezeigt (**3**).

  ◦ klicken Sie auf diese Kante

Die Schnittbox kann jetzt bearbeitet werden. Jede ihrer Seiten kann in zwei Richtungen verschoben werden.

  ◦ bewegen Sie den Mauszeiger über eine Seite der Schnittbox

Sie wird rot gefärbt (**4**).

  ◦ klicken Sie auf diese Seite (**5**) und ziehen Sie den Mauszeiger, mit der gedrückten LMT, nach rechts

  ◦ mit dem zweiten Klick definieren Sie die Position der Schnittfläche (**6**)

Die geschnittene Seite wird bei dem Vollkörper dunkelrot angezeigt.
Die Schnittbox kann von mehreren Seiten geöffnet werden.

  ◦ bewegen Sie den Mauszeiger über die obere Seite der Schnittbox

Sie wird rot gefärbt (**7**).

- klicken Sie auf diese Seite und ziehen Sie den Mauszeiger, mit der gedrückten LMT, nach unten

- mit dem zweiten Klick definieren Sie die Position der oberen Seite der Schnittbox (**8**)

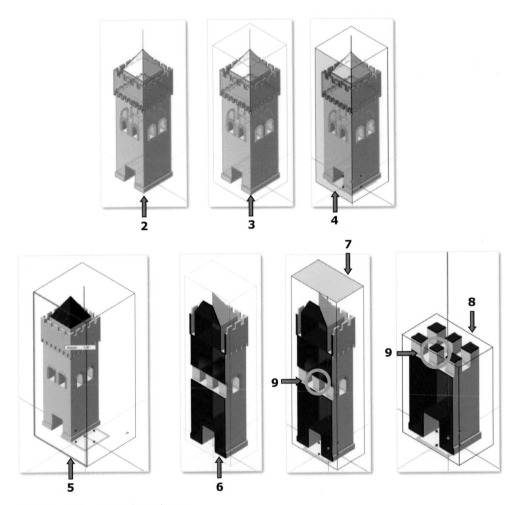

- schließen Sie die Schnittbox:
  in der Menüzeile: *Ansicht -Schnittbox* (**1**)

Aufgabe:

Löschen Sie den mittleren, gekennzeichneten, Teil des Turmschafts (**9**).

In der Schnittbox können sie das Ergebnis kontrollieren.

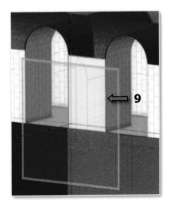

## 6.12  Texturen zuweisen

Dem Turm soll eine Textur zugewiesen werden.

Eine Textur kann über zwei unterschiedliche Wege einem aktiven Objekt direkt zugewiesen werden (es können auch mehrere Objekte aktiv sein):

**I** über den Zubehör-Manager
  - aktivieren Sie das Objekt und doppelklicken Sie auf das Symbol für die gewünschte Textur in dem Zubehör-Manager oder
  - ziehen Sie das Symbol für die Textur, mit der Drücken-Ziehen-Loslassen-Methode, von dem Zubehör-Manager auf das Objekt

**II** über die Info-Rendern–Palette
  - aktivieren Sie das Objekt
  - in dem Gruppenfeld „Textur:" (**1**) wählen Sie die Option „Textur" (**2**) aus, klicken Sie auf das Vorschau-Fenster (**3**), aus dem nun geöffneten Zubehör-Auswahlmenü, wählen Sie die gewünschte Textur aus

Die Methode, mit welcher allen Objekten einer Klasse eine Textur zugewiesen wird, vereinfacht und beschleunigt die Arbeit bei großen Projekten:

**III** Textur über die Klasse zuweisen - mehreren Objekten wird eine Textur, durch ihre Zugehörigkeit zu einer Klasse, zugewiesen:
  ○ öffnen Sie, in dem Dialogfenster „Klasse bearbeiten" (**4**) die Registerkarte „Texturen" (**5**) (in dem Dialogfenster „Organisation", Registerkarte „Klasse")
  ○ in dem Gruppenfeld „Texturen" (**6**) schalten Sie die Option „Automatisch zuweisen" (**7**) ein
  ○ klicken Sie in dem Gruppenfeld „Objekte und Schalen" (**8**) auf das Auswahlkästchen „Textur" (**9**)
  ○ klicken Sie auf das Aufklappmenü (**10**) und aus dem nun geöffneten Zubehör-Auswahlmenü wählen Sie die gewünschte Textur aus

## Die Textur über eine Klasse zuweisen

Eine neue Klasse soll erstellt werden.

- klicken Sie, in dem Dialogfenster „Organisation", in der Register „Klassen" auf die Schaltfläche „Neu..."
  ○ in dem nun erscheinenden Dialogfenster „Neue Klasse" legen Sie eine neue Klasse „Turmkranz" an
  ○ bearbeiten Sie die neue Klasse „Turmkranz", indem Sie, in dem Dialogfenster „Organisation", diese Klasse markieren (sie wird blau unterlegt - **1**) und dann auf die Schaltfläche „Bearbeiten..." klicken

- in dem nun erscheinenden Dialogfenster „Klasse bearbeiten" (**2**) öffnen Sie die Registerkarte „Texturen" (**3**)

**WICHTIG**: Um ein Objekt rändern zu können, darf seine Füllung (in der Attribute-Palette) nicht **Leer** sein.
Falls nötig, ändern Sie dies in der Registerkarte „Attribute" (**4**).

- aktivieren Sie, in dem Gruppenfeld „Texturen" (**5**), die Option „Automatisch zuweisen" (**6**)
- klicken Sie in dem Gruppenfeld „Objekte und Schalen" (**7**) auf das Auswahlkästchen „Textur" (**8**)

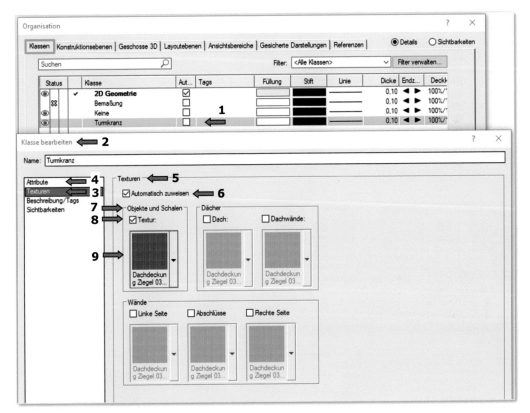

- klicken Sie auf das Aufklappmenü (**9**)

Das Zubehör-Auswahlmenü wird geöffnet.

- aus den **Vectorworks-Bibliotheken** (**10**) wählen Sie die gewünschte Textur aus:
  - aus dem Ordner „Attribute und Vorgaben" (**11**) wählen Sie den Unterordner „Renderworks-Texturen" (**12**) und danach die Datei „Beton RT.vwx" (**13**) aus
  - in der Zubehörliste wählen Sie die Textur **Beton 02 RT** (**14**) aus
- klicken Sie, in dem Dialogfenster unten rechts, auf die Schaltfläche „Auswählen" (**15**)

Die ausgewählte Textur **Beton 02 RT** wird aus der Vectorworks-Bibliothek in Ihr Dokument „3D Modell-Turm.vwx" (**17**) heruntergeladen und zu der Klasse „Turmkranz" zugewiesen (**18**) (siehe Zubehör-Manager **16**).

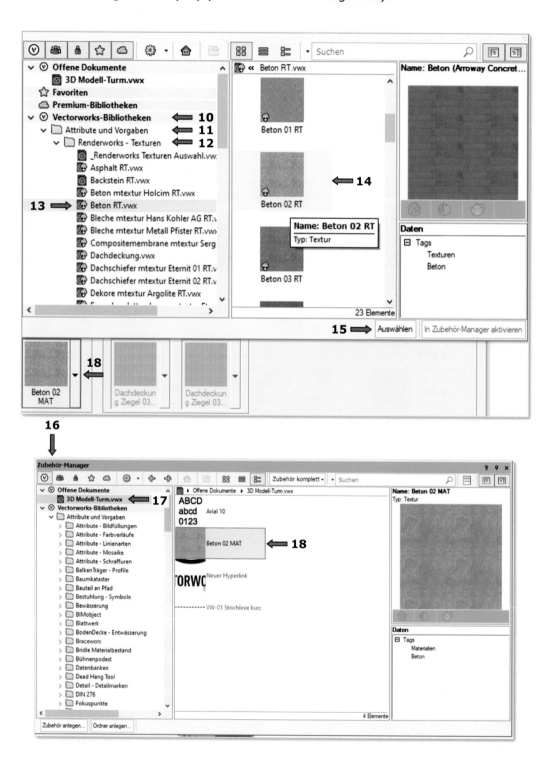

Die heruntergeladene Textur soll dem Turmkranz, über die Klasse, zugewiesen werden.

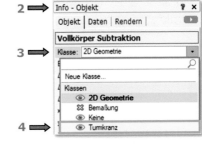

• aktivieren Sie den Turmkranz (**1**)

  ◦ ändern Sie in der Info-Objekt-Palette (**2**)
    seine Klasse „2D Geometrie" (**3**)
    in die Klasse „Turmkranz" (**4**) um
    (→ das Ergebnis **5**)

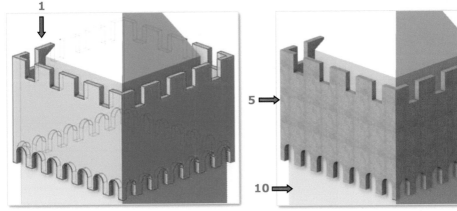

• nach dem gleichen Prinzip weisen Sie dem Turmschaft und der Turmspitze die Texturen zu:
  - Turmschaft (**6**) →
    Renderworks-Texturen - Kalksandstein RT.vwx - **Kalksandstein 01 RT** (**7**)

  - Turmspitze (**8**) →
    Renderworks-Texturen - Dachdeckung.vwx - **Dachdeckung Ziegel 02 RT** (**9**)

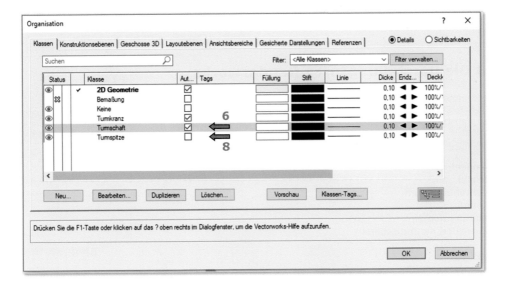

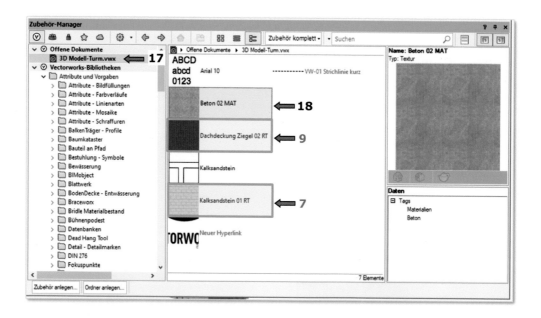

## Die Projektionsart

**Auf jede Fläche einzeln**

Die Textur wird senkrecht auf jede Fläche
des Objekts einzeln projiziert. [...]
(siehe Vectorworks-Hilfe [1])

- aktivieren Sie den Turmschaft (**10**)

- öffnen Sie die Registerkarte/den Reiter
  „Rendern" (**12**) in der Infopalette (**11**):
  ◦ aus dem Aufklappmenü „Projektion:" (**13**)
    wählen Sie die Projektionsart
    „Auf jede Fläche einzeln" (**14**) aus

## 6.13 Die Darstellungsart - Renderworks

**Darstellungsarten**

Mit den Befehlen des Untermenüs Darstellungsart können Sie bestimmen, wie die dreidimensionalen Objekte der
aktiven Konstruktionsebene dargestellt werden sollen. Dabei können die Objekte wahlweise als durchsichtige
Drahtmodelle oder als solide Körper angezeigt werden. Sie haben die Wahl zwischen zwölf verschiedenen
Darstellungsarten. [...] (siehe Vectorworks-Hilfe [1])

Drahtmodell
Skizzenstil
Nur sichtbare Kanten
Alle Kanten
Flächen und Kanten
Schattiert und Kanten schnell

...

**Renderworks**

...

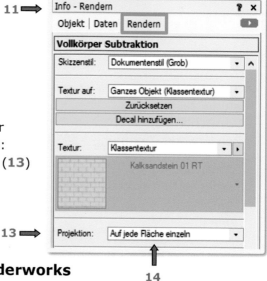

- rufen Sie in der Darstellungszeile (**1**), aus dem Aufklappmenü „Aktuelle Darstellungsart" (**2**), die Darstellungsart - **Renderworks** (**3**) auf (siehe Seite 22 f.)

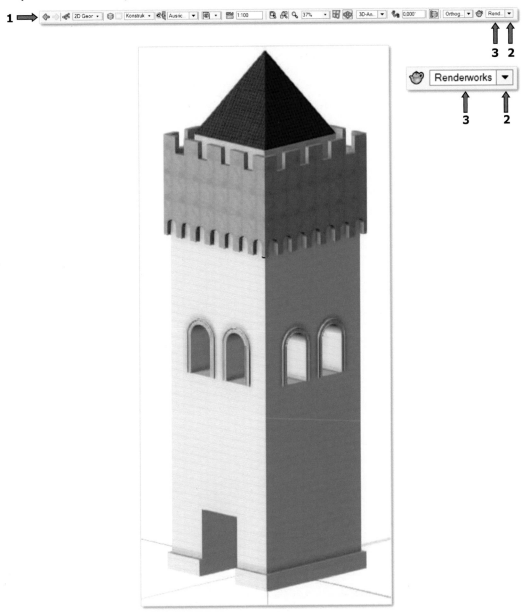

das Ergebnis

## Zusatzaufgabe

Aufgabe:

Zeichnen Sie die Vitrine aus der Übung „Vitrine" als 3D-Modell. Die fehlenden Maße (wie Tiefe der Vitrine usw.) können Sie selbst festlegen.

# Literaturverzeichnis

1. Vectorworks-Hilfe [1]: Quellenangaben richtig verwenden,

   - **https://vectorworks-hilfe.computerworks.eu/2021**
     (abgerufen am.12.2020)

   - Sie erreichen die Vectorworks-Hilfe auch über den Befehl in der Menüzeile:
     **Hilfe – Vectorworks-Hilfe** (Vectorworks Versionen 2020 und 2021),
     siehe Seite 27 ff.


2. Suhner A. (2010) [2]. *Grundlagen Vectorworks, 2D und 3D-Konstruieren für Einsteiger und Fortgeschrittene, Handbuch für Lehrer und Studenten.* (3.Auflage 2010). Basel, Schweiz: Computerworks. (Fachhändler Bernd Fliegauf EDV + CAD) https://docplayer.org/16536507-Grundlagen-vectorworks.html

# Stichwortverzeichnis

## Ihr kostenloses eBook

Vielen Dank für den Kauf dieses Buches. Sie haben die Möglichkeit, das eBook zu diesem Titel kostenlos zu nutzen. Das eBook können Sie dauerhaft in Ihrem persönlichen, digitalen Bücherregal auf **springer.com** speichern, oder es auf Ihren PC/Tablet/eReader herunterladen.

1. Gehen Sie auf **www.springer.com** und loggen Sie sich ein. Falls Sie noch kein Kundenkonto haben, registrieren Sie sich bitte auf der Webseite.
2. Geben Sie die eISBN (siehe unten) in das Suchfeld ein und klicken Sie auf den angezeigten Titel. Legen Sie im nächsten Schritt das eBook über **eBook kaufen** in Ihren Warenkorb. Klicken Sie auf **Warenkorb und zur Kasse gehen**.
3. Geben Sie in das Feld **Coupon/Token** Ihren persönlichen Coupon ein, den Sie unten auf dieser Seite finden. Der Coupon wird vom System erkannt und der Preis auf 0,00 Euro reduziert.
4. Klicken Sie auf **Weiter zur Anmeldung**. Geben Sie Ihre Adressdaten ein und klicken Sie auf **Details speichern und fortfahren**.
5. Klicken Sie nun auf **kostenfrei bestellen**.
6. Sie können das eBook nun auf der Bestätigungsseite herunterladen und auf einem Gerät Ihrer Wahl lesen. Das eBook bleibt dauerhaft in Ihrem digitalen Bücherregal gespeichert. Zudem können Sie das eBook zu jedem späteren Zeitpunkt über Ihr Bücherregal herunterladen. Das Bücherregal erreichen Sie, wenn Sie im oberen Teil der Webseite auf Ihren Namen klicken und dort **Mein Bücherregal** auswählen.

## EBOOK INSIDE

eISBN    978-3-658-31902-1
**Ihr persönlicher Coupon**    EXfCtGJcaRMZmhD

Sollte der Coupon fehlen oder nicht funktionieren, senden Sie uns bitte eine E-Mail mit dem Betreff: **eBook inside** an **customerservice@springer.com**.

Printed by Printforce, the Netherlands